Melanie Jana-Tröller

Arbeitsübergreifende Kompetenzen älterer Arbeitnehmer

VS RESEARCH

Melanie Jana-Tröller

Arbeitsübergreifende Kompetenzen älterer Arbeitnehmer

Eine qualitative Studie in einem Telekommunikationsunternehmen

VS RESEARCH

Bibliografische Information der Deutschen Nationalbibliothek
Die Deutsche Nationalbibliothek verzeichnet diese Publikation in der Deutschen Nationalbibliografie; detaillierte bibliografische Daten sind im Internet über <http://dnb.d-nb.de> abrufbar.

Die vorliegende Publikation wurde im Jahr 2008 unter dem Titel „Betriebliche Potenziale arbeitsübergreifender Kompetenzen älterer Arbeitnehmer" als Dissertation im Fachbereich Bildungswissenschaften an der Universität Duisburg-Essen angenommen. Sie wurde für die hier vorliegende Veröffentlichung gekürzt und überarbeitet.

Referent: Prof. Dr. Dr. h.c. Ekkehard Nuissl von Rein
Korreferent: Prof. Dr. Dieter Gnahs

1. Auflage 2009

Lektorat: Christina M. Brian / Dr. Tatjana Rollnik-Manke

VS Verlag für Sozialwissenschaften ist Teil der Fachverlagsgruppe Springer Science+Business Media.
www.vs-verlag.de

Umschlaggestaltung: KünkelLopka Medienentwicklung, Heidelberg
Gedruckt auf säurefreiem und chlorfrei gebleichtem Papier

ISBN 978-3-531-16456-4

Vorwort

„Der Wert davon, dass man zeitweilig eine strenge Wissenschaft streng betrieben hat, beruht nicht gerade auf deren Ergebnissen, denn diese werden im Verhältnis zum Meere des Wissenswerten ein verschwindend kleiner Tropfen sein. Aber es ergibt einen Zuwachs an Energie, an Schlussvermögen, an Zähigkeit der Ausdauer; man hat gelernt, einen Zweck zweckmäßig zu erreichen. Insofern ist es sehr schätzbar, in Hinsicht auf alles, was man später treibt, einmal ein wissenschaftlicher Mensch gewesen zu sein". (Friedrich Nietzsche)

Die vorliegende Arbeit wäre ohne die breite Unterstützung vieler Menschen nicht machbar gewesen.

Angefangen mit meinem Doktorvater Herrn Prof. Dr. Dr. h.c. Ekkehard Nuissl von Rein, bei dem ich mich für die Betreuung der Arbeit durch zahlreiche konstruktive Anregungen bedanken möchte. Mein Dank gilt ebenso Herrn Prof. Dr. Dieter Gnahs für die Übernahme des Zweitgutachtens und dem Kolloquium für eine stetige Rückspiegelung während den verschiedenen Entwicklungsstufen der Arbeit.

Besonders bedanken möchte ich mich bei der Deutschen Telekom AG. Ohne die Bereitschaft zur Teilnahme an der Studie und die mir entgegengebrachte Offenheit der Interviewteilnehmer aus der Technikniederlassung West und der Privatkundenniederlassung Nordost wäre ein exploratives Vorgehen wie dieses nicht möglich gewesen. Darüber hinaus bedanke ich mich auch bei den befragten Experten aus der Konzernzentrale und den Mitarbeitern des Projekts Age Management für ihr unternehmensbezogenes Know-how.

Herzlichen Dank an Dr. Regina Egetenmeyer dafür, dass ich sie sowohl in fachlichen als auch in organisatorischen Fragen immer ansprechen konnte. Last but not least gilt mein persönlicher Dank meiner Familie und meinen Freunden für die seelische und moralische Unterstützung und natürlich meinem Ehemann Dr. Lars Tröller, dass er während meinen unnachahmlichen Aufs und Abs immer für mich da war.

Melanie Jana-Tröller

Inhaltsverzeichnis

Abbildungsverzeichnis

Tabellenverzeichnis

Abkürzungsverzeichnis

ÄÄ	Ältere Ältere (Arbeitnehmergruppe)
AAMEDA	American Academy of Medical Administrators
ABWF	Arbeitsgemeinschaft Betriebliche Weiterbildungsforschung e.V.
AgeQual	Betriebliche Weiterbildung von älteren Arbeitnehmerinnen und Arbeitnehmern in KMU
ANBA	Arbeitsmarktanalyse für das Bundesgebiet insgesamt, die alten und die neuen Länder
Ang	Angestellte
AQUA	Alternsgerechte Qualifizierung
BASE	Berliner Altersstudie
BASS	Büro für arbeits- und sozialpolitische Studien
BDI	Bundesverband der Deutschen Wirtschaft
Bea	Beamte
BI	Betriebswirt und Informatiker
BIBB	Bundesinstitut für Berufsbildung
BLK	Bund-Länder-Kommission für Bildungsplanung und Forschungsförderung
BMAS	Bundesministerium für Arbeit und Soziales
BMBF	Bundesministerium für Bildung und Forschung
BMFSFJ	Bundesministerium für Familie, Senioren, Frauen und Jugend
BMG	Bundesministerium für Gesundheit
BOLSA	Bonner Längsschnittstudie des Alterns
bpb	Bundeszentrale für politische Bildung
BSL	Berufsschullehrerin
CCA	Call Center Agent
CDC	Centers for Disease Control and Prevention
DAK	Deutsche Angestelltenkrankenkasse
DBP	Deutsche Bundespost
ddn	Das Demographie Netzwerk
DeSeCo	„Defining and Selecting Key Compentencies" – OECD-Projekt
DIE	Deutsches Institut für Erwachsenenbildung
DIPF	Deutschen Institut für Internationale Pädagogische Forschung
DSL	Digital Subscriber Line

DZA	Deutsches Zentrum für Altersfragen
econsense	Forum Nachhaltige Entwicklung der Deutschen Wirtschaft e.V.
EDV	Elektronische Datenverarbeitung
EQF	European Qualifications Framework
EQUAL	Europäische Kommission – Beschäftigung, soziale Angelegenheiten und Chancengleichheit
EU	Europäische Union
EX	Experte
FERTES	Fédération romande des travailleurs et travailleuses de l'éducation sociale
FHW	Fernmeldehandwerker
FS	Fernschreiberin
GdWZ	Grundlagen der Weiterbildung Zeitschrift
GHS	Group Headquarters and Shared Services
HRQOL	Health-related Quality of Life
HW	Sonstige handwerkliche Ausbildung
HWK	Handwerkskammer Hannover
IAB	Institut für Arbeitsmarkt- und Berufsforschung
IGA	Initiative Gesundheit und Arbeit
INQA	Initiative Neue Qualität der Arbeit
IPN	Institut für die Pädagogik der Naturwissenschaften
IT	Informationstechnologie
JÄ	Jüngere Ältere (Arbeitnehmergruppe)
KA	Keine Angabe
KBE	Katholische Bundesarbeitsgemeinschaft für Erwachsenenbildung
KKR	Kasseler-Kompetenz-Raster
KMK	Kultusministerkonferenz
KMU	Kleinere und mittlere Unternehmen
LiPA	Lernen im Prozess der Arbeit
m	männlich
MA	Mitarbeiter
OECD	Organisation for Economic Cooperation and Development
PK	Privatkundenniederlassung Nordost, Standort Berlin
QUASUS	Qualitative Sozial-, Unterrichts- und Schulforschung
QUEM	Qualifikations-Entwicklungs-Management, Projekt der ABWF
RBS	Referenz-Betriebs-System
SBS	Schweizerischer Berufsverband Soziale Arbeit
SBVS	Schweizerischer Berufsverband für SozialpädagogInnen
SG	Soldatengesetz
SGET	Staatlich geprüfter Elektrotechniker

SIMA	„Selbständig im Alter“ – Kompetenztraining für Ältere
SOK	Selektive Optimierung mit Kompensation
SVM	Servicemontage
SVT	Servicetechnik
TI	Tischlerin
TK	Technische Kundendienstniederlassung West, Standort Essen
TLFO	Teamleiter Front Office
TLS	Teamleiter Servicetechnik
VO	Vorgesetzter
w	weiblich
WHO	World Health Organization
WSI	Wirtschafts- und Sozialwissenschaftliche Institut

1 Alter(n) als betriebliches Problem?

„Einer neuen Wahrheit ist nichts schädlicher als ein alter Irrtum"
(Johann W. Goethe, Wilhelm Meisters Wanderjahre).

Die demographische Entwicklung in Deutschland zeichnet sich wie insgesamt in Europa (vgl. Molinie 2003; OECD 2005a) durch einen Rückgang der Gesamtbevölkerungszahl, einer stärkeren Ab- als Zuwanderung (vgl. u.a. Franz 1993) und vor allem einer deutlichen Alterung der Bevölkerung aus. Der gesellschaftliche Alterungsprozess resultiert aus der sinkenden Anzahl jüngerer Menschen und dem zunehmenden Anteil Älterer. Im Wesentlichen basiert die demographische Alterung auf zwei Faktoren: Einerseits altert die deutsche Bevölkerung durch eine niedrige Geburtenhäufigkeit und andererseits durch die steigende Lebenserwatung (vgl. Engstler/Menning 2003, S. 91).

Mit der Bevölkerung altern auch ihre Institutionen. Bezogen auf das Berufsleben stellt die breite demographische Alterung ein noch junges Phänomen ohne jeglichen historischen Vergleich dar. Daher ist es kaum verwunderlich, dass in den Betrieben derzeit keine optimalen Bedingungen für eine ältere Belegschaft herrschen (vgl. Bosch 2003, S. 88ff.), denn die Gestaltung des Arbeitsplatzes und der Personalentwicklungsmaßnahmen orientiert sich in erster Linie an den jüngeren Arbeitnehmern.

In den Unternehmen entwickelt sich nur langsam ein Bewusstsein für die Altersfrage (vgl. Weimer et al. 2001, S. 7). Gründe dafür sind eine zeitliche Verlagerung des Problems in die Zukunft und ein Vertrauen auf eine derzeit stark vertretene Arbeitnehmerschaft mittleren Alters. Kritische Symptome wie Fachkräftemangel, Gesundheits- und Leistungsdefizite werden oftmals als konjunkturbedingte Anzeichen fehl interpretiert und Maßnahmen im Umgang mit der Alterung in den eigenen Reihen in die Zukunft verschoben (vgl. u.a. Behrens 1999; Jasper et al. 2001; Bertelsmann Stiftung/Bundesvereinigung Deutscher Arbeitgeberverbände 2005a/b; INQA 2005a, S. 17).

Die derzeitige Situation in den Unternehmen ist durch eine scheinbar komplementäre Entwicklung geprägt: Auf der einen Seite ist das Alter der Erwerbstätigen stetig gestiegen und auf der anderen Seite sind, insbesondere im letzten Jahrzehnt, immer mehr ältere Arbeitnehmer immer früher aus dem Arbeitsleben geschieden. So gingen letztlich im Jahr 2001 nur noch 12% der 60- bis 64-Jährigen einer Arbeit nach (vgl. Bertelsmann Stiftung/Bundesvereinigung Deutscher Arbeitgeberverbände 2005a, S. 14). Deutschland weist einen der niedrigsten Beschäftigungsgrade Älterer in Europa auf; der europäische Beschäftigungsgrad älterer Arbeitnehmer insgesamt ist der niedrigste in der ganzen Welt (vgl. Ilmarinen 2007, S. 11).

Aber warum verlassen ältere Deutsche so frühzeitig den Arbeitsmarkt? Zahlreiche ältere Erwerbstätige haben in den letzten Jahren Frühruhestands- und Teilzeitregelungen genutzt (vgl. Schneider 2002). Als weiteren Grund nennen Führungskräfte die erschwerte Einstellung von Älteren durch einschränkende Sozialklauseln. Viele Manager scheuen sich zudem vor der Einstellung älterer Arbeitsloser, die oft lange Zeit dem Beruf fern waren. Ganz wesentlich ist, dass die Personalpolitik auch heute noch von dem Idealbild des jungen, gesunden, örtlich und zeitlich ungebundenen Arbeitnehmers bestimmt wird. Vielerorts herrscht ein Jugendkult, der Leistungsfähigkeit und Innovation verspricht (vgl. Behringer 2000; Bertelsmann Stiftung/Bundesvereinigung Deutscher Arbeitgeberverbände 2005b, S. 25f.). Die Zeit der Erwerbstätigkeit scheint einem Paradoxon gleich. Zwar stieg die Lebenserwartung der Menschen stetig an, die Dauer der Erwerbstätigkeit nahm hingegen ab. Bedingt durch eine lange Ausbildungsphase treten Menschen verhältnismäßig spät in das Berufsleben ein, und durch die Inanspruchnahme flexibler Altersgrenzen wiederum entsprechend früh aus (vgl. Kade 2004, S. 205).

Diese kurze Verweildauer im Berufsleben ist jedoch kaum noch tragbar, da die fehlende Integration älterer Erwerbstätiger in den Arbeitsmarkt und die dadurch entstehenden hohen Belastungen das soziale Sicherungssystem und somit den Staat in einem enormen Maß schwächen. Die Bertelsmann Stiftung und die Bundesvereinigung Deutscher Arbeitgeberverbände gehen von jährlich über 30 Milliarden Euro zusätzlichen Belastungen in den Sozialversicherungen aus (vgl. Bertelsmann Stiftung/Bundesvereinigung Deutscher Arbeitgeberverbände 2005b, S. 16). Neben dem Verlust finanzieller Ressourcen verliert der Arbeitsmarkt durch den vermehrten Ausstieg der Frührentner aber auch jahrzehntelang gewachsenes Humankapital[1] (vgl. Hardes/Mall 1993, S. 9f.; Funk/Seyda 2006, S. 45f.).

---

1 Der Begriff „Humankapital" wird im Folgenden als ein durch formelle und informelle Bildung erworbenes unternehmensbezogenes Leistungspotenzial (vgl. Schubert/Klein 2006, S. 139) verstanden.

Schon vor Jahrzehnten erkannte die Bildungspolitik, dass infolge der frühzeitigen Verrentung überwiegend Ältere den Arbeitsmarkt verlassen, die nach wie vor über eine gute Gesundheit und einen relativ hohen Bildungsstand verfügen. Doch diese Kompetenzen älterer Arbeitnehmer galten damals nicht als inner- sondern nur als außerbetrieblich nutzbar. Publikationen wie die im Rahmen der Arbeitsgruppe für empirische Bildungsforschung von Marggraf, Nuissl und Paatsch verfasste „Weiterbildung zur Vorbereitung auf Alter und Ruhestand“ (vgl. Marggraf 1986) oder „Wege in den Ruhestand“ (vgl. Lang/Arnold 1989) stehen exemplarisch für die Initiativen der 1980er und 1990er Jahre (vgl. u.a. Günther/Thunemeyer 1996, S. 184ff.; Keith/Withnall 1996, S. 103ff.), ältere Arbeitnehmer für ein nachberufliches Engagement zu gewinnen.

Erst heutzutage erfolgt allmählich ein Paradigmenwechsel, der von Unternehmen, Gewerkschaften und Arbeitnehmern selbst gefordert (vgl. Kaufmann 2005, S. 88) wird und von einer allgemein getragenen „Kultur der Frühverrentung“ (Behrend 2002, S. 62) hin zu einer neuen ressourcenorientierten Sichtweise von betrieblichem Alter(n) (vgl. INQA 2005a, S. 7) führt.

Angesichts des absehbaren Abbaus von Frühverrentungsförderungen und Rentenkürzungen fordern Politik, Verbände und Gewerkschaften die Unternehmen auf, die Herausforderung des demographischen Wandels anzunehmen und stärker in ältere Arbeitnehmer zu investieren (vgl. Bundesvereinigung Deutscher Arbeitgeberverbände 2002, S. 22f.; Bertelsmann Stiftung/Bundesvereinigung Deutscher Arbeitgeberverbände 2005b, S. 10, 18), da sich die Beschäftigungsstruktur älterer Erwerbstätiger in den nächsten Jahren stark verändern wird (vgl. BMFSFJ 2001, S. 30).

Langsam, aber stetig machen sich bereits kleine Erfolge bemerkbar und es erfolgt eine erste Trendumkehr zum Wiederanstieg der Erwerbstätigenquoten älterer Beschäftigter (vgl. Wurm 2006, S. 75). Doch die „in Deutschland geführte öffentliche Debatte um fortschreitende Globalisierung und Altern unserer Bevölkerung zeigt, dass die Probleme der Ökonomie und die des Alters bisher kaum im Zusammenhang gesehen wurden“ (Meier/Empter 2006, S. 7).

Längst ist gesellschaftliche Realität, dass Erwerbsbiographien in steigendem Maße diskontinuierlich verlaufen. In der so genannten „Risikogesellschaft“ (Reutter 2004, S. 2) verfestigen sich sowohl im privaten als auch im beruflichen Umfeld kaum noch Strukturen. Im Berufsleben resultieren daraus zunehmend Verbindungen zu Arbeitgebern und Kollegen von legerem und symbolischem Charakter. Herkömmlich nahm der Beruf für Arbeitnehmer eine identitätsstiftende Stellung ein, da er für viele eine feste Größe im Leben darstellte, die Halt, Sicherheit und Lebenssinn vermittelte (vgl. Börsch-Sputan et al. 2006, S. 85). Heute verlaufen Berufsbiographien diskontinuierlicher. Statt linearen Karrieren ist hingegen von „Patchwork-Biographien“ (Nuissl von Rein 2001, S. 3) die Rede.

Zur Bewältigung dieser gesellschaftlichen und wirtschaftlichen Veränderungen, zielt die berufliche Weiterbildung nicht mehr nur auf die Vermittlung aktueller beruflicher Wissensbestände (vgl. Hoffmann/Nuissl 2003, S. 103), sondern vielmehr auf die Unterstützung der Fähigkeit, sich selbst zu organisieren und fachunabhängig zu agieren. “Wissen ist Macht“ hat zugunsten „Macht ist zu wissen, was wichtig ist“ ausgedient. Lernen zielt im Zeitalter von Globalisierung, Individualisierung sowie Industrie- und Dienstleistungsgesellschaft (vgl. Heidemann 2000, S. 15) sehr stark auf die Orientierungsfähigkeit und die Fähigkeit, Sachverhalte angemessen zu gewichten und einzuordnen (vgl. Nuissl von Rein 2001, S. 3). Das einst erlernte Wissen ist längst nicht mehr für ein ganzes Berufsleben ausreichend, da sich die Tätigkeitsfelder kontinuierlich weiterentwickeln (vgl. Krug 1997, S. 176).

Wie die bisherigen Ausführungen gezeigt haben, sind Unternehmen zunehmend mit einer großen Herausforderung konfrontiert: Sie müssen mit einer stetig älter werdenden Belegschaft auf einem schnelllebigen Markt, der durch kurze Reaktionszeiten und flexible Organisationssysteme geprägt ist, erfolgreich agieren.

Auf den ersten Blick erscheint diese Herausforderung als großer Gegensatz. Im Rahmen dieser Studie soll dennoch gezeigt werden, dass Alter(n) und wirtschaftlicher Wandel durchaus miteinander vereinbar sind und ältere Mitarbeiter wichtige Anstöße dafür liefern können. Der Arbeit liegt dabei die Annahme zugrunde, dass ältere Arbeitnehmer infolge ihrer langjährigen beruflichen Sozialisation Fähig- und Fertigkeiten entwickelt haben, die sie bereits in verschiedenen Tätigkeitsbereichen einsetzen konnten und die grundlegend sind, um berufliche Veränderungen zu meistern und sich in neue Wissensgebiete einzuarbeiten. Ältere gelten in diesem Sinne als Spezialisten ihrer eigenen beruflichen Entwicklung und haben sich über die Jahre ein Repertoire an Potenzialen zugelegt, von dem Unternehmen sicherlich profitieren können.

Um dieses Wissen, diese Fertigkeiten, Werte, Motivationen und Fähigkeiten älterer Arbeitnehmer abbilden zu können, beziehe ich mich auf den Kompetenzbegriff, der mir als einziger geeignet scheint, all diesen Faktoren gerecht zu werden (vgl. Gnahs 2007, S. 25ff.).

Der bisherige Forschungsstand zum Thema „Alter(n) und Kompetenz“ gestaltet sich sehr vielseitig. So liegen beispielsweise Ergebnisse zu Kompetenzen Älterer aus der Bonner Längsschnittstudie zum Alter (BOLSA) (vgl. Lehr/Thomae 1987; Rudinger/Rietz 1995, S. 185ff.) und der Berliner Altersstudie (BASE) (vgl. Baltes et al. 1996.; Mayer et al. 1996) vor. Jedoch stehen hierbei Menschen im hohen Alter, die schon lange nicht mehr im Erwerbsleben stehen, im Zentrum der Betrachtung. Kompetenz ist daher auch eher im Sinne einer „Alltagskompetenz“, die Fähigkeit sein Leben selbstbestimmt zu führen, zu verstehen (vgl. Baltes et al. 1996). Andere Wissenschaftler beziehen sich auf die Kompetenz Älterer in bestimmten Kontexten. Beispielsweise steht die „Kompetenz in der nachberuflichen Phase“ in Verbindung mit dem gesellschaftlichen Engagement im Ruhestand (vgl. Reboul 1996, S. 40ff.; Stadelhofer 1996, S. 27ff.), die „wissenschaftliche Kompetenz Älterer“ für die Fähigkeit an einem Seniorenstudium teilzunehmen (vgl. Clennell 1996, S. 119ff.) und die „temporale Kompetenz Älterer“ für die Fähigkeit älterer Menschen, unter Einbezug ihrer früheren Erfahrungen, neue Lebenspläne zu planen und zu realisieren (vgl. Shostrom 1968).

Mit der Popularität des Themas „Alternde Erwerbsbevölkerung“ in Medien, Politik, Wissenschaft und Wirtschaft ist auch die Anzahl an Veröffentlichungen, in denen Bezug auf Kompetenzen älterer Arbeitnehmer genommen wird, deutlich gestiegen. Dabei wird der Kompetenzbegriff häufig zum Vergleich von Stärken und Schwächen älterer und jüngerer Arbeitnehmer gebraucht (vgl. Hübner et al. 2003; Capgemini 2007a, S. 12ff.). Im überwiegenden Teil der Publikationen beziehen sich die Autoren jedoch nicht explizit auf den Kompetenzbegriff, sondern verwenden ihn kombiniert mit oder parallel zu anderen Konstrukten wie Stärken, Fähigkeiten, Potenzialen, Eigenschaften, Einschätzungen und Leistungen älterer Arbeitnehmer (vgl. u.a. INQA 2005a; Buck/Weidenhöfer 2006, S. 103; Kruse 2006b, S. 1; Becker/Becker 2007, S. 3; Freude 2007, S. 21). Die Antwort auf die Fragen, was Kompetenzen Älterer sind, worin sie sich zeigen und sich von den oben genannten Konstrukten abgrenzen, greifen diese Veröffentlichungen nicht explizit auf bzw. bleiben dieser ganz schuldig.

> „Aber es ist eben auch notwendig, die besonderen Kompetenzen der älteren Arbeitnehmerinnen und Arbeitnehmer herauszustellen, denn hierüber wissen wir noch zu wenig“ (Becker 2007, S. 9).

Genau an dieser Stelle setzt die vorliegende empirische Studie an, in der Kompetenzen älterer Arbeitnehmer ermittelt und in ihren unterschiedlichen Facetten abgebildet werden sollen. Ferner soll geklärt werden, wie sich die Kompetenzen im Laufe des Berufslebens entwickeln und schließlich wie sie sowohl für Arbeitgeber als auch Arbeitnehmer im Unternehmen erfolgreich eingesetzt werden können. Im Rahmen der Untersuchung werden dabei fachliche Kompetenzen ausgeblendet und ausschließlich arbeitsübergreifende Kompetenzen untersucht, welche in Zeiten des stetigen Wandels als universaler einsetzbar und somit als entscheidende Unternehmensressource gelten (vgl. Kaiser 2003, S. 129ff.).

Arbeitsübergreifende Kompetenzen älterer Arbeitnehmer stellen wichtige unternehmensinterne Ressourcen dar, die bisher jedoch kaum erforscht sind und nur unzureichend betrieblich genutzt werden.

Daher lautet die der Arbeit zugrunde liegende Forschungsfrage:

Worin liegen betriebliche Potenziale arbeitsübergreifender Kompetenzen älterer Arbeitnehmer?

Diese Forschungsfrage untergliedert sich in drei Untersuchungsfragen:

- Was sind arbeitsübergreifende Kompetenzen?
- Wie entwickeln sie sich?
- Wie können sie betrieblich genutzt werden?

Zur Beantwortung der forschungsleitenden Frage erfolgt zunächst die Erarbeitung der theoretischen Grundlagen zu „Alter(n)“ und „Kompetenz“ im betrieblichen Kontext. Im Anschluss daran wird das Vorgehen im Rahmen der qualitativen Fallstudie vorgestellt, in der sowohl ältere Arbeitnehmer und deren Vorgesetzte als auch Experten aus dem Personalbereich eines Telekommunikationsunternehmens befragt werden. Darauf aufbauend stelle ich sechs empirisch gehaltvolle Kategorien arbeitsübergreifender Kompetenzen vor, die danach in Bezug auf ihr betriebliches Potenzial diskutiert werden. Zum Abschluss fasse ich die wichtigsten Ergebnisse der Studie zusammen, spiegele diese im wissenschaftlichen Diskurs um „Alter(n) im Betrieb“ wider und formuliere daraus im Rahmen eines praxisorientierten Fazits die wesentlichen Herausforderungen für Arbeitnehmer und Unternehmen im Hinblick auf eine alternsgerechte Gestaltung der Berufslaufbahn.

> „Neben diesen ganz praktischen Problemen gilt es auch positive Einstellungen zu Älteren zu fördern, Vorurteile gegen das Altern und Ältere abzubauen und ein gesamtgesellschaftliches Klima zu schaffen, in dem Altersdiskriminierung in der Arbeitswelt und anderswo keine Chance hat“ (INQA 2005b, S. 3).

Die Arbeit möchte insbesondere praxisnahe Akzente im Sinne von Anregungen für Personalentwicklung und -strategie setzen und stellt somit auch einen kleinen Schritt zur Umsetzung der oben genannten Anforderungen dar. Insgesamt soll jedoch ein Beitrag zur Altenbildungs- und Berufsbildungsforschung geleistet werden.

Ferner möchte ich erwähnen, dass ich im Folgenden der Lesbarkeit halber sämtliche personenbezogenen Bezeichnungen in ihrer maskulinen Form verwende, wobei die weibliche jedoch stets inbegriffen ist. Wird die feminine Bezeichnung zur Beschreibung von Personen verwendet, so ist dies beabsichtigt.

2 Alter(n) und Kompetenz im Betrieb

2.1 Alter(n) im Betrieb

Bei Alter(n) handelt es sich um ein hoch komplexes Phänomen.

> „Das Alter und Altern ist voller Ambivalenz und hat viele Gesichter" (Baltes 1999, S. 434).

Insbesondere in den letzten Jahren hat das Thema „Alter(n) der Erwerbsbevölkerung" angesichts des demographischen Wandels und der prophezeiten Zunahme des Erwerbspersonenpotenzials der über 50-Jährigen stark an Bedeutung gewonnen. Daher diskutieren derzeit Politik, Wissenschaft und Wirtschaft die demographisch-gesellschaftliche Transformation der Alterspyramide zu einem Alterspilz[2] im Hinblick auf die optimale Nutzung des Potenzials der älteren Arbeitnehmer (vgl. u.a. Kruse 2000; Staudinger 2003; Fünfter Altenbericht 2005; Müntefering 2006; Priller 2006; Wirtschaftskraft-Alter.de 2007).

In diesem Sinne sollen im Rahmen der vorliegenden Arbeit Kompetenzen älterer Arbeitnehmer unter der in Kapitel 1 eingeführten Forschungsfrage untersucht werden. Dazu erfolgt zunächst eine ausführliche Aufbereitung der beiden grundlegenden Termini „Alter(n)" und „Kompetenz" sowie eine Diskussion der Begriffe hinsichtlich ihrer Verwendung im betrieblichen Kontext. Bevor jedoch der Kompetenzbegriff näher bestimmt wird, findet in den folgenden Kapiteln eine detaillierte Einführung in die Alter(n)sthematik statt.

Dazu greife ich nun folgend die gesellschaftliche Bedeutung des Alter(n)s auf, erläutere anschließend aus interdisziplinärer Sicht den Unterschied zwischen

---

2 Als „Alterspyramide" und „Alterspilz" wird im allgemeinen Sprachgebrauch die graphische Darstellung der Alterstruktur der Bevölkerung bezeichnet. Heute ist aus der einstigen Pyramiden- oder Tannenform, die sich insbesondere aufgrund der beiden Weltkriege herausentwickelt hat, eine Pilzform geworden. Bedingt ist diese Entwicklung durch den Geburtenrückgang und die deutlich gestiegene Lebenserwartung (vgl. Buchmüller 2003, S. 1).

„Alter" und „Altern" und zeige darauf aufbauend den Alternsprozess anhand ausgewählter Dimensionen auf.

Um zu verdeutlichen, dass Menschen Alter(n) unterschiedlich wahrnehmen, bewerten und häufig sehr sensibel auf die Konfrontation mit diesem Phänomen reagieren, erscheint mir als Einstieg in die Thematik die kontroverse Diskussion der gesellschaftlichen Bedeutung des Alter(n)s sinnvoll.

2.1.1 Alter(n) als Segen oder Fluch?

> „Das Leben wird gegen Abend wie die Träume gegen Morgen, immer klarer" (Karl J. Weber, Demokritos).

Bereits in der griechischen Antike schrieben Autoren wie Homer oder Platon Menschen im fortgeschrittenen Lebensalter reichhaltige Kenntnisse über das Leben, eine klarere Sichtweise der Dinge und eine Gelassenheit gegenüber Problemen des Alltags zu[3]. Auch noch Jahrtausende später werden älteren Menschen im Laufe des Lebens erworbene positive Attribute wie Weisheit[4] und Erfahrung[5] zuteil.

---

3 In der griechischen Antike herrschte nicht nur ein positives Alter(n)sbild vor. Eine Reihe von Dichtern wie Sophokles oder Minnermos fürchteten das Alter als einen Zustand von Traurig-, Einsam- und Verletzlichkeit (vgl. Wünsche 2005, S. 3ff.). Staudinger geht grundsätzlich davon aus, dass die Angst vor dem Tod und die Sehnsucht nach ewiger Jungend „ein evolutionär verankerter Grundbestandteil der conditio humana" sind (Staudinger 2003, S. 35).

4 „Weisheit bedeutet Wissen um die conditio humana, um die Vereinigung von Tugend und Wissen in der Gestaltung der Lebensführung" (Alternsforschung 2003, S. 16). Baltes und seine Mitarbeiter verstehen unter weisheitsbezogenem Wissen Expertenwissen in grundlegenden Fragen der Gestaltung und Bedeutung des Lebens (vgl. Baltes/Staudinger 2000; Baltes/Kunzmann 2004). Ihre Weisheitsqualität zeigt eine Person in der Güte ihrer Ratschläge zu Lebensfragen (vgl. Baltes/Smith 1990, S. 116). Zahlreiche Studien belegen, dass ein Anstieg oder ein Vorhandensein von Weisheit oftmals mit dem fortgeschrittenen Alter eines Menschen in Verbindung gebracht wird (vgl. u.a. Knight/Parr 1999; Stange 2006, S. 91ff.). Doch die Weisheit wird nicht allein durch das Alter bestimmt. Nur dann, wenn verschiedene Faktoren wie Alter, Bildungsstand, Lebenserfahrung und vor allem geistige Gesundheit (Baltes/Staudinger 1998; Staudinger/Werner 2003) zusammenspielen, können Ältere Spitzenleistungen in Weisheitsaufgaben erbringen (vgl. Alternsforschung 2003, S. 16).

5 In der einschlägigen Literatur gilt Erfahrung einerseits als ein Erlebnis im Sinne eines wahrgenommenen Ereignisses und andererseits als die Gesamtheit aller aus Wahrnehmungen, Sinneseindrücken und kognitiven Prozessen in der Auseinandersetzung mit der Umwelt und sich selbst erworbenen Kenntnissen, Fähigkeiten und Fertigkeiten. Negt und Kluge (1972) folgern eine „Systematik von Erfahrungen": Zunächst erwirbt die Person Erfahrungen bei der Auseinandersetzung mit der Realität, anschließend findet ein kognitiver Auseinandersetzungsprozess statt und schließlich reagiert die Person durch den Einsatz ihrer Erfahrungen

Vor allem der Eintritt in die Gruppe der jungen Alten[6] gilt gesellschaftlich als erstrebenswert. Nach dem Austritt aus dem Berufsleben eröffnet sich den Älteren eine neu gewonnene Freiheit, die sie selbst gestalten wollen und können. In Marketingkampagnen werden dieser Altersgruppe Fitness, Unternehmungslust und Konsumfreude zugeschrieben. Bereits seit den 1980er Jahren widmen sich US-amerikanische Unternehmen und Marketingexperten zunehmend finanzstarken älteren Bürgern. Mit alterseindeutigen Begrifflichkeiten wie „Senior Citizens", „Well-off older People" oder „Selpies – Second life People" werben sie für Preisnachlässe bei Fluglinien, Seniorenworkshops und Fertigmenüs (vgl. Rosenbaum 1991, S. 131f.). Auch in Deutschland entdeckte insbesondere die Tourismusbranche bereits vor Jahrzehnten (vgl. Schmitz 1979) die Marktkraft der Älteren für sich und entwickelte zahlreiche altersspezifische Angebote.

Im Hinblick auf die vermeintlich positive Besetzung des Alter(n)s verwundert daher zunächst das Ergebnis der kürzlich vom Bundesministerium für Familie, Senioren, Frauen und Jugend (BMFSFJ) veröffentlichten Studie „Wirtschaftsmotor Alter": Ältere wollen nicht „alt" genannt werden (vgl. BMFSFJ 2007b, S. 1). Niemand hört gerne, dass er zur Gruppe der Alten gehört und erwirbt demzufolge als Mitglied der marketingträchtigen „Silver Economy" nur zögernd alternsgerechte Produkte (vgl. Altern.de 2007, S. 1). Daher plädiert die Familienministerin dafür, das Thema Alter(n) in unserem Land endlich positiv zu besetzen (vgl. BMFSFJ 2007b, S. 1ff.).

Seit über 25 Jahren belegen zahlreiche Studien ein grundlegend negatives Bild des Älteren in unserer Gesellschaft (vgl. u.a. Lehr 1981, S. 911f.; Lehr/Niederfranke 1991; Ellis/Morrison 2005; Kruse/Schmitt 2006). Levy und Banaji (2002) zeigen, dass nach wie vor unzulässig abwertende Verallgemeinerungen zu Alter(n) führend sind. Trotz der zahlreichen Befunde, die einem eindimensionalen altersbedingten Abbau widersprechen (vgl. u.a. Rott 1993, S. 189; Kruse/Rudinger 1997, S. 47f.), assoziieren nach wie vor viele das Alter mit Degradation, Hässlichkeit und Verlust (vgl. Friedan 1993; Backes 1997; 1998,

---

auf die Realität. Lernprozesse im Erwachsenenalter sind zukunftsgerichtet, aber eng mit vorausgehenden Erfahrungen verbunden (vgl. Nuissl et al. 2006, S. 5). Dass Alter und Erfahrung eine wertvolle wirtschaftliche und gesellschaftliche Ressource darstellen, betonen bereits seit einigen Jahren Vertreter aus Wissenschaft, Wirtschaft und Politik (vgl. u.a. Lehr 1981; Bertelsmannstiftung/Bundesvereinigung Deutscher Arbeitgeberverbände 2005 a/b; Müntefering 2006).

6 Renomierte Alternsforscher bezeichnen das Alter von 60 bis 80 Jahre als „junges Alter", 80 bis 100 Jahre als „hohes Alter" und mehr als 100 als „sehr hohes Alter" (vgl. u.a. Staudinger 2003, S. 40; Herschkowitz 2006, S. 63).

S. 13). Die Leistungsgesellschaft misst Alter(n) eine zentrale Bedeutung im Sinne einer Abgrenzung zur Jugend zu, die als erstrebenswert gilt und durch Unabhängigkeit und gutes Aussehen Erfolg und Lebenserfüllung garantiert (vgl. Herschkowitz 2006, S. 65). Somit verwundert es auch nicht, dass neben dem „Pro-Aging-Markt" nach wie vor der „Anti-Aging-Markt" boomt. In Form von Produkten und Maßnahmen gegen physischen und kognitiven Abbau versuchen Anti-Aging-Experten individuelle Bedürfnisse Alternder nach Jugend, Schönheit und Körperlichkeit sowie grundlegende Bedürfnisse nach Glück und Zufriedenheit zu erzeugen, um sie gleichzeitig zu befriedigen (vgl. u.a. Heller/ Waldmann 2001; Schreiner 2001, S. 14ff.; Giger 2002, S. 32).

Nachweislich beschäftigen sich Menschen schon seit Jahrtausenden mit ihrem Alter(n), sehen diesem gelassen entgegen oder fürchten sich davor. Doch was ist das Alter(n) überhaupt, dass es solch intensive Emotionen beim Alternden hervorrufen kann? Die Klärung der Begriffe liefert die Antwort.

2.1.2 Begriffsbestimmung von Alter(n)

Alter und Altern gelten als universale Merkmale im Leben eines Menschen. Das Alter umfasst die Zeitspanne, die seit der Geburt vergangen ist (vgl. Kade 2007, S. 13) und gilt somit als Synonym für die bisher erlebte Zeit („Chronological Age"). Darüber hinaus bezeichnet Alter aber auch die letzte große Phase im Leben und kann daher nur adäquat unter Berücksichtigung des Alternsprozess thematisiert werden, der das Alter lebenszeitlich beeinflusst (vgl. Clemens 2001, S. 489). Es gibt nichts Typisches für das Alter, denn es stellt lediglich ein Orientierung verleihendes Konstrukt dar, mit dem abhängig von gesellschaftlichen Ordnungsvorstellungen und Normen „Altersbilder" konzipiert werden. Diese bieten wiederum als persönlich oder gemeinschaftlich formulierte Verhaltenserwartungen eine Orientierung in gesellschaftlichen Veränderungsprozessen (vgl. Göckenjan 2000, S. 23).

Die Festlegung, ab wann jemand „alt" ist, stellt sich als sehr schwierig heraus und kann eigentlich nur von der Person selbst getroffen werden. Backes versucht trotzdem einen Alterseintritt beim Übergang vom mittleren Erwachsenenalter, das von Mitte 30 bis Mitte 50 verläuft, in das höhere Erwachsenenalter, welches etwa ab dem 55. Lebensjahr eintritt, zu formulieren (vgl. Backes 1998, S. 23)[7].

Im Gegensatz zur statischen Dimension des Alters bezeichnet Altern einen lebenslangen Entwicklungsprozess. Entgegen stereotypischer Vorstellungen ist der Alternsprozess nicht identisch mit einem Abbauprozess, sondern gestaltet sich individuell höchst unterschiedlich (vgl. u.a. Gubrium/Holstein 2003).

Im Sinne der „Psychologie der Lebensspanne" (vgl. Baltes et al. 1980) umfasst das Altern zahlreiche intraindividuelle Veränderungsoptionen und vollzieht sich nach Faltermaier et al. (2002) auf verschiedenen Prozessebenen:

- *Multidimensionaler Prozess:*
  Alternsprozesse verlaufen multidimensional und betreffen diverse subpersonelle Bereiche auf unterschiedliche Art und Weise. Demzufolge ist es möglich, dass eine alternde Person gleichzeitig ihre kognitiven Fähigkeiten ausbauen und ihr Interesse an sozialen Kontakten verlieren kann.

- *Multidirektionaler Prozess:*
  Altern erfolgt keineswegs nur als Abbauprozess in eine Richtung. So kann eine Person in ihrer Jugend sehr sportlich gewesen sein, aber im Laufe ihres Berufslebens vernachlässigte sie ihre körperliche Fitness, wodurch Kondition und Muskeln abnahmen. Als Rentner widmet sie sich wieder verstärkt dem Lauftraining und baut erneut eine hervorragende Kondition auf (vgl. Backes 1998, S. 15; Baltes 1999, S. 439).

- *Multikausaler Prozess:*
  Alternsprozesse unterliegen einer multikausalen Bedingungskonstellation aus biologischen, sozialen, ökologischen, ökonomischen, historischen und psychologischen Faktoren. Durch die Wechselwirkung zwischen Genetik, Umwelt und Lebensstil wird Altern zu einem höchst individuell verlaufenden Prozess (vgl. Brauchbar/Heer 1993, S. 82).

---

7 Backes widerspricht sich im Hinblick auf die Festlegung des Startpunkts des Alters selbst, da sie an vorheriger Stelle ihres Buches „Lebensphase Alter" bereits Menschen ab 45 Jahren als „alt" oder „älter" bezeichnet (vgl. Backes 1998, S. 13). Ihre Definitionsunsicherheiten können sicherlich auch als Bestätigung ihrer Aussage, dass die Festlegung des Alters kaum machbar ist (vgl. Backes 1998, S. 23), gedeutet werden.

Indem sie sämtliche Bedingungsfaktoren des Alterns berücksichtigen, definieren Faltermaier et al. den Begriff „Altern“ treffend:

> „Halten wir also fest, dass wir unter Altern einen Entwicklungsvorgang, d. h. lebenalterbezogene relativ überdauernde Veränderungen zentraler Erlebens- und Verhaltensbereiche einer Person verstehen, der multidimensional und multidirektional verläuft und multifaktoriell bedingt ist“ (Faltermaier et al. 2002, S. 166).

Altern verläuft als ein dynamischer Austausch zwischen Abbau und Entwicklung (Baltes 1984), wobei die Anzahl der Lebensjahre nur über eine begrenzte Aussagekraft verfügt, denn „der Mensch altert nicht im gleichem Maße, wie er älter wird“ (Hilgers 1991, S. 52). Allgemeinaussagen über das Alter zu treffen ist schier unmöglich (vgl. Salthouse 1997), weil die Merkmalsvarianz zwischen Individuen in keinem anderen Lebensabschnitt so ausgeprägt ist wie im letzten (vgl. Filipp/Schmidt 1998, S. 443). Für das Individuum selbst bedeutet Altern auch, dass es die Möglichkeit besitzt, seinen eigenen Alternsprozess aktiv mitzugestalten und nicht bloß als „Marionette der gegebenen Lebensumstände“ fungiert (vgl. Faltermaier et al. 2002, S. 168).

Im Kontext dieser Arbeit ist Altern nicht nur als ein individueller Verlauf, sondern auch als ein Aufarbeiten von Lebensabschnitten zu verstehen. Der Alternsprozess erfolgt somit stets in engem Austausch mit gesellschaftlichen Veränderungsprozessen (vgl. Backes/Clemens 2003, S. 77ff.; Levy 2003, S. 203ff.).

Die bisherigen Ausführungen haben gezeigt, dass Alter(n) ein vielschichtiges Phänomen darstellt, wobei die reine Orientierung an der kalendarischen Dimension kaum der immensen Verschiedenartigkeit gerecht zu werden vermag. Dementsprechend haben sich verschiedene wissenschaftliche Disziplinen zur Alternswissenschaft, der Gerontologie, zusammengeschlossen, um Alter(n) interdisziplinär zu untersuchen (vgl. CareLounge 2007a, S. 1). Dabei befasst sich die Biologie mit dem organischen Alter(n), die Psychologie untersucht das geistig-seelische Alter(n) anhand geistiger Funktionen sowie personengebundener Einstellungen und die Soziologie das soziale Alter(n) anhand sozialer Rollen und Verhaltensweisen (vgl. Schäfers 2000, S. 15; Werner 2005, S. 64f.; Kruse 2006a, S. 9).

2.1.2.1 Biologisches Alter(n)

Im Allgemeinen, aber insbesondere in biologischer Hinsicht, verläuft der Alternsprozess vom Beginn des Lebens bis zum Lebensende (vgl. Kade 2007, S. 13) ungleich ab:

> „Jedes Organ altert unterschiedlich – nach einer eigenen biologischen Uhr. Manche Alterungsprozesse beginnen schon mit 20, andere erst mit 70“ (Hilgers 1991, S. 52).

Auch heute noch trifft die Bestimmung des biologischen Alterns nach Bürger (1947) zu. Er erklärte Altern als eine natürliche, irreversible und biologischen Gesetzmäßigkeiten unterliegende Veränderung des Bios als Funktion der Zeit. Altern ist demnach keinesfalls mit Krankheit oder Abbau gleichzusetzen. Abbau gehört zwar zum Altern dazu, stellt aber nicht die einzige Dimension dar. In ihrer Alternsdefinition betonen Behl und Hartl den Rückgang biologischer Aktivitäten:

> „Per definitionem ist Altern ein dynamischer Prozess, der eine fortschreitende Störung physiologischer Aktivitäten beschreibt, welche die Fähigkeit des Organismus verändert, die eigene Homöostase[8] zu behaupten, und dadurch die Empfänglichkeit des Organismus für Krankheit und Tod erhöht“ (Behl/Hartl 2007, S. 102).

In diesem Sinne präzisieren Kruse und Rudinger biologisches Altern als eine Verringerung der organischen Kapazität und Funktionstüchtigkeit sowie einer Abnahme der Adaptionsfähigkeit und einer Zunahme der Vulnerabilität[9]. Dabei sind die Abbauprozesse nicht als vollkommen irreversibel zu betrachten, denn der alternde Mensch kann ihnen beispielsweise durch regelmäßiges physisches und kognitives Training in beachtlichem Maße entgegenwirken (vgl. Kruse/ Rudinger 1997, S. 46; Oswald 1998, 2001, S. 467ff.). Beim Altern vollziehen sich im Laufe der Zeit mannigfaltige biologische Wandlungsprozesse, die anhand folgender ausgewählter Aspekte und Annahmen verdeutlicht werden:

---

8 Der Begriff „Homöostase“ stammt aus dem Griechischen und kann als „Gleichgewicht“ oder „Gleichstand“ übersetzt werden. Im biologischen Kontext ist damit die Fähigkeit zur Selbstregulation als grundlegendes Funktionsprinzip gemeint. Beispielsweise führt die intensivere Atmung bei körperlicher Anstrengung automatisch zu einer stärkeren Sauerstoffzufuhr, um dem hohen Sauerstoffverbrauch entgegenzuwirken.

9 Später betont Kruse in einem seiner Vorträge, dass die Verletzbarkeit infolge des fortschreitenden Lebensalter zunimmt, da die Wahrscheinlichkeit des Auftretens chronischer Erkrankungen wächst (vgl. Kruse 2001b, S. 1f.).

- *Physische Leistungsfähigkeit:*
  Die körperliche Kraft hängt maßgeblich von der Beschaffenheit der Muskulatur ab, die bereits nach 50 Jahren auf etwa 70% ihrer Maximalkapazität sinkt. Bezogen auf die Leistungsfähigkeit am Arbeitsplatz ist erwiesen, dass während des gesamten Arbeitslebens nur ca. 40 bis 50% der Muskelkraft in Anspruch genommen werden, um die am Arbeitsplatz erforderte Leistung zu erbringen. Darüber hinaus verursacht nicht nur das biologische Altern einen Abbau, sondern auch das Zusammenwirken etlicher exogener Faktoren (vgl. Lehr 2007, S. 215).

- *Gehirn:*
  Da sich die Grundbausteine des Gehirns bis ins hohe Alter entwickeln und regenerieren können, bleibt die kognitive Plastizität[10] bei Menschen, außer bei krankhaften altersbedingten Veränderungen des Gehirns wie Demenz, weitgehend erhalten (vgl. Raabe 2004; Falkenstein 2007, S. 35ff.). Die Gesamtzahl der Nervenzellen nimmt bis etwa zum 100. Lebensjahr nur um ca. 10% ab. Heute existieren sogar erste Hinweise darauf, dass sich spezielle Neuronenvorstufen[11] auch noch im Erwachsenenalter in bestimmten Hirnregionen zu reifen Neuronen entwickeln können. Die Verästelung der Nervenzellen, die Dendriten, welche Kontakte mit anderen Neuronen herstellen, wachsen mindestens bis zum 70. Lebensjahr.

Altern bedeutet aber ebenso Abbau. So nehmen Anzahl und Effizienz der Synapsen[12] ab und damit die Übermittlungsgeschwindigkeit von Zelle zu Zelle. Dies beeinträchtigt das schnelle Erfassen und Verarbeiten von Informationen. Das Myelin[13] nimmt im Allgemeinen ab und führt zu einer Verlangsamung der Nervenleitgeschwindigkeit (vgl. Herschkowitz 2006, S. 78f.). Unabhängig von

10 Der Begriff der kognitiven Plastizität im Rahmen der Lebensspannenforschung bedeutet „Formbarkeit" und bezieht sich auf das Potenzial, welches Individuen durch die Möglichkeit zu unterschiedlichen Verhaltens- und Entwicklungsformen besitzen (vgl. u.a. Baltes 1993; 2007, S. 16). Die empirische Überprüfung erfolgt mittels Interventionsstudien, in denen Personen in leistungsfördernde Strategien und Techniken eingeführt und darin trainiert werden, so dass der Begriff der kognitiven Plastizität auch synonym mit dem des kognitiven Leistungsgewinns nach der Trainingsphase verwendet wird (vgl. u.a. Poon et al. 1980; Baltes/Lindenberger 1988).

11 Das Neuron, eine auf Erregungsleitung ausgelegte Zelle, ist ein anderer Begriff für Nervenzelle.

12 Synapsen sind Kontaktstellen, welche die Nervenzellen untereinander oder Nervenzellen mit anderen Zellen wie Muskel- oder Drüsenzellen verbinden.

13 Myelin ist eine lipidhaltige Substanz, die eine Hülle um die Nervenzellenfortsätze bildet, um diese vor schädlichen exogenen Einflüssen zu schützen.

manuellen Fertigkeiten oder gedankliche Leistungen werden die Verbindungen zwischen den Hirnstrukturen im Erwachsenenalter ständig verstärkt und durch Übung verbessert. Jedoch bewirkt eine kurze Trainingsphase noch keine stabile neuronale Veränderung (vgl. Reischies/Lindenberger 1996). Konsequentes und andauerndes Training ist vor allem im hohen Erwachsenenalter notwendig, um Abbau oder Schädigungen des Gehirns entgegenzuwirken (vgl. Herschkowitz 2006, S. 80).

- *Genetik:*
  In der Alternsforschung ist die Annahme vorherrschend, dass zu etwa 25% die Genetik den Alternsprozess bestimmt und zu etwa 75% die Umwelt (vgl. Kruse 2001b, S. 3). Der verhältnismäßig große Wirkungsanteil der Umwelt illustriert die vielfältigen Einflussmöglichkeiten, die eine Person hinsichtlich ihres Alternsprozess besitzt (vgl. Marquardt 1996, S. 2). Jedoch zeigt der zu einem Viertel auf den Alternsprozess wirksame Einfluss der Genetik, dass der Mensch aufgrund seiner genetischen Vorprägung trotz vielfältiger Anstrengungen sein biologisches Alter nur bis zu einem gewissen Maße aktiv beeinflussen kann (vgl. Kruse 2001b, S. 3).

Letztendlich ist festzuhalten, dass trotz beachtlicher Trainingserfolge Älterer und jüngster optimistischer neurologischer Befunde, das biologische Altern im derzeitigen gerontologischen Diskurs dennoch mit der Verringerung der Anpassungsfähigkeit und der Leistungskapazität des Organismus in Verbindung gebracht wird (vgl. Kruse 2006a, S. 11).

Indem sie dominierende Altersbilder aufgreift und dadurch auf gesellschaftliche Handlungsbedarfe im Umgang mit alternden Menschen hinweist, gewährt die soziale Dimension neben der biologischen weitere wichtige Einblicke in die gerontologische Diskussion um Alter(n) (vgl. Kruse/Rudinger 1997, S. 46ff.).

2.1.2.2 Soziales Alter(n)

Vor allem das soziale Alter und die in einer Gesellschaft vorherrschenden Altenbilder üben einen deutlichen Einfluss auf das Verhalten der Akteure in der Berufs- und Arbeitswelt aus. Das gilt in besonderer Weise für das berufsspezifische Altersbild vom leistungsgeminderten älteren Mitarbeiter (vgl. Werner 2005, S. 65), der sich weniger beruflichen Herausforderungen und stattdessen der Gestaltung seiner nachberuflichen Phase widmet (vgl. Schmitz-Scherzer 1995, S. 171ff.).

Als Eintritt in die Altersphase gilt sowohl im Allgemeinen als auch in der Sozialwissenschaft der Zeitpunkt des Berufsaustritts[14] und somit der Verlust berufsbezogener Rollen[15] (vgl. u.a. Tenckhoff 2006, S. 47). Weiterhin sieht Kade das Bewusstwerden des Alters als fremd initiiert: Die Person selbst hält sich stets für jünger als sie tatsächlich ist (vgl. Kade 1992, S. 94); die Rolle des Alters bekommt sie von außen übergestülpt (vgl. Kade 2007, S. 13). Damit beschreibt Kade den Moment, in dem das Alter vom Fremdbild zum Selbstbild transferiert. Lehr geht mit Kade konform, da sie der Gesellschaft und insbesondere dem eigenen Umfeld den Schlüssel zum Alter(n) zuspricht und das Alter(n) als eigenes Empfinden im Rahmen gesellschaftlicher Restriktionen beschreibt:

> „Man ist so alt, wie man sich aufgrund der Haltung der Gesellschaft oder der mitmenschlichen Umwelt einem selbst gegenüber fühlt" (Lehr 2007, S. 203).

---

14 Den Zeitpunkt des gesetzlich festgelegten Renteneintritt mit 65 Jahren als Alterskriterium zu wählen, schätze ich aus verschiedenen Gründen als ungünstig ein:
- Im Durchschnitt scheiden die meisten Arbeitnehmer mit etwa 60 Jahren aus dem aktiven Arbeitsleben aus. Verhältnismäßig wenige Erwerbstätige arbeiten überhaupt bis 65. So waren im Jahr 2004 von den 55- bis 64-Jährigen in Deutschland nur noch 41,4% erwerbstätig (vgl. Kruse 2006a, S. 15; Müntefering 2006, S. 3).
- Hinsichtlich des Eintritts in die Rente existieren keine international einheitlichen Vergleichsmaßstäbe. Das Renteneintrittsalter beginnt im internationalen Vergleich zu unterschiedlichen Zeitpunkten und unterliegt teilweise geschlechts- oder berufsspezifischen Regelungen. Während in Finnland die Volksrente bei 65 Jahren liegt, gehen in Tschechien Männer mit knapp 62 und Frauen in Abhängigkeit von ihrer Kinderzahl in Rente. So geht eine tschechische Frau ohne Kinder erst ab 60 Jahren in Ruhestand, während ihre Landsfrau ab fünf Kindern bereits mit 56 Jahren die Erwerbstätigkeit aufgeben kann. In Zypern liegt das gesetzliche Renteneintrittsalter für alle Beschäftigten bei 65; nur Bergarbeiter können schon zwei Jahre früher in Ruhestand gehen.
- Dass das Thema „Alter(n)" schon bereits 20 Jahre vor dem gesetzlichen Renteneintritt im Erwerbsleben eine Rolle spielt (vgl. Faltermaier et al. 2002, S. 157f.), zeigt Kapitel 2.1.3.1.

15 Eine Rolle repräsentiert ein Sammelsurium von Aufgaben, die vom Rolleninhaber zu bewältigen sind. In ihrer Berufsbiographie ist die Person mit vielen verschiedenen Rollen konfrontiert. Durch das Ausüben ihrer Rolle als Kollege, Mitarbeiter oder Vorgesetzter nimmt die Person einen festen Platz im Arbeitsleben ein: „Die Rolle, die ein Einzelner spielt, ist auf die Rollen abgestimmt, die andere spielen" (Goffman 2000, S. 3). Fielen infolge des Berufsaustritts die Arbeitsrolle und dadurch das arbeitsbezogene Sozialgefüge und die damit verbundenen täglichen Aufgaben weg, stellten Palmore et al. (1985) fest, dass es vorwiegend bei Männern mit ununterbrochener Berufsbiographie vorkam, dass diese unter einer massiven Rollenverunsicherung und Verhaltensunsicherheiten litten.

Dabei können häufig normative Ansichten zu Lebensphasen zu konstituierenden Altersstereotypen werden. Mit diesen Altersstereotypen als kollektivgesellschaftliche Meinungen und Vorstellungen schreibt die Gesellschaft Menschen einzig aufgrund ihres kalendarischen Alters Eigenschaften, Verhaltensweisen und Rollen zu, die sie im Einzelfall nur selten widerspiegeln (vgl. u.a. Tenckhoff 2006, S. 47). Ältere ihrerseits übernehmen die überwiegend negativ gefärbten Einstellungen zum Alter(n) und verhalten sich im Sinne einer Selffullfilling Prophecy auch demgemäß. Das falsche Fremdbild wird schließlich zum fest internalisierten Selbstbild[16] (vgl. Naegele 1992, S. 372f.).

Die vorherigen Ausführungen belegen, dass die Gesellschaft einen starken Einfluss auf das Altwerden bzw. -sein ausübt.

> „Es [das Alter, Anm. M. J.-T.] ist eine soziale Konstruktion, kein biologisch eindeutiges Merkmal“ (Kade 2007, S. 13).

Neben Kade vertreten daher viele weitere Autoren den Ansatz, dass Alter in erster Linie das Resultat sozialer Konstruktion darstellt und zweitrangig durch organische oder funktionelle Veränderungen bedingt ist (vgl. u.a. Tews 1993; Thomae 1993, S. 65; Marquardt 1996, S. 2; Gergen/Gergen 2005, S. 222; Kruse 2006a, S. 9).

Neben der bio- und soziologischen Perspektive auf Alter(n) soll nun noch die von Seiten der Psychologie näher untersuchte Alternsdimension vorgestellt werden.

2.1.2.3 Seelisch-geistiges Alter(n)

Das seelisch-geistige Altern umfasst einerseits die Entwicklung der kognitiven Leistungsfähigkeit, die sich insbesondere in Form von Planen, Denken, Lernen

16 Es wurden einige Untersuchungen zur starken Beeinflussung des altersbezogenen Selbstbilds durch das Fremdbild durchgeführt. Exemplarisch sei an dieser Stelle auf die Erkenntnisse von Kruse und Rudinger verwiesen, dass sich ein negatives Alter(n)sbild auch negativ auf die Lern- und Leistungsfähigkeit im Alter auswirkt (vgl. Kruse/Rudinger 1997, S. 47f.). Ferner beeinflusst ein negatives Bild vom Alter(n) nicht nur Erwachsene im fortgeschrittenen Lebensalter, sondern übt auch eine nicht zu unterschätzende Vorbildwirkung (vgl. Staudinger 2003, S. 36) besonders auf jüngere Menschen aus, die schon relativ früh eine negative Erwartungshaltung dem Alter gegenüber einnehmen (vgl. Marquardt 1996, S. 3). Diesbezüglich stellten Levy et al. (2002) fest, dass Menschen, die eine negative Erwartung von sich als ältere Personen vertreten, eine um bis zu 7,5 Jahre geringere Lebenserwartung hatten als positiv oder neutral eingestellte.

und Informationsverarbeitung zeigt, und andererseits die seelischen Alternsfaktoren, die sich beispielsweise darin äußern, wie ein alter(nder) Mensch mit aktuellen Anforderungen und Belastungen umgeht (vgl. Rosenmayr 2000; Kruse 2001b, S. 8).

Das seelisch-geistige Alter(n) als sehr komplexer Prozess soll anhand folgender ausgewählter Merkmale beschrieben werden:

- *Gegenläufige Intelligenzentwicklung:*
  Mit der häufig herangezogenen Unterscheidung nach kristalliner und fluider Intelligenz bzw. der Pragmatik und der Mechanik der Intelligenz können altersbezogene Unterschiede verdeutlicht werden. Während die kognitive Leistungsfähigkeit Älterer im Bereich der kristallinen kulturbezogenen Intelligenz, u.a. Wissen und Erfahrung, konstant bleibt oder bei einigen Älteren sogar noch leicht ansteigt, nimmt die fluide Intelligenz, u.a. Problemlösefähigkeit und Informationsverarbeitungsgeschwindigkeit, als biologische Komponente des kognitiven Leistungspotenzials bereits im früheren Erwachsenenalter ab (vgl. Kruse/Rudinger 1997, S. 50f.). Mit dem Alter sinkt die Kapazität des Kurzzeitspeichers. Dadurch wird der Mensch bei seinen Lernprozessen für äußere Störungen anfälliger. Während er früher Gelerntes nach wie vor präsent hat, kann er kurzfristig Gelerntes deutlicher schlechter behalten (vgl. Herschkowitz 2006, S. 73ff.). Doch psychologische Studien haben gezeigt, dass ältere Menschen selbst in Bereichen der fluiden Intelligenz Trainingsgewinne erzielen können. Derartige positive Leistungsbeeinflussungen können nicht nur nach Trainingsmaßnahmen auftreten, sondern auch durch stimulierende Umwelteinflüsse wie Freizeitaktivitäten oder berufliche Herausforderungen hervorgerufen werden (vgl. Kruse/Rudinger 1997, S. 56f.). Somit gelten die im biologisch-physiologischen Bereich nachgewiesenen Kapazitätsreserven älterer Menschen auch im kognitiven Bereich als erwiesen (vgl. u.a. Kruse/Rudinger 1997, S. 46f.; Knopf 1998, S. 135ff.; Oswald 1998; Knopf 2001, S. 491ff.). Die positive Beeinflussung der Intelligenz- und Gedächtnisfunktionen begründen Kliegl und Mayer damit, dass altersabhängige Veränderungen in intellektuellen Leistungen vor allem durch reduzierte bzw. andersartige Lernerfahrungen Älterer bedingt sind. Intellektuelle Leistungen unterliegen sowohl biologischen als auch kulturellen Einflüssen und sind somit stets in Abhängigkeit von Alters- und Kohorteneinflüssen zu betrachten (vgl. Kliegl/Mayr 1997, S. 96f.).

- *Erfolgreiches Altern durch Plastizitätsnutzung:*
  Die moderne Entwicklungspsychologie geht von einer lebenslangen Plastizität des Individuums für neue Entwicklungen aus. Außer in kognitiv äußerst anspruchsvollen Bereichen scheint Alter im Allgemeinen nur einen relativ geringen Effekt auf berufliche Leistungen auszuüben. Trotz nachlassendem Arbeitsgedächtnis sind Ältere durchaus in der Lage ihrer Arbeit nachzukommen. Indem sie beispielsweise ihre Aufgaben sorgfältiger kontrollieren, sich etwas mehr Zeit für die Ausführung der Tätigkeit nehmen und sich Schwerpunkte beim Verrichten der Arbeit setzen, können sie abnehmende kognitive Leistungen kompensieren[17] und ihre Arbeit auf eine leicht modifizierte Art und Weise, aber in ähnlicher Qualität ausführen (vgl. Kliegl/Mayr 1997, S. 102f.).

Folglich sind auf der seelisch-geistigen Ebene sowohl Gewinne als auch Verluste im Zuge des Alternsprozesses zu verzeichnen. Gewinne betreffen vor allem die Bereiche, die auf Erworbenem wie Erfahrung und Wissen beruhen. Verluste treten dagegen eher in Bereichen auf, welche vordergründig auf der Umstellungsfähigkeit von Nervenzellenverbänden basieren (vgl. Kruse 2006a, S. 11). Ferner zeigt sich aber auch, dass die altersbedingte Abnahme der Gedächtnisfunktionen durch gezieltes kognitives und motorisches Training nachweisbar verbessert werden kann (vgl. Knopf 1998, S. 131ff.; Naegele 2002; Herschkowitz 2006, S. 76).

In der vorliegenden Arbeit sollen Kompetenzen untersucht werden, die Menschen im Laufe ihres Alterns im Berufsleben entwickelt haben und derzeit zur Bewältigung ihres beruflichen Alltags einsetzen. Nachdem nun im Vorfeld wichtige Grundlagen zum Verständnis von Alter(n) gelegt worden sind, werde ich im nächsten Kapitel explizit auf Alter(n) im Erwerbsleben eingehen. Dabei erfolgt zunächst die Definition des Begriffs „älterer Arbeitnehmer“. In der daran

17 Dieses Beispiel ist im Sinne des entwicklungsregulierenden Modells der selektiven Optimierung mit Kompensation (SOK) von Baltes und Baltes (1990) zu verstehen. Mit der Auswahl gewisser Tätigkeitsbereiche (Selektion) gibt die Person ihrer Entwicklung eine Richtung. Durch die fokussierte Investition zielrelevanter Ressourcen (Optimierung) kann sie angesichts von Ressourcenverlusten einen Leistungserhalt in dem erwählten Tätigkeitsbereich erzielen (Kompensation) (vgl. Freund/Baltes 2000). Naegele bezeichnet die unterschiedliche Entwicklung verschiedener Dimensionen der Leistungsfähigkeit auch als „Leistungswandel“ (Naegele 2004, S. 204). Bezogen auf das Arbeitsleben bedeutet dies, dass ältere Arbeitnehmer durch entsprechende Arbeitsanpassungen Ausdauer- und Schnelligkeitsverluste durch Gewinne wie Erfahrung, Überblick oder Entscheidungsvermögen kompensieren können (vgl. Naegele 2004, S. 204f.).

anschließenden Diskussion der mit dem Alter(n) im Beruf verbundenen Probleme und Möglichkeiten, zeigt sich, dass gerade im betrieblichen Kontext die sozialen und psychologischen alter(n)srelevanten Veränderungen von höherer Relevanz als die biologischen sind (vgl. Echterhoff 2005, S. 71).

2.1.3 Ältere Arbeitnehmer

Im Diskurs um ältere Arbeitnehmer[18] nehme ich eine ressourcenorientierte Perspektive ein (vgl. Kruse 2000, S. 72ff.), da ältere Erwerbstätige häufig über Jahrzehnte ihr Arbeitsleben und dabei unzählige arbeitsbezogene und parallel verlaufend private Entwicklungen gemeistert haben. In diesem Sinne gelten ältere Arbeitnehmer als Vorbilder, die im Zuge ihrer beruflichen Sozialisation eine Reihe von identitätsbildenden und handlungsstrukturierenden Prozessen absolviert (vgl. Echterhoff, 2005, S. 71) und sich dabei in umfangreichem Maße Wissen, Können und Erfahrungen angeeignet haben.

Die meisten Definitionen bestimmen den Terminus „älterer Arbeitnehmer“ per Altersgrenze. So beschreiben Wenke et al. ältere Arbeitnehmer als Erwerbstätige ab etwa dem 40. Lebensjahr (vgl. Wenke et al. 1996, S. 10). Statistiken der Bundesanstalt für Arbeit zufolge gilt die Zuweisung zur Gruppe der Älteren ab etwa 50 Jahren, da ab diesem Alter Arbeitslose als „ältere Arbeitslose“ geführt werden (vgl. Bundesanstalt für Arbeit 2001, S. 182). Zur weiteren Verwendung definiere ich in Anlehnung an eine auf die betriebliche Praxis bezogene Befragung des Instituts für Arbeitsmarkt- und Berufsforschung (IAB) aus dem Jahre 1997 bei Personen mit Personalführungsverantwortung (vgl. Koller/Gruber 2001, S. 487) die Gruppe der älteren Arbeitnehmer als Erwerbstätige zwischen dem 45. und 65. Lebensjahr[19].

Im Rahmen der Arbeit sollen fachunabhängige Kompetenzen älterer Arbeitnehmer als wichtige Unternehmensressourcen näher untersucht werden. Da sich in der Arbeitspraxis bisher noch keine potenzialorientierte Sichtweise von älteren Arbeitnehmern durchsetzen konnte und im Arbeitsleben wie auch gesamtgesellschaftlich ein eher negatives Alter(n)sbild vorherrscht, besteht an dieser Stelle ein dringender Forschungs- und Handlungsbedarf. Dass die seit Jahrzehn-

---

18 In Kapitel 2.3 erfolgt eine weiterführende Herleitung der Begriffe „Arbeit“ und „Arbeitnehmer“. Im Folgenden finden die Begriffe „ältere Arbeitnehmer“, „ältere Mitarbeiter“, „ältere Mitarbeitende“, „ältere Erwerbstätige“ und „ältere Beschäftigte“ analog Verwendung.

19 Dieser Alterseingrenzung zur Bestimmung des Begriffs „älterer Arbeitnehmer“ bedienen sich viele weitere Autoren (vgl. u.a. Buck et al. 2002; Bangali 2005, S. 8; Regnet 2005, S. 42).

ten Beschäftigten bei der Entfaltung ihrer Potenziale mit vielen Erschwernissen zu kämpfen haben, sollen folgende Ausführungen belegen.

2.1.3.1 Probleme

Ältere Arbeitnehmer werden aufgrund ihres fortgeschrittenen Alters mit diversen Vorurteilen und arbeitsbezogenen Benachteiligungen konfrontiert (vgl. u.a. Kohli 1981, S. 140ff.; Kohli 1982, S. 39ff.). Die schwierige Lage, in der sich ältere Erwerbstätige häufig befinden, wird nun anhand besonders kennzeichnender Probleme aufgezeigt.

Vor allem in Großbetrieben, in denen die Mitarbeiter überwiegend nur in einem Tätigkeitsfeld arbeiten und ihre Fähigkeiten kaum tätigkeitsübergreifend erweitern und einsetzen können, ist ein negatives Bild des älteren Arbeitnehmers vorrangig. Im Vergleich mit jüngeren gelten ältere Arbeitnehmer sowohl in geistig-intellektueller als auch in körperlicher Hinsicht als weniger leistungsfähig und belastbar und somit als Gefahr für die Arbeitsproduktivität (vgl. u.a. Ilmarinen 1995, 1999; CareLounge 2007b, S. 1). Diese negative Sichtweise ist Bungard und Fischer (1983) zufolge bei jüngeren Vorgesetzten um ein Vielfaches stärker als bei älteren ausgeprägt.

In 2.1.2.1 und 2.1.2.2 wurde aufgezeigt, dass sowohl hinsichtlich des biologischen als auch des kognitiven Alter(n)s Verluste durch Training gemildert werden können. Die insbesondere von kulturell-gesellschaftlichen Faktoren bestimmte Pragmatik der Intelligenz bleibt in Abhängigkeit von der Verfügbarkeit kultureller Ressourcen und der Mechanik der Intelligenz, welche die Basisoperationen für pragmatisches Wissen und Handeln bereitstellt, auch im Alter konstant (vgl. Baltes 1997, S. 201).

Weiterhin ist im Hinblick auf die berufliche Leistungsfähigkeit mitentscheidend, ob und wie der Mitarbeiter im Laufe seiner Berufsbiographie verschiedene körperliche[20] und geistige Funktionen genutzt hat. Insbesondere bei stark physisch Arbeitenden altern körperliche Funktionen wie Kraft und Leistungsfähigkeit des Stütz- und Bewegungsapartes deutlich früher als die geistigen (vgl. Ilmarinen

20 Im Hinblick auf körperliche Dimension kritisiert Petrenz, dass in vielen Untersuchungen bei der Beurteilung der beruflichen Leistungsfähigkeit eine Orientierung am Leistungssport stattfindet und somit ein Maßstab für Spitzenleistungen als Grundlage für die berufliche Leistungsfähigkeit dient (vgl. Petrenz 1999, S. 65f.).

2004, S. 33ff.). Je nach Tätigkeitsbereich und untersuchten Leistungsdimensionen ergeben sich sowohl positive als auch negative Korrelationen zwischen Alter und Leistungsfähigkeit. Doch letztendlich konnten Metaanalysen aus zahlreichen Studien zur altersabhängigen beruflichen Leistungsfähigkeit (vgl. u.a. Dittmann-Kohli/van der Heijden 1996, S. 323; Schooler et al. 1998, S. 13; Kruse 1999) keine Belege für einen signifikanten Leistungsunterschied zwischen Älteren und Jüngeren liefern (vgl. Kruse 2000, S. 76ff.).

Da berufliche Leistungsfähigkeit weniger vom Alter(n)sprozess selbst und viel mehr vom Bildungsniveau, den Arbeitsplatzbelastungen und den persönlichen Gestaltungsmöglichkeiten abhängt (vgl. CareLounge 2007b, S. 1f.), wirken sich Arbeitsbedingungen, die zum verfrühten Abbau körperlicher oder geistiger Funktionen führen[21], besonders prekär aus. Im Arbeitsalltag bestehen solche voralternden Arbeitsbedingungen insbesondere in der dauerhaft körperlichen Fehlbeanspruchung durch schweres Heben oder falsches Sitzen, sich wiederholenden einseitigen Bewegungen sowie Schichtarbeit und stetigem Stresseinfluss am Arbeitsplatz (vgl. Morschhäuser 1999, S. 107).

Ferner zählt auch die mangelnde Weiterbildung Älterer zu den voralternden Arbeitsbedingungen. Hierbei kritisieren Arbeitnehmer an älteren Mitarbeitern vor allem, dass deren Wissensstand im Hinblick auf technisch-organisatorische Veränderungen im Unternehmen nicht den aktuellen Anforderungen entspricht (vgl. Kruse/Rudinger 1997, S. 74f.; Wolff et al. 2001, S. 22f.). Oftmals zeigen ältere Arbeitnehmer selbst oder deren Arbeitgeber wenig Weiterbildungsengagement (vgl. Skroda 2006, S. 20ff.; Finetti 2007, S. 1). Infolge ihrer geringen Weiterbildungsbeteiligung verwirken ältere Arbeitnehmer eine wichtige Chance auf neues arbeitsbezogenes Wissen (vgl. OECD 2005b; Iller 2006). Schlechte Leistungen bei neuen beruflichen Herausforderungen werden von den Unternehmensakteuren weniger der mangelnden Weiterbildung als vielmehr der mangelnden Innovationsfähigkeit der älteren Mitarbeiter zugeschrieben. Folglich verbringen viele Ältere ihren Arbeitsalltag in Randpositionen, um dort einfache und einseitig beanspruchende Tätigkeiten auszuführen (vgl. Kruse/Rudinger 1997, S. 70). Darüber hinaus geht die berufliche Weiterbildungspraxis

21 Hacker betont den starken Einfluss der Arbeitsbedingungen auf das Altern und verwendet für das Altern infolge von negativen Arbeitsbedingungen, die beim Arbeitnehmer einen Abbau physischer und psychischer Funktionen hervorrufen, den Begriff „human-made-aging" (vgl. Hacker 2004, S. 165f.).

zu wenig auf das veränderte Lernverhalten und die besondere Lernbiographie Älterer ein[22] (vgl. Schreiber 2005, S. 1).

Demzufolge nehmen Kruse und Rudinger an, dass Ältere unter dem Einfluss einer alterssensiblen Didaktik und bei gleicher Weiterbildungspartizipation wie Jüngere ihre Arbeit deutlich besser verrichten könnten (vgl. Kruse/Rudinger 1997, S. 70).

Im Vergleich zu anderen OECD-Staaten liegt die Arbeitslosenquote der über 55-Jährigen in Deutschland bei 9,7% und somit deutlich über der durchschnittlichen Arbeitslosenquote aller Beschäftigten mit 8,9% (vgl. OECD 2004). Vor allem der Anteil der Langzeitarbeitslosen ist in Deutschland mit 55,9% bei den 50- bis 64-Jährigen erheblich höher als bei den unter 50-Jährigen mit 40,5% (vgl. Bundesagentur für Arbeit 2005).

Insgesamt verfügen jüngere Arbeitnehmer über bessere Beschäftigungschancen als ältere. Diese Benachteiligung ist teilweise auf die veraltete formale Bildung oder die erschwerte Einstellung von Älteren durch einschränkende Sozialklauseln zurückzuführen (vgl. Bertelsmann Stiftung/Bundesvereinigung Deutscher Arbeitgeberverbände 2005b, S. 25). Doch sowohl ältere Arbeitslose selbst (vgl. Wurm 2004) als auch Arbeitgeber sehen in dem personalpolitisch unterstützten Jugendkult die Hauptursache für die Arbeitslosigkeit Älterer (vgl. Bertelsmann Stiftung/Bundesvereinigung Deutscher Arbeitgeberverbände 2005b, S. 25f.). Dies ist einerseits kein ausnahmslos deutsches Phänomen, denn die meisten westlichen Industrienationen orientieren sich durch die Gestaltung des Arbeitsplatzes und -klimas am frühen Erwachsenenalter (vgl. Faltermaier et al. 2002, S. 157f.). Doch andererseits ist in mehreren anderen Ländern wie Dänemark, Schweden oder Japan die Kommunikation eines potenzialorientierten Alter(n)sbildes bereits weiter fortgeschritten. Im Vergleich zu Deutschland sind ältere Erwerbstätige in diesen Ländern deutlich weniger von Entlassungen oder Diskriminierungen bei Einstellungen betroffen (vgl. Fünfter Altenbericht 2005, S. 58; Gramke/Heimer 2006, S. 165ff.; Kruse 2006a, S. 13). Auch in Deutschland wird derzeit ein gesellschaftliches Umdenken angestrebt. So

---

22 Im Jahr 2004 befragte das Bundesinstitut für Berufsbildung (BIBB) über 500 Betriebe zur Relevanz und Beschäftigungsfähigkeit ihrer älteren Mitarbeiter. Dabei gaben lediglich 13,2% der Befragten an, spezielle Weiterbildungsangebote für Ältere anzubieten. Nur 23,8% orientierten sich bewusst an den Lernbedürfnissen und dem Lernverhalten ihrer älteren Mitarbeiter. Tendenziell boten am ehesten Großbetriebe spezielle Weiterbildungsmaßnahmen für Ältere an, Kleinbetriebe (bis 49 Mitarbeiter) orientierten sich hingegen eher an den individuellen Weiterbildungsbedürfnissen dieser Personengruppe (vgl. BIBB 2005, S. 4).

möchte das Bundesministerium für Arbeit und Soziales (BMAS) mit Hilfe der von Franz Müntefering initiierten überregionalen Initiative 50plus[23] der langjährigen Potenzialverschwendung Älterer infolge von Frühverrentung und Langzeitarbeitslosigkeit entgegenwirken (vgl. Müntefering 2006, S. 4).

2.1.3.2 Betriebliche Potenziale

Neben vielerlei Problemen, die mit der Situation älterer Arbeitnehmer in Verbindung gebracht werden, setzt sich aber auch immer mehr eine potenzialorientierte Sichtweise auf das Alter(n) im Betrieb[24] durch (vgl. Kap. 1 und 2.1). Wie die folgenden Ausführungen zeigen, liegen bisher viele verschiedene Befunde und Erfahrungsberichte zu allgemeinen betrieblichen Potenzialen älterer Arbeitnehmer vor (vgl. u.a. Neumann 1994).

Im Allgemeinen steht der Terminus „Potenzial"[25] für eine noch nicht ausgeschöpfte Möglichkeit. Im fünften Altenbericht der Bundesregierung wird der Begriff im Bezug auf Alter bestimmt (vgl. Fünfter Altenbericht 2005, S. 28). „Potenziale des Alters" bezeichnen einerseits die vom Individuum oder der Gesellschaft präferierten Lebensentwürfe, die zur Wirklichkeit werden können, und andererseits die dafür vorhandenen Ressourcen. Zu den Alterspotenzialen zählen neben materiellen Ressourcen vor allem Gesundheit, Leistungsfähigkeit, Interesse und Zeit sowie Erfahrung und Wissen (vgl. Fünfter Altenbericht 2005, S. 28f.).

Übertragen auf das Arbeitsleben weisen Menschen, die eine langjährige berufliche Sozialisation durchlaufen haben, meist vielfältige betriebliche Potenziale auf (vgl. Böhme 2005). Sie zeichnen sich oftmals durch ein enormes Expertenwissen über Märkte und Kunden, Technologien und Techniken, Materialien und

23 Die „Initiative 50plus" wurde im September 2006 von der Bundesregierung zum Erhalt der Beschäftigungsfähigkeit und Wiedereingliederung Älterer in den Arbeitsmarkt beschlossen. In diesem Rahmen führte die Regierung bereits verschiedene Projekte und Instrumente ein, wie die Erleichterung von Befristungsregelungen für Beschäftigte ab 52 Jahren oder den Eingliederungszuschuss bei der Einstellung von älteren Arbeitnehmern (vgl. BMAS 2006a, S. 1).

24 In einschlägigen wirtschaftswissenschaftlichen Fachlexika wird „Betrieb" als ein dem Wirtschaftlichkeitsprinzip gemäßes Zusammenwirken verschiedener Produktionsfaktoren wie Kapital oder Arbeit betrachtet. Der Betrieb ist letztlich eine Institution, deren Ziel es ist, Erträge zu erwirtschaften.

25 Der Begriff „Potenzial" stammt ursprünglich von dem lateinischen Wort „potentia" ab, welches für Macht, Kraft oder Leistung steht. In einschlägigen psychologischen Fachlexika wird Potenzial als die einer Person innewohnende Kraft bzw. Fähigkeit zur Verrichtung einer Aufgabe beschrieben.

Produkte sowie Strategien und Methoden aus (vgl. Bertelsmann Stiftung/ Bundesvereinigung Deutscher Arbeitgeberverbände 2005b, S. 106). Bewährte Erfahrungen sind für Unternehmen sehr kostbar und stammen im Unterschied zu Überlieferungen und medial vermittelten Wissensbeständen aus realen Handlungszusammenhängen. Da Erfahrungen immer auf persönlicher Bedeutung und Einschätzung basieren, gelten sie als ein unverwechselbares Charakteristikum des älteren Mitarbeiters (vgl. Kade 2004, S. 67).

Im Vergleich mit jüngeren verfügen ältere Beschäftigte häufig über einen besseren Einblick in soziale Netzwerke, können sich komplexe Systeme schneller begreifbar machen, tolerieren eher alternative Handlungsstile und verfahren ökonomischer mit Entscheidungen und Ressourcen (vgl. Singleton 1981, in: Lehr 2007, S. 216).

Im Allgemeinen wird älteren Erwerbstätigen im Vergleich zu jüngeren ein höheres Maß an Sorgfalt, Geduld, sozialer Kompetenz im Umgang mit Kollegen und Vorgesetzten sowie Loyalität dem Unternehmen gegenüber zugeschrieben (vgl. Wenke et al. 1996, S. 141ff.; Buck et al. 2002, S. 38; Bertelsmann Stiftung/Bundesvereinigung Deutscher Arbeitgeberverbände 2005b, S. 107).

Schließlich können die Potenziale des Alters aber nur dann im Arbeitsleben genutzt werden, wenn sie sich der ältere Arbeitnehmer auch im Laufe seiner Berufsbiographie erarbeiten konnte. Das bedeutet, ein höheres Lebensalter begünstigt in der Regel solche Potenziale, gilt aber als keine hinreichende Bedingung dafür (vgl. Kruse/Rudinger 1997, S. 71).

Indem sie fachunabhängige Kompetenzen älterer Arbeitnehmer untersucht und ihren betrieblichen Nutzen diskutiert, nimmt die vorliegende Arbeit Bezug auf diese potenzialorientierte Sichtweise von Alter(n) im Erwerbsleben. Im Rahmen der Arbeit werden empirische Daten älterer Arbeitnehmer erhoben, die einerseits deren Kompetenzen abbilden und andererseits Aufschluss über deren adäquaten Einsatz im Berufsleben geben. Damit leistet sie letztlich auch einen gesellschaftspolitischen Beitrag, da die effizientere Nutzung des Potenzials älterer arbeitsfähiger Menschen eine grundlegende gesellschaftspolitische Aufgabe der kommenden Jahre darstellt (vgl. u.a. Hübner et al. 2003, S. 7ff.).

2.2 Kompetenz im Betrieb

Ziel der vorliegenden Arbeit ist es, Kompetenzen sichtbar zu machen, die sich ältere Arbeitnehmer im Laufe ihres Berufslebens angeeignet haben. „Kompetenzen" stellen also neben Alter(n) das Fundament dieses Forschungsvorhabens dar. Daher ist es unverzichtbar den Kompetenzbegriff aufzunehmen und ihn zu bestimmen. Dazu steige ich zunächst mit einer allgemeinen und einer historischen Begriffsdarlegung in den grundlegenden Diskurs zur Bestimmung von Kompetenzen ein.

Sowohl im Alltag, in der Wissenschaft als auch in der betrieblichen Praxis ist der Begriff „Kompetenz"[26] allgegenwärtig. Arbeitnehmer werden als sozial kompetent bezeichnet, wenn sie im Beruf erfolgreich mit anderen interagieren und sich schnell in ein neues Team integrieren können. Viele Menschen entwickeln im Laufe ihrer Berufslaufbahn interkulturelle Kompetenz, wenn sie in regem Austausch mit internationalen Geschäftspartnern stehen und dabei den Umgang mit unterschiedlichen kulturellen Begebenheiten beherrschen. Mitarbeiter, die sich schnell und präzise in Kommunikationssituationen mit Kunden und Kollegen einfinden und sich mündlich wie schriftlich gut ausdrücken können, wird eine hohe kommunikative Kompetenz zugeschrieben (vgl. Huber 2004, S. 23ff.). Doch ist nicht die eine Kompetenz die Voraussetzung für die andere? Kann eine Kompetenz überhaupt analytisch von einer anderen getrennt werden? Wo fängt die eine Kompetenz an, wo hört die nächste auf? Muss somit ein interkulturell Kompetenter nicht auch gleichzeitig sozial und kommunikativ kompetent sein? Final stellt sich die Frage: Was ist Kompetenz eigentlich? Obwohl der Kompetenzbegriff allerseits bekannt und oft im Alltag verwendet wird, wirft er dennoch vielerlei Fragen auf und ist nicht ohne weiteres zu bestimmen.

2.2.1 Begriffsbestimmung von Kompetenz

Für den weiterführenden wissenschaftlichen Umgang mit Kompetenzen ist eine Begriffsanalyse jedoch unumgänglich. Bevor das der Arbeit zugrunde liegende Begriffsverständnis eingehend erörtert wird, erfolgt zur Einführung in die Kompetenzdebatte zunächst eine historische Betrachtung. Im Anschluss daran

26 Ist von Kompetenz die Rede, beziehe ich mich auf Kompetenz als solche oder eine bestimmte Kompetenzart. Hingegen bezeichnet der Plural viele Teilkompetenzen, die in einer kompetenten Person vereinigt sind.

liste ich im Rahmen einer Kompetenzbeschreibung grundlegende Merkmale von Kompetenzen auf und gehe auf das Verhältnis zu „Qualifikation" und „Bildung" ein.

2.2.1.1 Historie der Kompetenzverwendung

Das Wort „Kompetenz" stammt ursprünglich von dem lateinischen Verb „compere", das so viel bedeutet wie zusammentreffen, gemeinsam erstreben oder auch zukommen. Dementsprechend umschreibt das Substantiv „competentia" ein Zusammentreffen oder eine Übereinstimmung. Doch im täglichen Sprachgebrauch fand lediglich das Adjektiv „competens" Verwendung. Jemand galt zur Zeit des Römischen Reiches als „competens", wenn er für einen gewissen Sachverhalt zuständig oder befugt war. Noch immer existiert das „beneficium competentiae" in der römischen Rechtsordnung und sichert dem Verurteilten die Wahrung seines Grundbedarfs gegenüber Verurteilung und Vollstreckung zu (vgl. Gildemeister 1986). Vom römischen Zeitalter bis zur Neuzeit fand der Kompetenzterminus vor allem im juristischen und militärischen Kontext Gebrauch (vgl. hierzu Huber 2004, S. 16ff.).

Im Jahr 1959 hielt der Kompetenzbegriff in den Sozialwissenschaften durch White Einzug. Er führte den Terminus in der Motivationspsychologie ein, um damit die Ergebnisse von individuellen Entwicklungsprozessen zu beschreiben. White beschreibt Kompetenz als das Resultat der persönlichen Fähigkeitsentwicklung und gleichzeitig als die Voraussetzung für Handlungen (Performanz), die aus der selbstmotivierten Interaktion eines Individuums mit seiner Umwelt hervorgehen. Nach White umfassen Kompetenzen grundlegende individuelle Fähigkeiten, die nicht per genus vorhanden sind, sondern sich erst aus der intrinsisch motivierten Interaktion des Individuums mit seiner Umwelt entwickeln (vgl. White 1959, S. 317f.).

Eine weitere wichtige Station in der Geschichte des Kompetenzbegriffs begründete Chomsky in der Kommunikationswissenschaft. Laut Chomsky bezieht sich Kompetenz auf die Fähigkeit, durch Sprechen und Hören, anhand eines limitierten Inventars von Kommunikationsregeln, noch nie zuvor gehörte Satzgefüge bilden und verstehen zu können (vgl. Chomsky 1962, S. 556ff.). Der Kommunikationsforscher bezeichnet die Fähigkeit, universell Sprache zu erwerben und zu verstehen, als Kompetenz und die faktisch ausgebildete Sprachfertigkeit als Performanz, wodurch er die beiden Begriffe in ein dichotomes Verhältnis zueinander stellt (vgl. Weinert 2001, S. 47f.).

Etwa zehn Jahre später trug Mertens durch die Einführung des Begriffs der „Schlüsselqualifikationen", später auch als „Schlüsselkompetenzen" bezeichnet, nachhaltig zur berufspädagogischen Kompetenzdiskussion bei. Im Jahr 1974 veröffentlichte er seine Systematik von übergeordneten Bildungszielen und -elementen in dem Werk „Schlüsselqualifikationen - Thesen zur Schulung für eine moderne Gesellschaft". Mertens zufolge soll sich berufliche Bildung weniger an spezifischen Inhalten, sondern vielmehr an personenbezogenen Eigenschaften und Wissensbeständen orientieren, um dem rasanten wirtschaftlichen und technischen Wandel eher gerecht werden zu können. Berufsbildung muss in erster Linie dazu beitragen, die vielseitigen Fähig- und Fertigkeiten einer Person zu fördern, um diese auch auf unvorhersehbare Situationsanforderungen im Laufe der Berufsbiographie vorzubereiten (vgl. Mertens 1974, S. 40f.).

Im selben Jahr erfolgte die Abgrenzung der Begriffe „Qualifikation" und „Kompetenz" durch den deutschen Bildungsrat[27]. Mit Bezug auf die Bewältigung privater, beruflicher und gesellschaftlicher Anforderungen beschreibt der Rat Qualifikationen als „Kenntnisse, Fertigkeiten und Fähigkeiten hinsichtlich ihrer Verwertbarkeit" (Deutscher Bildungsrat 1974, S. 65). Indem er Kompetenzen als „den Lernerfolg im Hinblick auf den Lernenden selbst und seine Befähigung zu selbstverantwortlichem Handeln" (Deutscher Bildungsrat 1974, S. 65) definiert, grenzt er Kompetenz als individuumsspezifisches Konstrukt von der auf einen Zweck gerichteten Qualifikation ab.

Die Differenzierung nach Qualifikationen oder Kompetenzen führte seit Beginn der 1980er Jahre zu einem regelrechten Kompetenzboom. Während einerseits eine Einteilung der Kompetenzen nach verschiedenen Kompetenzarten wie Fachkompetenz, Sozialkompetenz und Lesekompetenz[28] erfolgte, führte andererseits die Debatte um Kompetenzen zu einer noch differenzielleren Unterteilung in themenbezogene Kompetenzdimensionen wie Musik- oder Führungskompetenz.

---

27 Der Deutsche Bildungsrat (1966-1975) wurde als eine Kommission für Bildungsplanung im Jahr 1965 von Bund und Ländern gegründet. Zu den grundlegenden Aufgaben des Rats gehörte der Entwurf von Bedarfs- und Entwicklungsplänen für das deutsche Bildungswesen.

28 Die Lesekompetenz ist eine Kompetenz, die insbesondere seit dem Jahr 2000 durch die PISA-Diskussion an Aufmerksamkeit gewonnen hat. Im Rahmen der weltweiten Erfassung von Schülerleistungen wurde die Lesekompetenz als die gesellschaftlich-kulturelle Grundkompetenz zur Erlangung von „Informationen und Fakten aber auch Ideen, Wertvorstellungen und kulturellen Inhalten" (Artelt et al. 2001, S. 69) hervorgehoben.

Im Sinne von Können steht Kompetenz im heutigen psychologischen und vor allem berufspädagogischen Diskurs für die zu entwickelnde Handlungsfähigkeit eines Individuums (vgl. Vonken 2005, S. 18). Ferner gilt die Entwicklung von Kompetenzen als das zentrale Anliegen von Bildung und Weiterbildung im Rahmen eines ganzheitlichen Lernprozesses. Dabei sind insbesondere informelle Lernprozesse wie das Lernen am Arbeitsplatz in den letzten Jahren immer mehr in den Fokus des erwachsenenpädagogischen Interesses gerückt (vgl. Kaufhold 2006, S. 13f.).

Die langjährige Begriffsgeschichte und dabei die Verwendung des Begriffs zur Beschreibung von Lernzielen in unterschiedlichen Institutionen der Aus- und Weiterbildung tragen heute sicherlich zur Schwierigkeit der Kompetenzbestimmung bei. Denn trotz der hohen Aktualität der Kompetenzdebatte und der Etabliertheit des Begriffs in schulischen und betrieblichen Lehrplänen unterliegt der Kompetenzgegenstand und dessen theoretische Verortung nach wie vor einer gewissen Willkür (vgl. u.a. Staudt et al. 1997, 2002; Erpenbeck/von Rosenstiel 2003; Frey et al. 2003).

2.2.1.2 Kompetenzbeschreibung

Ein genereller Grundkonsens besteht allerdings dahingehend, dass Kompetenzen Eigenschaften von einzelnen Personen darstellen, die zur Bewältigung von Aufgaben befähigen (vgl. Wottawa 2004, S. 145). Zur allgemeinen Beschreibung von Kompetenzen möchte ich mich insbesondere auf die vier folgenden Merkmale stützen (vgl. hierzu insbesondere Kaufhold 2006, S. 22ff.):

- *Bewältigung von Handlungsanforderungen:*
  Menschen gelten als kompetent, wenn sie sich insbesondere im Berufskontext beim Lösen von Arbeitsaufgaben bewähren und den täglichen Handlungsanforderungen an ihre berufliche Position gerecht werden. Kompetentes Handeln ist dementsprechend von der Bewältigung der konkreten Handlungssituation abhängig (vgl. Hof 2002a, S. 85) und letztendlich „nichts anderes als eine Kompetenzzuschreibung in einer bestimmten Situation" (Vonken 2005, S. 134).

- *Situations- und Kontextbezug:*
  Kompetent zu sein bezieht sich auch auf die Situations- und Kontextangemessenheit einer Handlung. Kompetenz bedeutet in diesem Sinne reflektiert mit dem Wissen um Interaktions- und Kommunikationsweisen

(Strategiewissen) umzugehen, um letztlich die der Situation bzw. dem Kontext angemessene Verhaltensweise zu zeigen. Dies impliziert gleichzeitig, dass der Handelnde über einen möglichst ausgewogenen und geprüften Fundus an Kenntnissen über diverse soziale Situationen, Situationsmerkmale und Handlungsregeln (Situationswissen) verfügt (vgl. Hof 2002b, S. 160).

- *Subjektivität und Subjektgebundenheit:*

  „Kompetenz ist an Personen gebunden und schließt deren verarbeitete Vorerfahrung ein" (Hungerland/Overwien 2004, S. 10).

  Speziell die Subjektgebundenheit von Kompetenzen erschwert deren Erfassung und Prüfung, denn Kompetenzen können nur über den Kompetenten selbst anhand von Handlungsbeobachtung oder Selbstaussagen gemessen werden (vgl. Kaufhold 2006, S. 24).

- *Kompetenzveränderung:*
  Kompetenz ist letztlich dadurch gekennzeichnet, dass sie sich verändert. Sie ist alles andere als eine zeitimmanente, statische und nur an das Individuum gebundene Größe:

  „Sie verändert sich ständig über die Zeit, direkt beeinflusst von den, den Individuen gegebenen Möglichkeiten, d.h. auch den Orten und vor allem den ihnen gegebenen Bedingungen und Freiheitsgraden, Kompetenzentwicklung vollziehen zu können, zu wollen und zu dürfen" (Flasse/Stieler-Lorenz 2000, S. 207).

Zur weiteren Kompetenzerörterung möchte ich an dieser Stelle die Begriffe „Qualifikation" und „Bildung" kurz einführen und in Beziehung zum Kompetenzbegriff setzen. Denn insbesondere in der Bildungspraxis kommt es relativ häufig vor, dass der Kompetenzbegriff analog zu den folgend aufgeführten Begriffen verwendet und sogar teilweise mit ihnen verwechselt wird.

Im Gegensatz zu Kompetenzen entsprechen „Qualifikationen" Bündeln von Wissensbeständen und Fähigkeiten, die im Rahmen von organisierten Qualifizierungs- bzw. Bildungsprozessen transformiert werden. Bei Qualifikationen steht die berufliche bzw. praktische Verwertbarkeit der vermittelten Inhalte im Vordergrund. Im Gegensatz zu Kompetenzen ist für die Erlangung einer Qualifikation nicht der erfolgreiche Transfer („Performanz) ausschlaggebend, sondern das Beherrschen aktueller prüfungsrelevanter Kenntnisse (vgl. Gnahs 2007, S. 22).

Im Vergleich zum Qualifikationsbegriff ist der Kompetenz- vom Bildungsbegriff weniger leicht trennbar, denn beide zielen auf eine ganzheitliche Entwicklung des Menschen. Sowohl im Rahmen der Kompetenzentwicklung als auch der Bildung steht die Entwicklung des Individuums mit all seinen Fertigkeiten, Wissensbeständen und Werten im Vordergrund. Doch während Bildung von einem gewissen Werteverständnis ausgeht und sich normativ an Visionen der Aufklärung und demokratischen Grundsätzen orientiert, bleibt der Kompetenzbegriff neutral – oder negativ ausgedrückt – willkürlich (vgl. Gnahs 2007, S. 22ff.)

Um weiterführend produktiv mit dem Kompetenzbegriff arbeiten zu können, erfolgt nun die Darlegung des der Arbeit zugrunde liegenden Begriffsverständnisses.

2.2.1.3 Kompetenzverständnis

Im Weiteren sollen ältere Arbeitnehmer auf ihre Kompetenz hin, die im grundlegenden Sinne als Möglichkeit zur Beschreibung menschlichen Vermögens verstanden wird, untersucht werden. Dabei wäre eine Kompetenzdefinition wie:

> „Kompetenz lässt sich (...) als Kapazität darstellen, professionell auf einem oder mehreren Gebieten zu handeln" (Bredl 2005, S. 55)29

für den weiteren Verwendungszweck der Arbeit nicht aussagekräftig genug.

Wesentlich tiefgreifender ist dagegen die häufig zitierte Kompetenzdefinition von Weinert. Bereits 1999 führt er in seinem Gutachten für die OECD verschiedene Definitionsmöglichkeiten auf, doch seine bekannteste Kompetenzdefinition arbeitet er erst 2001 aus. Danach sind Kompetenzen

> „die bei Individuen verfügbaren oder durch sie erlernbaren kognitiven Fähigkeiten und Fertigkeiten, um bestimmte Probleme zu lösen, sowie die damit verbundenen motivationalen, volitionalen und sozialen Bereitschaften und Fähigkeiten, um die Problemlösungen in variablen Situationen erfolgreich und verantwortungsvoll nutzen zu können" (Weinert 2001, S. 27f.).

29 Mit seiner Definition nimmt Bredl Bezug auf Grubers (1999) Ansatz zur Handlungskompetenz.

Ich stimme mit Weinert überein, indem ich Kompetenz als ein erfolgreiches Zusammenspiel verschiedener Facetten verstehe. Denn erst „die Synthese der einzelnen Kompetenzfacetten führt zu einer umfassenden Handlungskompetenz" (Kauffeld et al. 2003, S. 267). Um in einer gewissen Situation erfolgreich handeln zu können, muss die Person in der Lage sein, die ihr zur Verfügung stehenden Potenziale in Form von Kenntnissen[30], Wissen[31], Werten[32] sowie Dispositionen[33] und Motivationen[34] zu mobilisieren.

Kompetenz im Kontext dieser Arbeit bedeutet weiterhin, mit Ungewissheit umzugehen und durch den Einsatz geistiger Flexibilität außerordentliche Fragestellungen zu lösen. In diesem Sinne definiert Westera Kompetenz als

> „(...) the ability to produce successful behaviours in non-standardized situations (...)" (Westera 2001, S. 82).

Darüber hinaus verstehe ich Kompetenz im Folgenden auch als soziales Vermögen. Indem der Arbeitnehmer sich nicht nur für sein eigenes, sondern auch für das Handeln anderer verantwortlich fühlt, beweist er Kompetenz:

> „Wer eine Kompetenz besitzt, kann etwas, ist somit handlungsfähig und übernimmt für sich und für andere Verantwortung" (Frey/Balzer 2005, S. 31).

Wie die bisherigen Ausführungen zeigen, heben die unterschiedlichen Kompetenzdefinitionen zumeist auch unterschiedliche Kompetenzaspekte hervor. Insgesamt existiert eine Vielzahl von Ansätzen und Facetten von Kompetenzdefinitionen. Um jedoch im weiteren Verlauf der Forschungsarbeit handlungsfähig zu sein, ist es unumgänglich ein möglichst präzises Begriffsverständnis darzulegen.

---

30 In einschlägigen pädagogischen Fachlexika werden „Kenntnisse" als angeeignetes Wissen beschrieben, das die sachgemäße Ausübung einer Tätigkeit ermöglicht.

31 „Wissen" bezieht sich auf Kenntnisse von Fakten und Regeln, auf die das Individuum jederzeit zurückgreifen kann (vgl. Gnahs 2007, S. 25). Eine weiterführende Begriffsdiskussion erfolgt bei der Gegenüberstellung mit dem Informationsbegriff in Kap. 4.1.

32 „Werte" sind Haltungen und Einstellungen, die Individuen gegenüber Dingen, anderen Individuen, Ideen oder Verhaltensweisen einnehmen (vgl. Gnahs 2007, S. 26).

33 In einschlägigen psychologischen Fachlexika werden „Dispositionen" als relativ überdauernde Eigenarten oder Eigenschaften einer Person bezeichnet, die entweder auf angeborene Anlagen zurückzuführen sind oder aus der Wechselwirkung von Anlage und Umwelt hervorgehen.

34 „Motivationen" umfassen „die emotionalen Antriebskräfte und Interessen, die das individuelle Handeln anregen, auflösen und in seiner Intensität bestimmen" (Gnahs 2007, S. 26).

Ich entscheide mich dabei für die Kompetenzdefinition aus dem OECD-Projekt „DeSeCo“ (Defining and Selecting Key Competentencies), da diese im wissenschaftlichen Diskurs um Kompetenzen weit verbreitet ist. Sie ist von führenden internationalen Kompetenzforschern generiert worden und bildet die Basis für große internationale Kompetenzerhebungen. Doch neben ihrer wissenschaftlichen Etabliertheit, spricht vor allem für die weitere Verwendung der OECD-Definition, dass sie viele der oben genannten, für das weitere Vorgehen als wichtig empfundene, Aspekte repräsentiert.

Im Rahmen von DeSeCo werden Kompetenzen wie folgt definiert:

> „Eine Kompetenz ist die Fähigkeit zur erfolgreichen Bewältigung komplexer Anforderungen in spezifischen Situationen. Kompetentes Handeln schließt den Einsatz von Wissen von kognitiven und praktischen Fähigkeiten genauso ein wie soziale und Verhaltenskomponenten (Haltungen, Gefühle, Werte und Motivationen). Eine Kompetenz ist also zum Beispiel nicht reduzierbar auf ihre kognitiven Dimensionen, sie beinhaltet mehr als das“ (Gnahs 2007, S. 21f.)[35].

Im Kontext der Arbeit sollen fachunabhängige Kompetenzen älterer Arbeitnehmer und deren Entwicklung untersucht werden. Daher ist es wichtig, die Bedeutung von Kompetenzen im Arbeitskontext darzustellen.

Dabei beschreibe ich zunächst den hohen Stellenwert von Kompetenzen im Arbeitsleben. Im Rahmen meiner Untersuchung möchte ich insbesondere klären, wie sich die fachunabhängigen Kompetenzen der älteren Arbeitnehmer im Laufe der Berufsjahre entwickelt haben. Deswegen widme ich mich danach dem Prozess der Kompetenzentwicklung. Um die Kompetenzen Älterer abbilden zu können, sind theoretische Grundlagen zu Kompetenzmodellen unerlässlich. Bevor ich den theoriegeleiteten Part der Arbeit abschließe, stelle ich mein Modell arbeitsübergreifender Kompetenzen, das die theoretische Grundlage für die darauf folgende Untersuchung darstellt, vor.

35 Die Definition von Gnahs entspricht einer komprimierten Übersetzung der OECD-Kompetenzdefinition (vgl. OECD 2003, S. 2).

2.2.2 *Kompetenz im Arbeitsleben*

Der Arbeitsmarkt bildet sicherlich das größte Wirkungsfeld von Kompetenzen, da sie in sämtlichen berufsbezogenen Bereichen thematisiert werden. Weiterbildungsanbieter werben mit speziellen Programmen zur Kompetenzentwicklung, aufgabenspezifische Kompetenzanforderungen bilden den Kern von Stellenausschreibungen und Unternehmen sind vermehrt darauf bedacht, ihr Humankapital in Form von Kompetenzprofilen abzubilden.

Für ein Unternehmen stehen in Zeiten der immerwährenden Globalisierung „Aspekte wie Flexibilität, Adaptivität und Reaktivität auf sich dynamisch verändernde äußere Einflüsse unter Beibehaltung der globalen Ziele im Vordergrund" (Hülsmann 2007, S. 1). Aufgrund der starken Konzentration auf Dienstleistungen gewinnen die Human Resources[36] und somit vor allem die Kompetenzen der Mitarbeiter für die meisten Unternehmen zunehmend an Bedeutung. Zählte in der industriell geprägten Wirtschaft die Maschine als wichtigster Produktionsfaktor, so bilden in der heutigen Dienstleistungsindustrie die Mitarbeiterkompetenzen die entscheidenden Handlungspotenziale. Angesichts der limitierten Arbeitsplatzkapazitäten bilden Kompetenzen einen zentralen Tauschwert, da sie für das Unternehmen eine Möglichkeit zur Herausstellung des Marktwertes bzw. ein zentrales Selektionskriterium bedeuten (vgl. Vonken 2005, S. 82).

Produktivitätssteigerungen und die effektive Nutzung von Humankapital basieren weniger auf Restriktionen als auf Freiheiten (vgl. Vonken 2005, S. 90). Gerade die Selbstorganisationsfähigkeit von Mitarbeitern, die diese bei der Bewältigung komplexer Arbeitsanforderungen unter Beweis stellen, spielt für den Unternehmenserfolg eine zentrale Rolle. Der Mitarbeiter muss demnach die Fähigkeit besitzen, aus eigenem Antrieb den gesellschaftlichen, ökonomischen und kulturellen Wandel zu adaptieren und dabei schnell und flexibel auf sich ändernde Bedingungen zu reagieren. Gegenwärtig ist für den Arbeitnehmer selbst eine soziale und im Besonderen eine berufliche Entwicklung ohne individuelle Veränderungs- und Anpassungsleistungen nicht mehr möglich (vgl. Vonken 2005, S. 34).

---

36 Der Begriff „Human Resources" bezieht sich aus unternehmens- und personalpolitischer Sicht vor allem auf die Leistungsbereitschaft und Innovationskraft sowie die Fähig- und Fertigkeiten der Mitarbeiter (vgl. u.a. Zapke-Schauer 2005; Feldmann 2006).

Im berufspädagogischen Kontext bietet Kompetenz die Möglichkeit, die berufliche Tätigkeit und die damit verbundenen Entwicklungsprozesse ganzheitlich zu betrachten (vgl. Vonken 2005, S. 12). Insbesondere im letzten Jahrzehnt ist eine engere Beziehung zwischen Erwachsenenbildung und Wirtschaft gewachsen. In der weitgehend ökonomisch orientierten Bildung steht allerdings weniger das Ideal des neuhumanistisch gebildeten Menschen im Vordergrund als vielmehr der wirtschaftlich effiziente Mitarbeiter als ausgewiesenes Ziel der Kompetenzentwicklung (vgl. Geißler/Orthey 2002, S. 71).

Kompetenzentwicklung gilt für viele Unternehmen als Schlüssel zum wirtschaftlichen Fortschritt und wird getrennt vom Kompetenzbegriff diskutiert (vgl. Vonken 2005, S. 34).

2.2.2.1 Kompetenzentwicklung

Ich gehe grundlegend davon aus, dass ältere Arbeitnehmer Kompetenzen durch den sich immer wieder wiederholenden Prozess des Erwerbs, Einsatzes und der Reflexion im Kontext der Arbeit entwickelt bzw. weiterentwickelt haben. Daher möchte ich im Folgenden näher darauf eingehen, was Kompetenzentwicklung ist.

Prinzipiell vereint Kompetenzentwicklung sowohl ökonomische mit pädagogischen Ansprüchen als auch alltagsbezogenes Lernen und institutionalisierte Weiterbildung. Weiterhin berücksichtigt das Konzept der Kompetenzentwicklung praktisches und theoretisches Wissen, Kennen und Können sowie Bedarfe und Bedürfnisse der Lernenden. Mit der gängigen Unterteilung in personale, soziale, methodische und fachliche Kompetenz, teilweise ergänzt durch die (Selbst-)Lernkompetenz, scheint sie den kontrovers diskutierten und ausschweifenden Bildungsbegriff zunehmend abzulösen (vgl. Nuissl et al. 2002, S. 5).

Die Popularität des Begriffs „Kompetenzentwicklung“ ist eng mit der deutschen Geschichte verbunden, da der bis dahin wenig bekannte Begriff durch die „Weiterbildungsoffensive Ost“ im Rahmen der deutschen Wiedervereinigung Galionscharakter erhielt. Bei der Kompetenzentwicklung steht im Gegensatz zur traditionellen Weiterbildung nicht die übliche Qualifizierung als Ergebnis von Weiterbildungsaktivitäten im Vordergrund, sondern vielmehr die Absicht, während der Arbeit und des Lernens seine Werte und Einstellungen zu modifizieren.

Vonken bezeichnet diesen Vorgang kritisch als „Kulturtransformation für Ossis“ (vgl. Vonken 2005, S. 48f.).

Ist heutzutage von Kompetenzentwicklung in Unternehmen die Rede, so beschreibt der Begriff einerseits die Entfaltung bereits vorhandener und andererseits die Bildung neuer Kompetenzen.

Kompetenzentwicklung soll berufliche Handlungskompetenz entstehen und wachsen lassen, wobei derjenige über berufliche Handlungskompetenz verfügt, der sich im Arbeitsalltag durch situationsangemessenes Handeln auszeichnet (vgl. Vonken 2005, S. 66). Indem der Arbeitnehmer eine gewisse Eigenverantwortlichkeit für sein berufliches Handeln aufweist und selbsttätig seine Arbeitsfähigkeit erhält, setzt Handlungskompetenz auch eine persönliche Nachhaltigkeitsorientierung voraus (vgl. Vonken 2005, S. 65).

Die Entwicklung der Kompetenzen gibt keine fest definierte Zielkategorie vor. Nur dann, wenn eine Konformität zwischen Kompetenzentwicklung und den persönlichen Zielen des Lernenden gegeben ist, kann sie erfolgreich sein (vgl. Vonken 2005, S. 53). Kompetenzentwicklung ist also so konzipiert, dass der Wille der Person entscheidend für Erfolg oder Niederlage der Entwicklungsmaßnahme ist. Daher ist eine von außen initiierte Kompetenzentwicklung nur so erfolgreich, wie es derjenige, dessen Kompetenz entwickelt werden soll, erlaubt. Gleichwohl ist die Berufspädagogik durch die Entwicklung von zahlreichen Methoden und didaktischen Konzepten darauf bedacht, die Kompetenzentwicklung unter dem Stichwort „Lernen im Prozess der Arbeit“ zu unterstützen. Diesbezüglich wirft Vonken jedoch die Frage auf, ob nicht eher die Bereitstellung von angemessenen Freiräumen und Entwicklungsmöglichkeiten die Wahrscheinlichkeit der Kompetenzentwicklung steigert als die Teilnahme an speziellen Weiterbildungsprogrammen (vgl. Vonken 2005, S. 187). Initiativen wie der Programmbereich „Lernen im Prozess der Arbeit“ (LiPA), der im Rahmen des Projekts Qualifikations-Entwicklungs-Management (QUEM) durch die Arbeitsgemeinschaft Betriebliche Weiterbildungsforschung e.V. (ABWF) unterstützt wird, greifen diese Bedenken auf und versuchen Innovation durch Lernen im Prozess der Arbeit zu ermöglichen. Dafür setzen sie vor allem auf die Analyse von Rahmenbedingungen und Ressourcen für ein selbstorganisiertes und persönlichkeitsförderndes Lernen. Ihr Ziel ist die Förderung einer Lernkultur, die umfassend Raum für Handlungsfähigkeit und Kreativität der Arbeitnehmer bietet (vgl. QUEM 2003, S. 1; QUEM 2006, S. 1ff.).

Neben der Frage nach der Entwicklung von Kompetenzen beschäftigen sich Unternehmen weiterhin damit, wie sie die vorhandenen Kompetenzen ihrer Mitarbeiter abbilden können. Auch in der vorliegenden Studie sollen Kompetenzen Älterer entsprechend abgebildet werden. Daher setzt an dieser Stelle die Diskussion um Kompetenzmodelle an.

2.2.2.2 Kompetenzmodelle

Unternehmen bedienen sich Kompetenzmodellen in erster Linie bei der Personalauswahl und der Leistungsbeurteilung ihrer Mitarbeiter, um arbeitswichtige Kompetenzen systematisieren und miteinander vergleichen zu können (vgl. u.a. Erpenbeck 2002, 2004; Erpenbeck/Scharnhorst 2004; Berner 2004, S.1).

Ebenso wenig wie es eine einheitliche Kompetenzdefinition gibt, existiert auch keine einheitliche Definition der Begrifflichkeit „Kompetenzmodell“ (vgl. Lucia/ Lepsinger 1999). Doch trotz der Vielfalt der Begriffsbestimmungen bemerken Zingheim et al. (1996) in ihrem Aufsatz: „Competencies and competency models: does one size fit all?“, dass die von ihnen analysierten arbeitsrelevanten Kompetenzen wie auch Kompetenzmodelle oftmals in eine Richtung weisen. So herrscht im berufspädagogischen Diskurs um Kompetenzen und Kompetenzmodelle Konsens darüber, dass Kompetenzmodelle einer Aufreihung von Kompetenzen gleichkommen, die für den beruflichen Erfolg ausschlaggebend sind (vgl. Stainmayer 2005, S. 72).

In diesem Sinne ist auch die allgemeine Definition von Picardi et al. zu verstehen:

> „A Competency Model is a list of competencies identified as critical to the successful performance of a particular role" (Picardi et al. 1996, S. 1).

Am weitesten verbreitet ist die Gliederung der Kompetenzmodelle nach Fach-, Methoden-, Sozial- und Personal- oder Persönlichkeitskompetenz (vgl. u.a. Erpenbeck/Heyse 1999; Lehmann/Nieke 2000; Kauffeld et al. 2002)[37]. Fach- und Methodenkompetenz beziehen sich dabei vor allem auf den Umgang mit Sachfragen, Sozialkompetenz auf die Fähigkeit zum Umgang mit anderen Menschen und Persönlichkeitskompetenz auf das Selbstbild und die Selbststeuerung.

---

37 Der Ursprung dieser allgemein üblichen Kompetenzunterteilung kann auf Roths (1971) Begriffstrias „Sach- Sozial- und Selbstkompetenz“ zurückgeführt werden.

Auch wenn diese Kompetenzbereiche oft als relativ unabhängig voneinander dargestellt werden, so zweifeln Kauffeld et al. (2002) diese Unabhängigkeit an. Sie sehen Methodenkompetenz als die Voraussetzung für Fachkompetenz an, da fachliches Wissen methodisch erarbeitet wird. Insbesondere die Persönlichkeitskompetenz stellt eine wichtige Kompetenz dar, die keiner der drei anderen Komponenten zugeordnet werden kann, aber dennoch deren Entfaltung maßgeblich beeinflusst.

Eine Möglichkeit zur weiteren Ausdifferenzierung des Kompetenzbegriffs bieten Stufenmodelle. Dabei differenzieren die Kompetenzmodelle nach Teildimensionen innerhalb einer Kompetenz. Die Kompetenzmodelle beinhalten folglich nicht nur eine Unterteilung nach verschiedenen Kompetenzarten, sondern auch nach unterschiedlichen Ausprägungsstufen der jeweiligen Kompetenz. Jede der hierarchisch angeordneten Kompetenzstufen ist durch kognitive Prozesse und Handlungen von bestimmter Qualität spezifiziert, die der Lernende auf der jeweiligen Stufe beherrscht, nicht aber der Lernende auf einer niedrigeren Stufe. Somit sind Kompetenzmodelle auch Kompetenzentwicklungsmodelle[38].

Des Weiteren divergieren Kompetenzmodelle hinsichtlich ihrer Analyseebene. Dementsprechend unterscheidet Mansfield (1996) zwischen „Single Job Competency Model", das spezifische Anforderungen für ein Stellenprofil beschreibt, und „One Size fits all Model", welches der Pluralität von unterschiedlichen Stellenprofilen innerhalb einer Organisation gerecht werden kann. Doch beide Modelltypen weisen Nachteile auf. Während beim ersten Modelltyp die speziell formulierten Kompetenzanforderungen kaum übertragbar auf andere Stellen sind, bildet beim zweiten Modelltyp die Unverbindlichkeit der Kompetenzanforderungen die Schwachstelle. Mansfield plädiert daher für den häufig

38 In der Expertisenforschung hat sich insbesondere das fünfstufige Kompetenzentwicklungsmodell von Dreyfus und Dreyfus (1986) etabliert. Dabei vollzieht sich eine Kompetenzentwicklung vom Anfänger bis zum Experten anhand von fünf Stufen innerhalb jeder Kompetenzausprägung. Ein weiteres populäres Beispiel für ein mehrstufiges Kompetenzentwicklungsmodell stellt der „European Qualifikation Framework" (EQF) dar. Der EQF wurde Ende 2004 von den europäischen Bildungsministern als europäischer Qualifikationsrahmen beschlossen. Der EQF soll zu einer erhöhten Transparenz von Qualifikationen in der europäischen Berufs- und Hochschulbildung beitragen und die Durchlässigkeit zwischen und innerhalb der Bildungssysteme verbessern. Die Kompetenzentwicklung wird mit Hilfe von acht Niveaustufen dargestellt. Vertiefende Informationen zum EQF bietet insbesondere die Europäische Kommission (2008) unter: http://ec.europa.eu/education/lifelong-learning-policy/doc44_en.htm#doc.

praktizierten „Multiple-Job-Approach“. Dieser Ansatz bildet die Basis für ein integriertes Personalmanagement, da er als Kombination beider Ansätze stellenspezifische Anforderungen abbilden kann, ohne sich der organisationsweiten Vergleichsebene zu entziehen.

Schippmann (1999) resümiert treffend, dass Kompetenzmodelle in erster Linie einer allgemeinen Sprachbasis dienen und somit zur Vereinfachung innerorganisatorischer Personalmanagementprozesse beitragen. Ihnen ist letztlich so lange nichts entgegenzusetzen, wie sie für personale Besonderheiten offen bleiben (vgl. Berner 2004, S. 1).

Im nächsten Kapitel definiere ich den im Folgenden durchgängig verwendeten Begriff „arbeitsübergreifend“ zur Beschreibung fachunabhängiger Kompetenzen und die damit eng zusammenhängenden grundlegenden Begriffe „Arbeit“, „Arbeitnehmer“ und „Beruf“, ehe ich im Anschluss mein eigenes Kompetenzmodell darlege, das als Grundlage und Orientierungsrahmen für die empirische Untersuchung dient. Auf Basis dieses Modells werde ich die für den Arbeitskontext wichtigen arbeitsübergreifenden Kompetenzen älterer Arbeitnehmer untersuchen.

2.3 Modell arbeitsübergreifender Kompetenzen

Um in einem sich ständig wandelnden Wirtschaftssystem bestehen zu können, haben für Unternehmen Kompetenzen immer mehr an Relevanz gewonnen (vgl. Böhme 1997), da sie weit über die einmal erworbenen Qualifikationen hinausgehen. Dabei liegt ein besonderer Fokus auf den Kompetenzen, die fachlich unabhängig sind und zum größten Teil informell erworben werden. Aufgrund ihrer Entstehung im Prozess der Arbeit und ihrer Übertragbarkeit auf unterschiedliche Tätigkeitsbereiche sind solche fachunabhängigen Kompetenzen für betriebliche Verwendungszusammenhänge von hohem Nutzen.

Die Diskussion um fachunabhängige Arbeitnehmereigenschaften begann in den 1970er Jahren mit der Einführung des Begriffs „Schlüsselqualifikationen“ durch Mertens. Angesichts der Geschwindigkeit des gesellschaftlichen und wirtschaftlichen Wandels stellte Mertens zeitimmanentere Qualifikationen heraus, um den technischen und wirtschaftlichen Standards eher zu entsprechen und eine höhere Flexibilität von Bildungsinhalten zu erzielen:

> „Die Wirtschaft benötigt nicht nur fachliches Können, sondern auch Komponenten wie Selbstständigkeit, Teamfähigkeit oder lebenslanges Lernen, also überfachliche Qualifikationen im Hinblick auf eine flexible Einsetzbarkeit und berufliche Mobilität. Dies ist für den ökonomischen Erfolg von Unternehmen sehr wichtig, da die Zerfallzeit von Bildungsinhalten positiv mit ihrer Praxisnähe korreliert und negativ mit ihrem Abstraktionsniveau" (Mertens 1974, S. 39).

Mertens schrieb vor allem Persönlichkeitsaspekten bei der Entwicklung von Schlüsselqualifikationen eine tragende Rolle zu. Er formulierte eine Reihe von berufsbezogenen überfachlichen Qualifikationen, zu denen insbesondere die Fähigkeiten zum lebenslangen Lernen, zum Wechsel sozialer Rollen sowie zur Zusammenarbeit mit anderen zählten (vgl. Mertens 1974, S. 40).

In der jüngeren Diskussion um fachunabhängige Kompetenzen zur Bewältigung der steigenden Dynamik und Komplexität von Arbeitsbedingungen diskutieren Autoren wie Sarges (2000) „Lernpotenzial" oder Gomez und Probst (2002) „Vernetztes Denken". Bei diesen „Core Competencies" steht im Hinblick auf den Wettbewerb eines Unternehmens vor allem die Konzentration auf Personen oder Bereiche im Vordergrund, die langfristig der Konkurrenz mit anderen Unternehmen standhalten können:

> „Kernkompetenzen stellen damit technische und humanressourcengebundene Fähigkeiten und Ressourcen eines Unternehmens oder eines Individuums dar, die wegen ihrer Einzigartigkeit voraussichtlich auf längere Sicht Wettbewerbsvorteile verschaffen können" (Clement 2002, S. 8).

Kompetenzen, die im Arbeitsleben weitgehend unabhängig vom Fachgebiet einsetzbar sind, gelten im Folgenden als „arbeitsübergreifende" Kompetenzen. Die aktuelle Literatur beschreibt solche Kompetenzen häufig auch als „überfachlich" (vgl. u.a. Miller 2002, S. 1) oder „fachunabhängig", wobei fachunabhängige Kompetenzen oftmals als Bildungsziele in den Curricula von Schulen (vgl. u.a. HWK 2005) oder (Fach-) Hochschulen (vgl. u.a. Blin et al. 2004, S. 13ff.; Charitè 2005) benannt werden. Innerhalb der Curricula stehen fachunabhängige Kompetenzen in einem dichotomen Verhältnis zu fachbezogenen. Sie beziehen sich beispielsweise auf die Fähigkeit zur Gruppenarbeit oder sich selbstständig Wissen auf neuen Gebieten anzueignen.

Ich bezeichne fachlich ungebundene Kompetenzen als „arbeitsübergreifend", um einerseits deren Einsatzfähigkeit in unterschiedlichen Tätigkeitsfeldern zu betonen und andererseits deren unmittelbaren Bezug zur Arbeit herauszustellen. Denn hierbei handelt es sich um Kompetenzen, die eng mit dem Arbeitsprozess verbunden sind, da sowohl der Erwerb dieser Kompetenzen als auch deren

Entwicklung im Prozess der Arbeit stattfinden. Ferner gelten sie als universell einsetzbar und erleichtern dem Arbeitnehmer die Aufnahme von neuen Arbeitstätigkeiten und darüber hinaus sogar den Erwerb von fachbezogenen Kompetenzen. Somit stellen arbeitsübergreifende Kompetenzen sowohl für den Arbeitnehmer als auch für den Arbeitgeber wichtige Employability-Faktoren dar.

Arbeitsübergreifend bedeutet zusammenfassend, dass die Kompetenzen nicht an spezielle Fachtätigkeiten gebunden sind, sondern über die Ausführung einer gewissen Arbeit hinausgehen. Der Begriff „Arbeit" im Sinne von Erwerbsarbeit soll nun näher bestimmt werden.

Aufgrund der persönlichen und regelmäßig wirtschaftlichen Abhängigkeit separiert das Bundesministerium für Arbeit und Soziales (BMAS) das Arbeitsverhältnis von anderen Rechtsverhältnissen. Der Arbeitnehmer, der im rechtlichen Rahmen eines Arbeitsverhältnisses infolge seines Arbeitsvertrags verpflichtet ist, seine Arbeit gegen Entgelt einzusetzen, unterliegt dem Arbeitgeber, der dessen Arbeitsleistung entsprechend des Arbeitsvertrags fordern kann und zur Entrichtung eines Arbeitsentgelts verpflichtet ist (vgl. BMAS 2007 S. 1).

> „Arbeit eröffnet neue Möglichkeiten der Lebensführung und dient damit der Daseinsbereicherung" (Wiendieck 1993, S. 39).

Für den Arbeitnehmer bedeutet Arbeit nicht nur ein Abhängigkeitsverhältnis gegenüber dem Arbeitgeber, sondern vielmehr auch die Chance zur Gestaltung seines eigenen Lebensraums durch materielle und vor allem immaterielle Vermögenswerte wie soziale Kontakte und Anerkennung (vgl. Jahoda 1983, S. 99; Schumacher 1986, S. 19f.; Bödecker/Dragano 2006).

Im Gegensatz zum Arbeitsbegriff, der sich in erster Linie auf die ausgeführte Tätigkeit bezieht und eher Prozesscharakter besitzt, steht der häufig synonym verwendete „Berufsbegriff" für eine fest institutionalisierte und auf Dauer angelegte Arbeitstätigkeit. Als Bedingungen zur Ausführung eines Berufs gelten vor allem berufsspezifische Qualifikationen (vgl. Meyer 2000, S. 179).

Von Rosenstiel beschreibt Arbeit in Form einer regelmäßig stattfindenden wirtschaftlichen Tätigkeit „als zentrale Thematik unseres Lebens" (von Rosenstiel 1992, S. 47), denn Arbeit schafft die finanziellen Bedingungen zur Gestaltung unseres sozialen Lebens. In diesem Sinne resümiert das Bundesministerium für Familie, Senioren, Frauen und Jugend (BMFSFJ) treffend:

> „Erwerbsarbeit verschafft Menschen nicht nur Einkommen, sie bestimmt oft unseren Zeithaushalt im Alltag und viele Entscheidungen – nicht zuletzt das Leben der Familie" (BMFSFJ 2007a, S. 1).

Im Hinblick auf die Relevanz arbeitsübergreifender Kompetenzen lässt sich zusammenfassen, dass die Effektivität eines Unternehmens zwar auch zukünftig auf den Fachkompetenzen seiner Mitarbeiter basiert, jedoch wird sie in immer höherem Maße von der produktiven Anwendung der fachübergreifenden Kompetenzen abhängig sein (vgl. INQA 2007a).

Das von mir erstellte Modell arbeitsübergreifender Kompetenzen unterteilt sich in verschiedene Kompetenzdimensionen und bildet den Ausgangspunkt für die empirische Untersuchung. Hierbei gehe ich von der Annahme aus, dass die vier Kompetenzdimensionen für den Arbeitsprozess von hoher Bedeutung sind und vom Arbeitnehmer im Laufe seiner Berufsbiographie angeeignet und entsprechend seiner Arbeits- und Lebenssituation weiterentwickelt wurden. Aus den Erkenntnissen bei der Untersuchung der Kompetenzen erhoffe ich mir Anregungen für eine alternsgerechte Laufbahngestaltung, und dabei vor allem für die berufliche Bildung, zu erhalten.

Das Modell arbeitsübergreifender Kompetenzen differenziert sich von anderen gängigen Kompetenzmodellen (vgl. u.a. Erpenbeck 2000, S. 26; Kauffeld et al. 2002, 2003) vor allem dadurch, dass es keine Fachkompetenz, aber den Gesundheitsaspekt in Form der Gesundheitskompetenz berücksichtigt.

2.3.1 Methodenkompetenz

Als erste Dimension des Modells der arbeitsübergreifenden Kompetenzen wähle ich die Methodenkompetenz, da mir diese fachlich unabhängige Kompetenz in besonderem Maße wichtig zum Erwerb fachlicher Kompetenzen erscheint. Gerade bei älteren Mitarbeitern erwarte ich ein methodisch gereiftes Herangehen an neuartige Problemstellungen im Beruf. Des Weiteren erhoffe ich mir bei der Erhebung dieser Kompetenzdimension Aufschlüsse darüber, ob und wie ältere Mitarbeiter moderne Medien zur Informationsbeschaffung in ihren Arbeitsalltag integriert haben.

So entspricht die Methodenkompetenz Erpenbeck und Heyse zufolge der Disposition des instrumentell selbstorganisierten Handelns. Eine methodisch kompetente Person kann ihre Handlungen durch das Strukturieren ihres geistigen Vorgehens selbstständig gestalten (vgl. Erpenbeck/Heyse 1999, S. 157).

Im Einzelnen verstehen Lehmann und Nieke unter Methodenkompetenz die Fähigkeit des rationellen Arbeitens, die Entwicklung von Lernstrategien und den situationsgerechten Einsatz von Problemlöse-Strategien. Im Rahmen der Methodenkompetenz plant die Person zunächst ihre Arbeitsschritte, bevor sie diese zielgerichtet durchführt. Eine methodisch kompetente Person sollte also in der Lage sein, unterschiedliche Arbeitstechniken und Verfahren situationsgerecht anzuwenden.

Als Grundlage des rationellen Arbeitens nennen Lehmann und Nieke die Informationsbeschaffung, die vor allem durch den Einsatz neuer Medien wie Internet oder Softwareprogrammen erfolgt. Bevor die Person die Informationen aufbereiten und einsetzen kann, muss sie die Informationen zunächst speichern und in einem sachgerechten Kontext bewerten (vgl. Lehmann/Nieke 2000, S. 3ff.). Kauffeld betont zudem, dass die erarbeiteten Sachverhalte und Ergebnisse im Hinblick auf die Zielvorstellungen reflektiert und für andere verständlich gemacht werden müssen (vgl. Kauffeld 2006, S. 60).

Bei der Methodenkompetenz ist letztlich vernetztes Denken entscheidend; also Problemsituationen vorausschauend zu identifizieren, zu analysieren und aus einem Repertoire von flexiblen Lösungsstrategien die optimale auszuwählen. Für ihre Entwicklung ist der regelmäßige Einsatz der erlernten methodischen Fähigkeiten unabdingbar (vgl. Hänggi 2001, S. 171).

Die Definition von Methodenkompetenz im Rahmen der Arbeit lautet:

Methodenkompetenz entspricht dem erfolgreichen Umgang mit Informationen im beruflichen Kontext durch deren Aneignung, Aufbereitung, Einsatz und Weitergabe.

2.3.2 Sozialkompetenz

Als weitere Kompetenzdimension wähle ich die Sozialkompetenz. Diese Dimension scheint mir bei der Untersuchung von Kompetenzen älterer Arbeitnehmer unverzichtbar zu sein, da Ältere über eine langjährige Erfahrung mit anderen Menschen sowohl im privaten als auch beruflichen Umfeld verfügen und durch zahlreich erlebte Interaktionssituationen im Umgang mit anderen eine gewisse Souveränität entwickelt haben (vgl. Lehr 2005, S. 22). In der folgenden Untersuchung erhoffe ich mir weitere Erkenntnisse darüber, wie Ältere ihre Erfahrungen mit Menschen in problematischen Kommunikationssituationen einbringen, ob und wie diese in einem schnelllebigen Unternehmensumfeld ihre kollegialen Netzwerke aufrechterhalten.

Nach Erpenbeck und Heyse sowie Erpenbeck und von Rosenstiel gilt jemand als sozial kompetent, wenn er erfolgreich kommunikativ und kooperativ-selbstorganisiert handelt sowie gruppen- und beziehungsorientiert auftritt (vgl. Erpenbeck/Heyse 1999, S. 157; Erpenbeck/von Rosenstiel 2003, S. XVIff.). Quaas und Schmicker beschreiben die Sozialkompetenz konkreter als die Fähigkeit zur sachbezogenen und sozialgerechten Zusammenarbeit in Teams und Netzwerken sowie die Bereitschaft andere zu unterstützen (vgl. Quaas/Schmicker 2002, S. 97).

Sozialkompetenz zeigt sich ausschließlich in der Begegnung mit anderen. Bezug nehmend auf Lehmann und Nieke ist eine Person dann sozialkompetent, wenn sie zum gemeinsamen Lernen und Arbeiten mit anderen fähig ist sowie eine positive Grundhaltung gegenüber Menschen im Arbeitsumfeld einnimmt, andere motivieren kann und vor allem situationsangemessen mit ihnen verfährt (vgl. Lehmann/Nieke 2000, S. 3ff.). Im Umgang mit Kunden, Mitarbeitern oder Vorgesetzten sollte sich eine sozialkompetente Person an grundlegende Kommunikationsregeln halten, um solidarisch und tolerant aufzutreten und Konflikten angemessen zu begegnen.

Kauffeld (2006) zufolge zeichnet sich ein sozialkompetenter Arbeitnehmer nicht ausschließlich dadurch aus, dass er stetig sozialverträglich den „Weg der geringsten Widerstände" wählt. Auch eine Positionierung des eigenen Standpunkts gegenüber anderen und die Fähigkeit, in entsprechenden Situationen sachlich Kritik zu äußern, zählen zum partner- und situationsgerechten Handeln.

Da sie weitgehend einer emotional-subjektiven Bewertung unterliegt, die sowohl wohlwollend als auch ablehnend ausfallen kann, fügt Hänggi hinzu, dass die Sozialkompetenz im Gegensatz zur Methodenkompetenz, die sich meist im kognitiven Bereich abspielt, nur schwer messbar ist (vgl. Hänggi 2001, S. 179).

Im Kontext dieser Arbeit wird Sozialkompetenz folgendermaßen definiert:

Sozialkompetenz bedeutet, durch partner- und situationsangemessenes Interagieren erfolgreich eine Beziehung im beruflichen Kontext, d.h. zu anderen Mitarbeitern, Vorgesetzten und Kunden, aufzubauen und diese zu halten.

2.3.3 Selbst- und Veränderungskompetenz

Als dritte Kompetenzdimension nehme ich Bezug auf die Selbst- und Veränderungskompetenz, da ich im Rahmen der Untersuchung Hinweise dazu erwarte, wie ältere Beschäftigte, die in einem eher veränderungsresistenten Arbeitsfeld ihre Berufstätigkeit begannen, den Wechsel in ein veränderungsgeprägtes gemeistert haben. Dabei erhoffe ich mir, interessante Daten zur Selbstentwicklung der älteren Arbeitnehmer zu gewinnen, die Aufschluss darüber geben, wie diese Change Management betrieben haben und wo dabei ihre Schwerpunkte lagen. Weiterhin möchte ich untersuchen, ob Ältere tatsächlich weniger veränderungsbereit als Jüngere sind (vgl. Wiwo.de 2005, S. 1).

Personenbezogene Kompetenz bedeutet für Erpenbeck und von Rosenstiel vor allem reflexiv selbstorganisiert zu handeln, sich selbst adäquat einzuschätzen sowie produktive Einstellungen und Werte zu entfalten. Weiterhin zählen sie sowohl die kreative Selbstentwicklung während der Arbeitzeit als auch innerhalb der außerberuflichen Phase zur personalen Kompetenz (vgl. Erpenbeck/von Rosenstiel 2003, S. XVIII).

Für Lehmann und Nieke bezieht sich die Selbstkompetenz in erster Linie auf die Fähigkeit mit Veränderungen umzugehen, dabei seine eigenen Stärken und Schwächen herauszufinden, an Misserfolgen zu wachsen sowie Selbstvertrauen und Selbstständigkeit zu entwickeln (vgl. Lehmann/Nieke 2000, S. 3ff.). Außerdem zeichnet sich eine selbstkompetente Person dadurch aus, dass sie sich selbst Arbeits- und Verhaltensziele setzt, die sie mit Hilfe von Zielorientierung, Disziplin und Emotionsregulation erreicht (vgl. Quaas/ Schmicker 2002, S. 97).

Während sich die Selbstkompetenz eher auf den allgemeinen Selbstmanagement-Prozess im Arbeitsleben bezieht, fokussiert sich die Veränderungskompetenz ausschließlich auf den erfolgreichen Umgang mit arbeitsbedingten Veränderungsprozessen.

In Zeiten, in denen die Normalbiographie immer mehr die Ausnahme darstellt und die „Patchworkbiographie“ in Form von abwechselnden Phasen der Karriere, Weiterbildung, Arbeitslosigkeit oder Zeitarbeit die Normalität darstellt, gerät die Veränderungskompetenz immer stärker in den Fokus der Debatte um zukunftswichtige Arbeitskompetenzen (vgl. Wittwer/Witthaus 2001, S. 4f.)

Dementsprechend definiert Arnold die Veränderungskompetenz als „die Fähigkeit, Wandel zu gestalten und Krisen zu überwinden" (Arnold 2001, S. 2). Veränderungskompetenz besteht demzufolge aus der Fähigkeit, sich Neuem im Arbeitsumfeld zu stellen und die damit verbundenen Befürchtungen des Ausgeliefertseins zu bewältigen. In den Veränderungsphasen sind innerpersonelle Widerstände wie Gewohnheit, funktionale Gebundenheit, Abwehr oder kognitive Dissonanz zu überwinden. Veränderungskompetenz bedeutet aber nicht nur Veränderungen zu bewältigen, sondern sie auch dem eigenen Nutzen gemäß zu gestalten und sie dafür sogar bewusst herbeizuführen (vgl. Wittwer 2001, S. 246).

Wittwer und Witthaus stellen drei Ebenen der Veränderungskompetenz vor. Zum einen zeigt sich eine Person als veränderungskompetent, wenn sie in stetig wechselnden Situationen fremde Personen kontaktieren und mit ihnen kommunizieren kann. Ein weiterer Aspekt stellt die problemlose Integration in ein neues Arbeitsumfeld durch die Übernahme von spezifischen Werte-, Normen- und Verhaltenssystemen dar. Zudem beinhaltet Veränderungskompetenz auch die Fähigkeit zur Wissenstransformation, wobei der Arbeitnehmer das in einem bestimmten Kontext erworbene Wissen auch auf andere Arbeitssituationen übertragen kann (vgl. Wittwer/Witthaus 2001, S. 6):

> „So gesehen erreicht man nie einen ‚Endstand', sondern befindet sich immer in einem Lernzustand und muss offen für Neues bleiben" (Vischer 2007, S. 6).

Letztlich ist die Veränderungskompetenz nichts anderes als die Aufforderung der Arbeitgeber an die Arbeitnehmer, Veränderungen als Entwicklungsfaktor zu betrachten, sich diesen zu stellen, sich dabei aktiv einzubringen und auch andere dafür zu gewinnen (vgl. Sonntag 2002, S. 6):

> „Für Mitarbeiter und Manager bilden die Fähigkeit und Bereitschaft zum Wandel einen Karrierefaktor, für Unternehmen als Kernkompetenz einen Wettbewerbsfaktor und für Volkswirtschaften einen Standortfaktor" (Sonntag 2002, S. 1).

Für den weiteren Verwendungszweck dieser Arbeit wird die Selbst- und Veränderungskompetenz wie folgt definiert:

Die Selbst- und Veränderungskompetenz zeigt sich durch ein angemessenes Einschätzen der eigenen Potenziale sowie in der Bereitschaft, berufliche Veränderungen aufzunehmen und in deren erfolgreicher Bewältigung.

2.3.4 Gesundheitskompetenz

Viele Kompetenzmodelle nehmen die Gesundheitskompetenz überhaupt nicht oder nur als Subkategorie der Selbstkompetenz auf. Analog des ganzheitlichen Modells beruflicher Kompetenzen von Quaas und Schmicker gilt die Gesundheitskompetenz als arbeitsübergreifende Kompetenz jedoch als eine wichtige Voraussetzung für die berufliche Handlungsfähigkeit (vgl. Quaas/Schmicker 2002, S. 96f.)

Der Arbeit liegt die Annahme zugrunde, dass Ältere aufgrund der ersten eigenen gesundheitlichen Einbuße ihrer Gesundheit als Grundlage ihrer Berufsfähigkeit einen höheren Stellenwert zuweisen als Jüngere. Es sollen ferner Erkenntnisse dazu gewonnen werden, wie ältere Arbeitnehmer im Vergleich zu jüngeren ihre physische und psychische Gesundheit bewerten (vgl. Dittmann-Kohli 1995) und welche Maßnahmen sie sowohl beruflich als auch privat unternehmen, um ihre Gesundheit zu erhalten.

Bereits im Jahr 1958 betonte Maslow in seiner eindimensionalen Theorie der menschlichen Bedürfnisse die Wichtigkeit gesundheitsfördernder und -erhaltender Maßnahmen. Maslow zufolge bildet die Sicherstellung der Grundbedürfnisse und somit auch der Gesundheit[39] die Basis für jegliche sozialen und kulturellen Aktivitäten des Menschen (vgl. Maslow 1977).

Den hohen gesellschaftlichen Stellenwert der Gesundheit betont das Bundesministerium für Gesundheit (BMG) in seiner Einleitung zur Gesundheitspolitik wie folgt:

---

39 Maslow ordnet die Befriedigung der körperlichen Bedürfnisse als unterste Stufe in sein hierarchisch angelegtes Pyramiden-Modell der menschlichen Bedürfnisse ein. Die Befriedigung psychosozialer Aspekte, wie soziale Anerkennung oder Selbstverwirklichung, die ebenso wichtige gesundheitliche Einflussfaktoren darstellen, trennt er von den Grundbedürfnissen und betrachtet sie als darauf aufbauend. Die World Health Organization (WHO) legt in ihrer Gesundheitsdefinition von 1946 fest, dass Gesundheit als „a state of complete physical, social and mental well-being (...)" (WHO 2007, S. 1) zu verstehen ist. Im Gegensatz zu Maslow setzt die WHO geistige und soziale Gesundheitsaspekte körperlichen gleich. Die Auffassung, dass Gesundheit sowohl körperliche als auch seelische und soziale Faktoren aufweist, die sich nicht hierarchisch voneinander unterscheiden, spiegelt die in dieser Arbeit vertretene Auffassung wider.

> „Die Gesundheit ist eines der höchsten Lebensgüter. Es ist das Ziel (...) die Gesundheit (...) zu erhalten, zu fördern und im Krankheitsfall wieder herzustellen. Gesünder leben, länger leben und aktiver leben zu können, dies ist für jeden Bürger bestmöglich zu gewährleisten" (BMG 2007, S. 1).

Insbesondere im Arbeitsleben spielt die Gesundheit eine tragende Rolle, denn sie ist die Voraussetzung für die Leistungsbereitschaft und Produktivität der Arbeitnehmer (vgl. u.a. Faltermaier 1994; Faltermaier et al. 1998). Sie trägt zur Mitarbeiterzufriedenheit und positiven Arbeitsatmosphäre bei. Gerade ein intakter körperlicher und seelischer Gesundheitszustand befähigt den Arbeitnehmer dazu, Kontakte im Berufsleben aufzubauen und auch zu halten (vgl. INQA 2007b). Gesundheitliche Belastungen können jedoch auch aus Überforderungen mit operativen oder kollegialen Situationen resultieren und führen zu erhöhten krankheitsbedingten Abwesenheiten (vgl. Schmiel 1977, S. 174f.; AAMEDA 2003, in: BASS 2006, S. 8). Eine gesundheitskompetente Person ist für ihren eigenen Gesundheitszustand sensibilisiert und entscheidet in sozialkomplexen Situationen rechtzeitig selbst, wie sie Stress entgeht und wann sie körperliche und psychische Erholung benötig (vgl. Quaas/ Schmicker 2002, S. 97).

Arbeit übt einen wesentlichen Einfluss auf die sozialen, wirtschaftlichen, ökologischen und kulturellen Lebensbedingungen aus und bildet somit den Entwicklungsrahmen für die Gesundheit. Unternehmen, die trotz schwieriger Veränderungsprozesse die Gesundheit ihrer Mitarbeiter in einem umfassenden Sinne erhalten, fördern und als Produktivitätsreserve entwickeln, setzen die entscheidenden Grundlagen für Arbeitsqualität, Produktivität und Innovationskraft (vgl. INQA 2007a).

Abschließend betrachten Kickbusch et al. (2005) die Gesundheitskompetenz als eine grundlegende berufliche Handlungskompetenz, die den Einzelnen dazu befähigt, gesundheitsförderliche Entscheidungen im Hinblick auf seine Lebensführung zu treffen. Ein gesundheitskompetenter Arbeitnehmer verfügt über ein ausgeprägtes Gesundheitsbewusstsein und bemüht sich um den Erhalt einer Work-Life-Balance.

Letztlich ist Gesundheitskompetenz

> „(...) die menschliche Fähigkeit zu gesundheitsförderlichem Handeln. Dazu gehören in erster Linie gesundheitsrelevantes Wissen, Werthaltungen, die Einschätzung von Risiken und die Wahrnehmung von Gestaltungsmöglichkeiten" (Institut für Sozial- und Präventivmedizin der Universität Bern 2007, S. 1).

Zur weiteren Verwendung definiere ich Gesundheitskompetenz wie folgt:

Gesundheitskompetenz ist die Fähigkeit, im beruflichen Kontext das physische und psychische Wohlempfinden aufrechtzuerhalten.

2.3.5 Zusammenfassung

Abbildung 1 illustriert, dass die arbeitsübergreifenden Kompetenzen keine voneinander abgesonderten Kategorien darstellen, sondern sich gegenseitig beeinflussen und durchdringen. Eine wechselseitige Beeinflussung lässt sich vor allem zwischen Gesundheits- und Sozialkompetenz feststellen. So gilt die Erhaltung der Gesundheit als wichtige Voraussetzung, um auf andere zuzugehen und im Arbeitskontext soziale Kompetenz unter Beweis zu stellen. Soziale Beziehungen im Arbeitsumfeld und somit der rege Austausch mit Kunden und Kollegen fördern die kognitiven Fähigkeiten und wirken sich letztlich positiv auf die psychische Gesundheit aus (vgl. INQA 2007b).

Abb. 1: Gegenseitige Durchdringung arbeitsübergreifender Kompetenzen

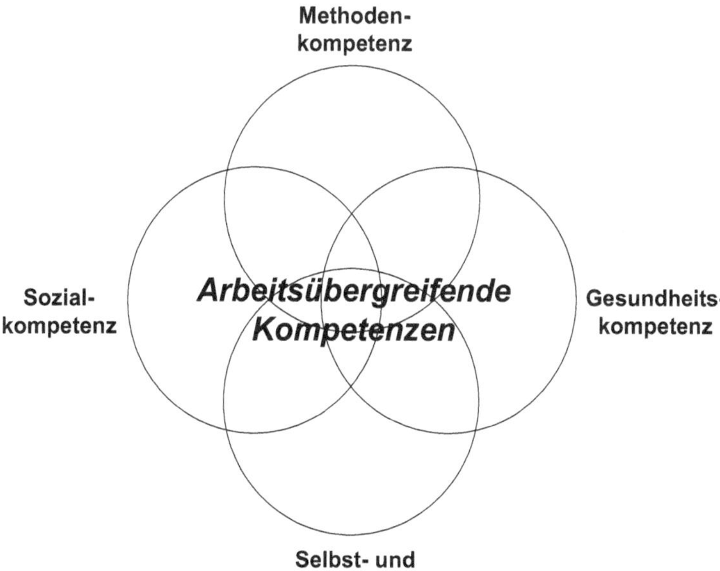

Tabelle 1 stellt eine Aufreihung der arbeitsübergreifenden Kompetenzen dar. Die aufgezeigten Kompetenzen bilden gemeinsam das von mir erstellte Modell arbeitsübergreifender Kompetenzen und repräsentieren somit die der Arbeit zugrunde liegende theoretische Annahme: Ein Arbeitnehmer, der auch noch im späteren Erwerbsleben handlungskompetent ist, hat sich im Laufe seiner absolvierten Berufsjahre ein Kontinuum der vier aufgezeigten Kompetenzen angeeignet und in der Auseinandersetzung mit seinen jeweiligen Arbeits- bzw. Lebensbedingungen weiterentwickelt.

Tab. 1: Definitionen arbeitsübergreifender Kompetenzen

Arbeitsübergreifende Kompetenz	**Definiert als …**
Methodenkompetenz	… der erfolgreiche Umgang mit Informationen im beruflichen Kontext durch Aneignung, Aufbereitung, Einsatz und Weitergabe.
Sozialkompetenz	… durch partner- und situationsangemessenes Interagieren erfolgreich eine Beziehung im beruflichen Kontext, d.h. zu anderen Mitarbeitern, Vorgesetzten und Kunden, aufzubauen und diese zu halten.
Selbst-/ Veränderungskompetenz	… durch angemessenes Einschätzen der eigenen Potenziale berufliche Veränderungen aufnehmen und erfolgreich bewältigen.
Gesundheitskompetenz	… im beruflichen Kontext das physische und psychische Wohlempfinden aufrechtzuerhalten.

Im Rahmen der nun anschließenden qualitativen Untersuchung soll geklärt werden, inwieweit sich die in 2.3.1 bis 2.3.4 formulierten Annahmen bestätigen. Dazu bedarf es einer empirischen Überprüfung. Im folgenden Teil der Arbeit beschreibe ich nun ausführlich das methodische Vorgehen, das ich dafür gewählt habe.

3 Methodisches Vorgehen

3.1 Methodisches Design

Zum Einstieg in den methodischen Teil der Arbeit und um einen ersten Überblick hinsichtlich des methodischen Vorgehens zu erhalten, stelle ich zunächst die Studie in ihren Grundzügen dar. Dabei ist festzustellen, dass der Untersuchungsgegenstand am besten im Rahmen einer qualitativen Studie erforscht werden kann. Daher beschreibe ich anschließend die der Untersuchung zugrunde liegenden Prinzipien qualitativer Forschung und gehe explizit auf die Methodik der Fallstudie ein.

3.1.1 Überblick über die explorative Studie

Die in der Einleitung formulierte Forschungsfrage wurde auf Basis des literarischen Diskurses um Alter(n) und Kompetenzen im Kapitel 2 operationalisiert. Die dazugehörigen Untersuchungsfragen sollen im Zuge der folgenden empirischen Untersuchung beantwortet werden.

Da kaum wissenschaftliche Anhaltspunkte zu arbeitsübergreifenden Kompetenzen älterer Arbeitnehmer existieren, entscheide ich mich für eine qualitative Untersuchung, um den Untersuchungsgegenstand in einem ersten empirischen Zugang zu strukturieren. Dabei setze ich eine Fallstudie ein, bei der ich zwei typische Fälle, repräsentiert durch zwei Gruppen älterer Mitarbeiter aus unterschiedlichen Tätigkeitsbereichen, untersuche und miteinander in Verbindung setze.

In der Studie wird angenommen, dass ältere Mitarbeiter über arbeitsübergreifende Kompetenzen verfügen, die sie im Laufe ihres Berufslebens entwickelt, verändert und gefestigt haben. Analog des aktuellen Diskurs um fachunabhängige Kompetenzen gehe ich davon aus, dass bei älteren Arbeitnehmern sowohl methodische und soziale als auch Selbst- und Veränderungskompetenzen sowie gesundheitsbezogene Kompetenzen vorliegen. An diesen vier Grundkompetenzen orientiert sich das Untersuchungsinstrument maßgeblich. Mit Hilfe von Leitfadeninterviews möchte ich erfragen, was arbeitsübergreifende Kompetenzen Älterer ausmacht bzw. in welchen Facetten sie vorliegen. Weiterhin möchte ich klären, ob und wie sie sich im Laufe der Berufsbiographie entwickelt haben und letztlich, ob und welcher betriebliche Nutzen in ihnen liegt.

Das Untersuchungsfeld stellt die Deutsche Telekom AG dar. Da in der T-Com als traditioneller Festnetzbereich des Konzerns die Alterung der Mitarbeitenden am stärksten ausgeprägt ist, wähle ich als Untersuchungsbereiche meiner qualitativen Studie zwei T-Com Niederlassungen aus. Um verschiedene Perspektiven auf den Forschungsgegenstand zu erhalten, befrage ich im Rahmen meiner Haupterhebung neben älteren Mitarbeitern auch deren Vorgesetzte. Hier nehme ich einerseits Bezug auf den traditionelleren Tätigkeitsbereich der Servicetechnik und andererseits auf den moderneren des Call Centers. Um die Mitarbeiter- und Vorgesetztenaussagen aus dem operativen Bereich des Unternehmens um eine weitere strategische Perspektive zu ergänzen und sie in einem globaleren Blickwinkel zu betrachten, entscheide ich mich im Laufe der Untersuchung für eine Zusatzerhebung mit Experten aus der Konzernpersonalentwicklung und Konzernpersonalstrategie. Auch hierbei setze ich halbstrukturierte Interviews zur Befragung ein.

Im Anschluss an die Datenerhebung findet die Datenaufbereitung statt. Um das empirische Material analysieren und auswerten zu können, transkribiere ich die geführten Interviews vollständig. Im Rahmen der qualitativen Inhaltsanalyse werte ich die Daten mittels vergleichender Interpretation aus und erhalte schließlich sechs Kategorien arbeitsübergreifender Kompetenzen älterer Arbeitnehmer.

Zusammenfassend zeigt Abbildung 2 die methodische Vorgehensweise bei der vorliegenden explorativen Studie.

Abb. 2: Methodisches Vorgehen

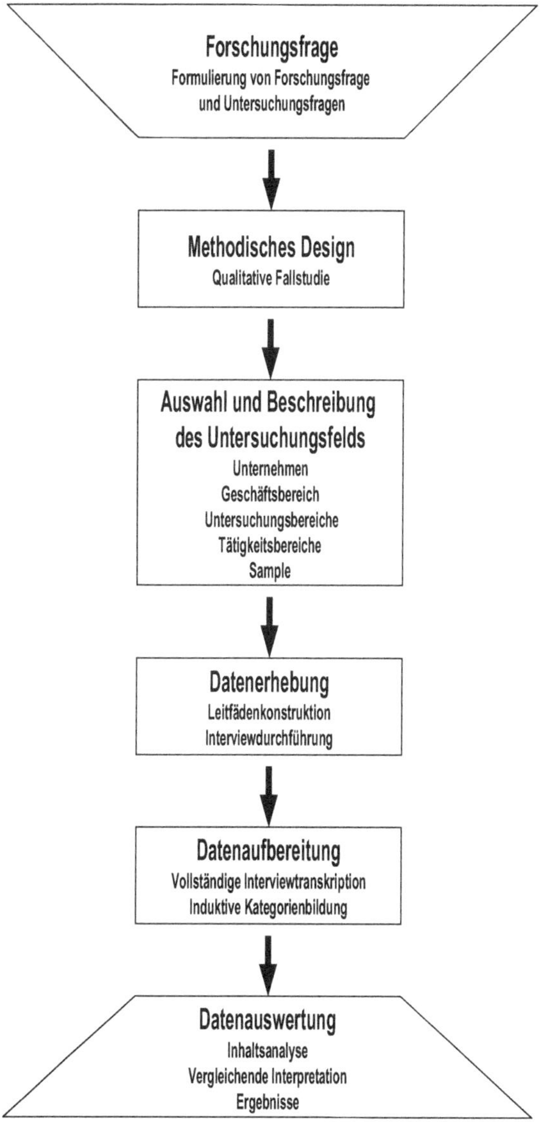

3.1.2 Methodologische Grundlagen qualitativer Forschung

Aus Kapitel 1 der Arbeit ging hervor, dass trotz reger Diskussionen in Wissenschaft und Praxis um Kompetenzen älterer Arbeitnehmer kaum empirisch fundierte Ergebnisse vorliegen.

Da ich somit einen bislang kaum erschlossenen Bereich untersuchen möchte, entscheide ich mich für ein qualitatives Vorgehen (vgl. Kleining 1991; Oswald 1997, S. 79f.). Im Hinblick auf die Forschungsfrage und die gegebene Forschungslage erscheint mir eine qualitative Untersuchung zur Bestimmung und Einordnung arbeitsübergreifender Kompetenzen älterer Arbeitnehmer am sinnvollsten. Grundlegend gehe ich davon aus, dass ältere Arbeitnehmer sich im Laufe ihrer Berufsbiographie ein vielfältiges Instrumentarium arbeitsübergreifender Kompetenzen angeeignet haben. Durch die Untersuchung persönlicher Ansichten und Eindrücke der Befragten möchte ich dem Forschungsgegenstand gerecht werden (vgl. Kelle 1995, S. 54). Für meine Erhebung sind die subjektive Wahrnehmung der gegenwärtigen Arbeitssituation sowie die Interpretation der eigenen beruflichen Entwicklung von zentraler Bedeutung. Die Erkenntnisse über arbeitsübergreifende Kompetenzen älterer Arbeitnehmer kann ich letztlich nur über die Kommunikation mit den Befragten gewinnen. Daher stimme ich mit von Kardorff überein, der die Kommunikation als bedeutsamstes Instrumentarium der qualitativen Arbeit bezeichnet, denn „die soziale Wirklichkeit kann zureichend nur als sinnhaft durch Kommunikation und Interaktion der Menschen konstituiertes Gebilde begriffen werden (...)" (von Kardorff 1991, S. 7).

Barton und Lazarsfeld sehen in ihren wissenschaftlichen Ausarbeitungen aus den Jahren 1955 und 1984 den größten Vorteil qualitativen Arbeitens in der Möglichkeit zur Exploration von bisher theoretisch wenig durchdrungenen Zusammenhängen. Um Unbekanntes zu erschließen, präferieren die beiden Autoren ein qualitatives Vorgehen, das durch seine Tiefgründigkeit Hypothesen generieren kann, die anderweitig verschlossen geblieben wären. Ein exploratives Vorgehen entspricht der Forschungsfrage am ehesten und dient dazu, wichtige Erkenntnisse bezüglich arbeitsübergreifender Kompetenzen Älterer zu gewinnen.

Im Gegensatz zur quantitativen Forschung baut die qualitative auf erheblich kleineren Fallzahlen auf. Während ein Forscher mit Hilfe quantitativer Methoden Theorieaussagen anhand größerer Fallzahlen überprüft, geht der qualitativ Forschende mit einer anderen Forschungslogik an den Untersuchungsgegenstand heran. Er beabsichtigt, Theorieaussagen anhand empirischen Materials zu entdecken, wofür bereits ein einziges Interview ausreichend sein kann. Um neue wissenschaftliche Erkenntnisse zu gewinnen, besitzt demnach die Fallzahl in der qualitativen Forschung eine erheblich geringere Bedeutung als in der quantitativen (vgl. Brüsemeister 2000, S. 21f.). Doch die Unterscheidungsmerkmale zur quantitativen reichen nicht aus, um die qualitative Forschung gänzlich zu bestimmen (vgl. Köckeis-Stangl 1980). Sie ist kein uniformes Forschungsprogramm, sondern untergliedert sich wiederum in eine Vielzahl von unterschiedlichen Methodologien und Forschungspraktiken. Diese Tatsache erschwert eine verbindliche Bestimmung qualitativer Forschung ungemein. Marshall und Rossman halten eine konkrete Definition sogar für undenkbar:

> „Eine feste, allgemeingültige oder verbindliche Bestimmung dessen, was unter qualitativer Forschung zu verstehen ist, existiert nicht" (Marshall/Rossman 1989, S. 91).

Als Basis für das methodische Vorgehen im Rahmen dieser Arbeit ist eine Begriffsbestimmung qualitativer Forschung unerlässlich. Da das Forschungsbestreben die Erfassung dessen ist, wie die Befragten ihren Berufsalltag erleben und sich im gewohnten Arbeitsumfeld verhalten, scheint die folgende Definition geeignet, das der Arbeit zugrunde liegende Begriffsverständnis abzubilden:

> „Qualitative research starts from the assumption that one can obtain a profound understanding about persons and their worlds from ordinary conversations and observations. Its empiricism is grounded in the everyday data of experience" (Sankar/Gubrium 1994, S. VII).

Bei meiner Untersuchung orientiere ich mich an den Grundsätzen der qualitativen Forschung[40] und bin darauf bedacht, möglichst authentische Daten zu erheben, die einen Einblick in die konkrete Wirklichkeit und Wahrnehmung älterer Arbeitnehmer ermöglichen (vgl. Lamnek 2005, S. 301). Die Fallanalyse als eine eher offene, deskriptive und interpretative Methodik (vgl. Mayring 2007, S. 21) scheint mir daher ideal.

40 Zur weiteren Vertiefung möchte ich an dieser Stelle auf Mayring verweisen, der die Grundsätze qualitativer Forschung anhand der „13 Säulen des qualitativen Denkens" (vgl. Mayring 2002, S. 24ff.) ausführlich beschreibt.

3.1.3 Fallanalyse

Durch den Einsatz einer qualitativen Fallstudie soll ein möglichst ganzheitliches und realistisches Bild der sozialen Begebenheiten älterer Arbeitnehmer aufgezeigt werden (vgl. Lamnek 2007, S. 299). Im Rahmen der Fallanalyse beziehe ich mich ich auf zwei Gruppen von älteren Arbeitnehmern als Untersuchungseinheiten, die in einem Unternehmen in zwei verschiedenen Tätigkeitsbereichen arbeiten. Dabei sind die Untersuchungsobjekte so gewählt, dass sie einerseits als typisch für den jeweiligen Tätigkeitsbereich und andererseits bezüglich arbeitsübergreifender Kompetenzen als besonders prägnante und aussagekräftige Fälle gelten.

Ich halte die Auswahl von zwei Fällen als besonders geeignet, um durch deren Vergleich möglichst viele Dimensionen arbeitsübergreifender Kompetenzen aufzuzeigen (vgl. Komrey 1986, S. 320). Durch die Konzentration auf relativ wenige Personen habe ich aber dennoch die Möglichkeit, mich intensiv mit dem Datenmaterial zu beschäftigen (vgl. Witzel 1982, S. 78).

Im Rahmen der Untersuchung setzte ich den Schwerpunkt auf die Dateninterpretation und die Ermittlung möglichst typischer Kennzeichen arbeitsübergreifender Kompetenzen, die zwar dem einzelnen Arbeitnehmer zugeordnet werden können, aber nicht nur einmalig und individuenspezifisch vorkommen. Lamnek spricht in diesem Zusammenhang von der Identifizierung von Handlungsmustern, bei denen der Forscher allgemeine Regelmäßigkeiten vermutet (vgl. Lamnek 2005, S. 312).

Im Zentrum des wissenschaftlichen Arbeitens soll jedoch der einzelne ältere Arbeitnehmer stehen. So betrachtet Lamnek jede qualitative Erhebung als Einzelfallstudie, bei welcher der Forscher zwar die gleiche Erhebungsmethode einsetzt und die Fälle analytisch miteinander in Verbindung bringt, sich aber dennoch auf jedes Untersuchungsobjekt individuell einstellen muss (vgl. Lamnek 2005, S. 313).

> „Auf alle Fälle sollte gesichert sein, dass der Fall facettenreich erfasst wird. So sollten in Organisationen nicht alle Stichprobenmitglieder aus der gleichen Hierarchieebene kommen" (Merkens 2000, S. 291).

Um die Verlässlichkeit der Aussagen zu steigern, sollte noch eine Fremdsicht hinzugezogen werden. Zum Widerspiegeln der Mitarbeiterdaten beziehe ich daher weiterführend Vorgesetzten- und Expertenaussagen mit ein.

Im Allgemeinen charakterisiert die intensive Wechselbeziehung zwischen theoretischen Annahmen und empirisch gewonnenem Datenmaterial die qualitative Forschung, da die Aufarbeitung und Auswertung aus der sich schrittweise vollziehenden Explikation und Revision von Begriffen, Auslegungen und theoretischen Vorannahmen resultieren (vgl. Lamnek 1993, S. 99). Letztlich hängt der Erkenntnisgewinn untrennbar mit der Kommunikation von Forscher und Forschungssubjekt zusammen. Demgemäß liegt Flick richtig, denn qualitatives Arbeiten ist im Wesentlichen mit einer „Kommunikationsleistung" gleichzusetzen (vgl. Flick 1991, S. 152).

Dementsprechend ist besonders bei einer qualitativen Fallstudie der Rahmen, auf den sich die beiden Fälle beziehen und in dem die Interaktion zwischen Forschendem und Forschungssubjekt stattfindet, von besonderem Interesse.

3.2 Untersuchungsfeld Telekommunikationsunternehmen[41]

In diesem Kapitel nehme ich eine eingehende Beschreibung des Unternehmens vor, um das Feld, in dem die vorliegende Untersuchung stattfindet, möglichst genau abzubilden.

Dass das Unternehmen zum Thema „Demographischer Wandel" bereits vor Studienbeginn sensibilisiert war und an dieser Stelle selbst Handlungsbedarf erkannte, wird anschließend anhand der Einführung des unternehmensinternen Projekts Age Management deutlich.

Mit dem Interesse des Unternehmens an meiner Studie möchte ich die Beschreibung des Untersuchungsfeldes abschließend präzisieren.

3.2.1 Zum Unternehmen

Zur umfassenden Darstellung des Untersuchungsfelds gehört zunächst die Beschreibung des Unternehmens als solches, seiner Historie und vor allem seiner Mitarbeiter. Aufgrund seiner besonders alterskritischen Mitarbeiterstruk-

41 Sofern keine anderen Quellen explizit genannt sind, liegen der Beschreibung des Untersuchungsfeldes sowie der Untersuchungsbereiche, -tätigkeiten und -subjekte konzerninterne Medien zugrunde, wie z.B. das Intranet, Organisationsrichtlinien oder Statistiken, die zum Zeitpunkt der Studie Gültigkeit besaßen.

tur fokussiere ich mich in meiner Studie auf das Geschäftsfeld Breitband/ Festnetz.

3.2.1.1 Allgemeine Unternehmensbeschreibung

Die Deutsche Telekom AG ist eines der weltweit führenden Unternehmen auf dem Gebiet der Telekommunikationsbranche. Als integrierter Konzern bietet die Deutsche Telekom ihren Kunden ein Portfolio von Festnetztelefonie über Breitbandinternet und Mobilfunk bis hin zu komplexen IT-Systemen für Geschäftskunden.

Das Unternehmen besitzt die Rechtsform einer Aktiengesellschaft und hat seinen Sitz in Bonn. Konzernweit wurde im Geschäftsjahr 2006 ein Umsatz in Höhe von 61,3 Mrd. Euro erzielt.

Im Kurzprofil beschreibt sich der Konzern wie folgt:

> „Die Deutsche Telekom ist mit mehr als 100 Millionen Mobilfunkkunden, rund 39 Millionen Anschlüssen im Festnetz und etwa 12 Millionen Breitbandanschlüssen eines der führenden integrierten Telekommunikationsunternehmen weltweit. Mit rund 248.000 Mitarbeitern bieten wir unseren Kunden das gesamte Spektrum moderner Telekommunikation aus einer Hand – für Festnetz, Mobilfunk und für komplexe Lösungen der Informationstechnologie" (Deutsche Telekom 2006, S. 1).

Der Konzern Deutsche Telekom wird organisatorisch durch die strategischen Geschäftsfelder Mobilfunk, Breitband/Festnetz und Geschäftskunden repräsentiert, wobei sich das Geschäftsfeld Breitband/Festnetz in die Einheiten T-Com und T-Online aufspaltet. T-Mobile vertritt das Feld Mobilfunk und T-Systems den Geschäftskundenbereich. Neben diesen operativen Geschäftsfeldern arbeiten weitere Mitarbeiter in der Konzernzentrale sowie in den übergreifenden Betrieben, den Shared Services. Dieser Bereich Group Headquarters and Shared Services (GHS) „übernimmt für den Konzern strategische und geschäftsbereichsübergreifende Steuerungsaufgaben sowie operative Aufgaben, die nicht zum unmittelbaren Kerngeschäft der Geschäftseinheiten gehören" (Deutsche Telekom 2006, S. 65). Abbildung 3 stellt zusammenfassend das Organigramm der Deutschen Telekom AG im Geschäftsjahr 2006 dar und dient einem Überblick über die einzelnen Geschäftsfelder.

Abb. 3: Organigramm der Deutschen Telekom AG (Eigene Darstellung nach konzerninternen Daten, Stand: 31.12.2006)

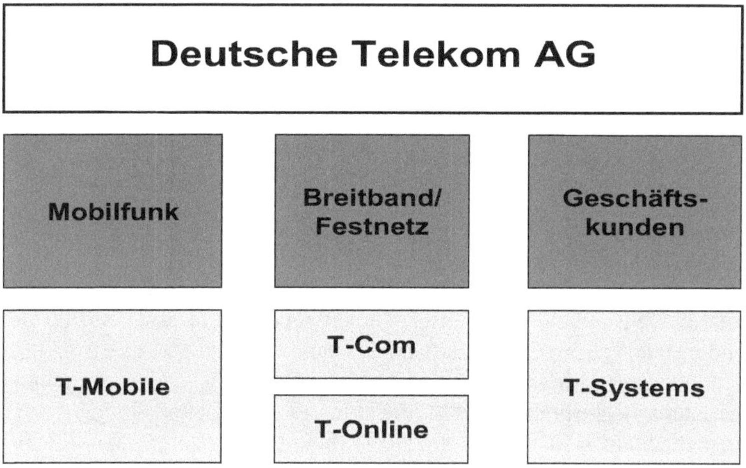

3.2.1.2 Historie des Unternehmens

Hinsichtlich ihrer Unternehmensgeschichte und ihrer Notierung an der Börse ist die Deutsche Telekom AG trotz ihrer Größe eine junge Gesellschaft, da sie erst im Rahmen der Privatisierung des Telekommunikationsbereichs aus der staatlichen Deutschen Bundespost hervorging.

Die Geschichte der Deutschen Telekom begann im Jahr 1989. Durch die Postreform I wurde die damalige Deutsche Bundespost (DBP) in drei weitgehend selbstständige Unternehmen aufgespaltet: DBP Postdienst, DBP Postbank und DBP Telekom. Am 1. Januar 1995 trat die Postreform II in Kraft und ebnete den Weg für die Privatisierung der drei Unternehmen. Aus der öffentlich-rechtlichen Deutschen Bundespost Telekom wurde im Rahmen des Gesetzes zur Neuordnung des Postwesens und der Telekommunikation zum 1. Januar 1995 die Aktiengesellschaft Deutsche Telekom AG, deren Börsengang am 18. November 1996 erfolgte.

In den folgenden zehn Jahren wandelte sich sowohl das Gesicht des Unternehmens als auch das der internationalen Kommunikationsmärkte. Das Unternehmen ist heute darauf bedacht, durch innovative Telekommunikations- und Informationsdienstleistungen einerseits seine Marktposition in Deutschland zu behalten und andererseits durch eine zunehmend internationale Ausrichtung, vor allem in Europa und den USA, Umsatz und Ertrag zu steigern. Derzeit erwirtschaftet der Konzern Deutsche Telekom die Hälfte seines Umsatzes außerhalb Deutschlands und beschäftigt fast ein Drittel seiner Mitarbeiter im Ausland.

3.2.1.3 Mitarbeiterstruktur

Von den weltweit rund 248.000 Mitarbeitern der Deutschen Telekom sind etwa 166.000 in Deutschland beschäftigt. Davon arbeitet mit etwa 85.000 der mit Abstand größte Teil im Geschäftsfeld Breitband-/Festnetz. Mit über 43.000 sind deutlich weniger Mitarbeiter im Bereich Geschäftskunden tätig und im Geschäftsfeld Mobilfunk arbeiten etwa 8.400 Mitarbeiter. In den sonstigen Konzerneinheiten sind knapp 29.000 Arbeitnehmer tätig. Die Alters- und Mitarbeiterstruktur der einzelnen nationalen Konzerneinheiten ist in Tabelle 2 detailliert aufgeführt.

Tab. 2: Alters- und Mitarbeiterstruktur des deutschen Konzerns unterteilt nach Konzerneinheiten (Eigene Darstellung nach konzerninternen Daten, Stand: 31.12.2006)

Alter (Jahre)	**T-Com**	**T-Online**	**T-Systems**	**T-Mobile**	**Sonstige[42]**	**Summe**
< 35	8.946	1.167	7.247	2.292	2.803	22.455
35 – 44	30.562	1.085	19.591	4.015	9.830	65.083
45 – 54	35.884	235	13.888	1.822	11.882	63.711
> 55	7.456	39	2.678	269	4.438	14.880
Summe	82.848	2.526	43.404	8.398	28.953	166.129
Durchschnitt	44,3	35,8	42,1	39,3	45,5	43,5

42 „Sonstige“ entsprechen dem Bereich der Konzernzentrale und den Shared Services.

In den deutschen Konzerngesellschaften gehören etwa 87.500 Beschäftigte zur Gruppe der jüngeren und etwa 78.500 zur Gruppierung der älteren Arbeitnehmer. Die am stärksten besetzte Altersgruppe des Konzerns bilden die Mitarbeiter zwischen 35 und 44 Jahren. Über 65.000 Mitarbeiter gehören der sogenannten Baby-Boomer-Generation an und werden in den nächsten Jahren zum merklichen Anstieg der Gruppe der älteren Arbeitnehmer beitragen. Konzerninternen Berechnungen zufolge wird das Durchschnittsalter der nationalen Beschäftigten ohne gezielte Maßnahmen zur Veränderung des Personalbestands in den nächsten Jahren von zurzeit 43,5 Jahren auf nahezu 50 Jahre im Jahr 2015 ansteigen (vgl. Deutsche Telekom 2005, S. 4). Im Vergleich dazu wird das Durchschnittsalter aller erwerbsfähigen Deutschen im Alter von 20 bis 65 Jahren von derzeit nahezu 42 Jahren nur um ein Jahr ansteigen (vgl. Fuchs/ Dörfler 2005). Dass der nationale Konzern in Relation zur deutschen Erwerbsbevölkerung bereits heute schon deutlich älter ist, lässt sich Abbildung 4 entnehmen.

Abb. 4: Vergleich der Alterstruktur des nationalen Konzerns mit der deutschen Erwerbsbevölkerung (Eigene Berechnung[43] nach konzerninternen Daten, Stand: 31.12.2006, und Daten des IAB (vgl. Fuchs/Dörfler 2005)

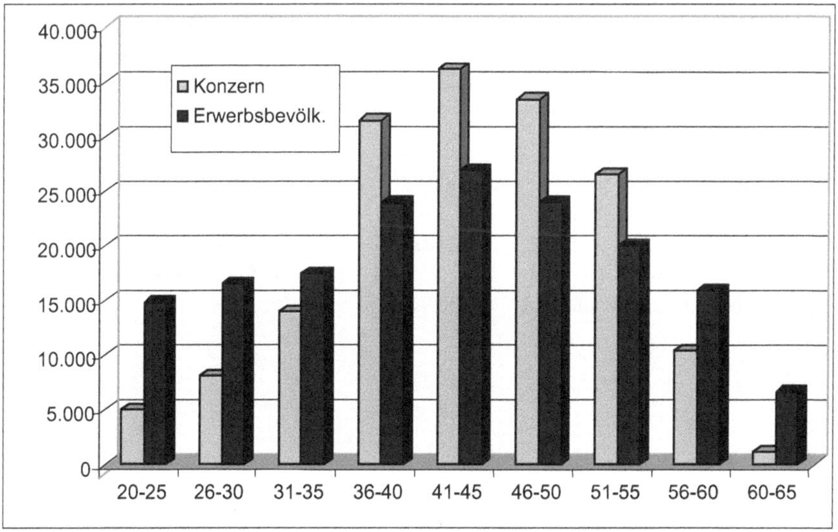

43 Die absoluten Zahlen der Angaben zur Erwerbsbevölkerung ergeben sich aus der Bildung einer Vergleichsgruppe von 160.000 Personen im Alter zwischen 20 und 65 Jahren mit derselben Altersverteilung wie die entsprechende Altersspanne der gesamten Erwerbsbevölkerung.

Der demographische Wandel im nationalen Konzern ist bereits heute schon weiter fortgeschritten als in der deutschen Erwerbsbevölkerung. Der Konzern altert nicht zuletzt aufgrund der restriktiven Einstellungspolitik in sämtlichen Bereichen. Während der Konzern schon heute auf manche seiner Konzerneinheiten bezogen verhältnismäßig alt ist, wird sich jedoch die ausschlaggebende Alterung der Belegschaft erst im Laufe der nächsten Jahre mit den Einstieg der späten Baby-Boomer[44] in die Gruppe der älteren Arbeitnehmer vollziehen (vgl. E-Fellows-Net 2006).

3.2.1.4 Entscheidung für das Geschäftsfeld Breitband/Festnetz

Die Deutsche Telekom hat zwar in allen Bereichen des Konzerns eine Alterung der Mitarbeiter zu verzeichnen, doch betrifft das konzerninterne Altern nicht alle Konzerneinheiten gleichermaßen. Während die relativ jungen Einheiten T-Mobile und T-Online nur geringfügig vom Anstieg des Durchschnittsalters berührt werden, macht sich die konzerninterne Alterung besonders stark in der traditionellen Einheit T-Com bemerkbar. Unterdessen bei T-Mobile etwa ein Viertel der Beschäftigten der Gruppe der älteren Arbeitnehmer angehören, machen bei T-Com die älteren Jahrgänge über 52,3% der Mitarbeiter aus. Die prozentuale Aufteilung der Altersstruktur innerhalb der einzelnen Einheiten des nationalen Konzerns wird in Abbildung 5 verdeutlicht.

T-Com ist hinsichtlich der Mitarbeiter- und Altersstruktur nicht nur die größte (vgl. Tab. 2), sondern wie auch Abbildung 5 zeigt, die älteste Geschäftseinheit[45].

Ich entscheide mich daher für T-Com als Untersuchungseinheit, da sie aufgrund ihrer relativ alten Mitarbeiterschaft derzeit und voraussichtlich auch in den nächsten Jahren am meisten zur Konzernalterung beitragen wird.

---

44 2006 machten die Jahrgangsgruppen von 1955 bis 1966 über 50% der Mitarbeiter des deutschen Konzerns aus.

45 GHS verfügt neben T-Com ebenfalls über einen hohen Anteil älterer Arbeitnehmer, jedoch stellt dieser Bereich keine geeignete Vergleichsgruppe dar, da die Mitarbeiter sowohl aus der übergeordneten Konzernzentrale stammen als auch aus vielen unterschiedlichen kleineren Einheiten (Shared Services), welche sich auch operativ stark voneinander abgrenzen; z.B. der Fuhrpark des Konzerns gegenüber der Finanzbuchhaltung.

Abb. 5: Prozentuale Altersstruktur der deutschen Mitarbeiter unterteilt nach Konzerneinheiten (Eigene Darstellung nach konzerninternen Daten, Stand: 31.12.2006)

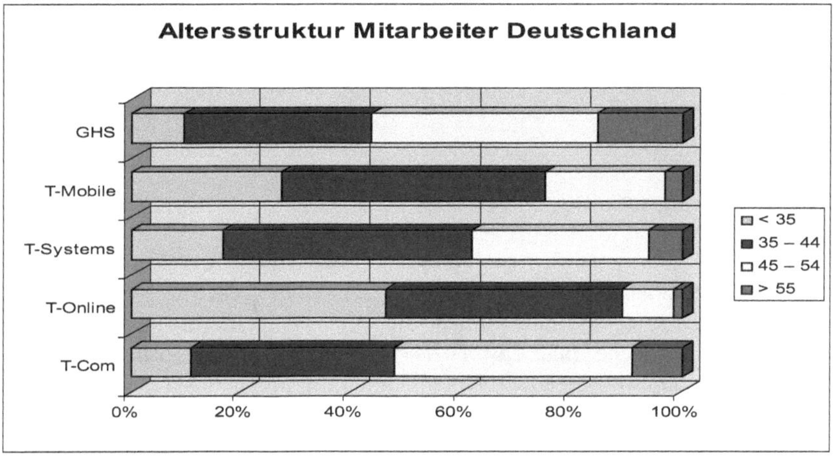

3.2.2 *Geschäftsfeld Breitband/Festnetz*

T-Com ist ein organisatorischer Bereich der Deutschen Telekom AG, in dem die Aktivitäten der leitungsgebundenen Festnetz-Kommunikation gebündelt werden. Neben der Geschäftseinheit T-Com, die seit August 2003 als eigenständige Marke[46] auftritt, gehört auch die Geschäftseinheit T-Online zum strategischen Geschäftsfeld Breitband/Festnetz der Deutschen Telekom.

Mit der zum 1. Januar 2005 eingeführten neuen Konzernstruktur hat die Deutsche Telekom die beiden organisatorischen Geschäftseinheiten T-Com und T-Online im strategischen Geschäftsfeld Breitband/Festnetz (vgl. Abb. 3) zusammengefasst. Zum 31.12.2006 ist das Geschäftsfeld Breitband/Festnetz mit rund 40 Millionen Schmalbandanschlüssen, über neun Millionen Breitbandanschlüssen und 14 Millionen angemeldeten Internetkunden einer der größten Anbieter Europas (vgl. T-Com 2006). Der strategische Schwerpunkt liegt neben der Ausrichtung auf den wachstumsstarken Breitbandmarkt in der optimalen Kundenbetreuung und Kundenbindung im Kerngeschäft der Sprachkommuni-

46 Seit Mai 2007 treten alle strategischen Geschäftsfelder, ausgenommen T-Mobile und T-Systems, im gemeinsamen Vertrieb als Marke „T-Home" auf.

kation. Breitband/Festnetz bildet nach Mobilfunk den zweitstärksten Umsatzbeitrag im Konzern. Zur Sparte Breitband/Festnetz gehören ca. 110.000 Mitarbeiter, wovon über 85.000 an deutschlandweiten Standpunkten tätig sind.

Wie bereits erwähnt, bildet die T-Com hinsichtlich ihrer Mitarbeiter- und Altersstruktur die mit Abstand größte und älteste Einheit des nationalen Konzerns und ist daher nicht nur für diese Untersuchung, sondern auch für demographiebezogene Maßnahmen im Konzern insgesamt, besonders interessant.

3.2.3 Projekt Age Management

Seit Mitte 2005 widmet sich die Deutsche Telekom im Rahmen des Projekts Age Management den Auswirkungen des demographischen Wandels auf den Konzern. Auch weitere Unternehmen, die ihren Hauptsitz in Deutschland haben[47] wie die Deutsche Bahn (vgl. Deutsche Bahn 2006) oder Volkswagen (vgl. Volkswagen 2006, S. 22), sowie Unternehmen mit einem ausländischen Unternehmenssitz wie Vattenfall (vgl. Vattenfall 2005, S. 56f.) oder Swisscom (vgl. Swisscom 2006, S. 169ff.) diskutieren neben einer Reihe von kleineren und mittleren Unternehmen (vgl. u.a. Bertelsmann/Bundesvereinigung Deutscher Arbeitgeberverbände 2005b; Age Powerment 2006, S. 56ff.) ebenfalls demographiebezogene Konzepte. Insofern stellt das Projekt keinen Alleingang unternehmenspolitischer Bestrebungen dar. Dennoch unterscheiden sich die Personalsituation des Unternehmens und somit auch der Ansatzpunkt des Projekts von den meisten anderen.

---

47 In Deutschland sind insbesondere folgende demographiebezogenen Initiativen als Reaktionen auf das Altern der Arbeitnehmerschaft bekannt:

- Die Initiative Neue Qualität der Arbeit (INQA) existiert seit 2002 als ein Zusammenschluss von Bund, Ländern, Sozialpartnern, Stiftungen sowie zahlreichen Unternehmen und zielt insbesondere darauf, die Interessen älterer Arbeitnehmer mit denen von Unternehmen in Einklang zu bringen (vgl. INQA 2007a).
- Das Demographie Netzwerk (ddn), das im Rahmen von INQA im März 2006 entstand (vgl. BMAS 2006b; INQA 2007b), ist ein Netzwerk vieler Unternehmen, die sich den Herausforderungen des demographischen Wandels stellen: „Durch das Netzwerk wollen die beteiligten Unternehmen voneinander und durch wissenschaftlichen Input lernen, alternde Belegschaften länger, gesünder, motivierter und produktiver zu beschäftigen" (BMAS 2006a, S. 1).
- Das Forum Nachhaltige Entwicklung der Deutschen Wirtschaft e.V. (econsense) ist eine Initiative des Bundesverbandes der Deutschen Wirtschaft (BDI). Das branchenübergreifende Netzwerk vieler Unternehmen und Organisationen der deutschen Wirtschaft wurde 2000 gegründet und widmet sich im Rahmen der nachhaltigen Entwicklung der Wirtschaft insbesondere demographiebezogenen Themen (vgl. econsense 2006, S. 12).

Durch das Projekt reagiert die Deutsche Telekom auf das Altern der Mitarbeiter, das sich in allen Bereichen, aber in unterschiedlichem Tempo, vollzieht (vgl. Tab. 2 und Abb. 5). Dabei resultiert die zunehmende Alterung des Unternehmens zum einen aus der allgemeinen demographischen Entwicklung, zum anderen ist sie eine Folgeerscheinung der seit Jahren praktizierten personalstrategischen Maßnahmen. Wobei die sowohl in großem Maße wahrgenommenen Altersteilzeit- und Vorruhestandsregelungen als auch die begrenzte Einstellung von jungen Mitarbeitern zu den Ursachen für die breite Alterung der mittleren Jahrgänge zählen. Das Unternehmen steht zudem vor der Herausforderung, eine immer älter werdende und in vielen Fällen unkündbare Mitarbeiterschaft angesichts eines hohen Wettbewerbs- und Kostendrucks für die Zukunft zu rüsten. Um Innovationen mit zutragen, müssen insbesondere ältere Mitarbeiter anschlussfähig bleiben.

In diesem Sinne ist das Projekt Age Management tätig, welches organisatorisch dem Bereich Personalstrategie angehört. Das Anliegen des Projekts besteht darin, die Zusammenhänge zwischen der Altersstruktur der Mitarbeiter und etlichen erfolgskritischen Faktoren wie Kompetenz, Motivation und Gesundheitszustand ausführlich zu analysieren, um im Sinne der Mitarbeiter- und Unternehmenszukunft entsprechend agieren zu können (vgl. Deutsche Telekom 2005; FAZ.NET 2006, S. 3). Letztlich liegt die zentrale Herausforderung des Projekts in der Etablierung und Umsetzung von Bedingungen, die dem Mitarbeiter ein Arbeiten bis deutlich über das 60. Lebensjahr hinaus ermöglichen.

Damit die Erwartungshaltung hinsichtlich des Forschungsprojekts vollständig geklärt ist, möchte ich anschließend die Erwartungen des Unternehmens an die Studie aufgreifen.

3.2.4 Praxisinteresse

Die Deutsche Telekom unterliegt wie viele andere Unternehmen einem stetigen Wandel von Technologien, Organisationsformen und Tätigkeitsfeldern. Mitarbeiter, die in einem solchen Unternehmen erfolgreich arbeiten möchten, müssen in der Lage sein, die Veränderungen mit zu tragen. In diesem Zusammenhang gewinnen zeitresistente arbeitsübergreifende Kompetenzen im Vergleich zu schnelllebigen arbeitsbezogenen an Wichtigkeit. Somit lag von Unternehmensseite das Interesse darin, arbeitsübergreifende Kompetenzen als zeitresistentere Human Resources bei ihren erfahrenen Mitarbeitern zu ermitteln

sowie Bedingungen herauszufiltern, welche die Entwicklung arbeitsübergreifender Kompetenzen im Laufe des Berufslebens unterstützen oder behindern. Aus diesen Erkenntnissen erhoffte sich das Unternehmen Anregungen für die Personalentwicklung und -strategie. Doch neben der Beschreibung und Entwicklung von arbeitsübergreifenden Kompetenzen interessierte das Unternehmen insbesondere deren Nutzen. Von betrieblichem Interesse waren zudem, in Anbetracht der stetigen Alterung der Belegschaft, Erkenntnisse zum gewinnbringenden Einsatz der Kompetenzen Älterer.
Das Projekt honorierte das Forschungsvorhaben auch deshalb, weil der Schwerpunkt vieler bisheriger Untersuchungen zum Altern der Belegschaft besonders auf körperlichen Aspekten in der produzierenden Industrie lag und weniger auf altersspezifischen Daten aus großen Dienstleistungsunternehmen. Im produzierenden Gewerbe, beispielsweise in der Automobilbranche und Schwerindustrie[48], haben vor allem Untersuchungen zur Langzeitauswirkungen körperbetonter Arbeit Akzente gesetzt.

Darüber hinaus sieht sich die Deutsche Telekom gegenüber anderen Dienstleistungsunternehmen aufgrund ihrer besonderen historischen Entwicklung von einer staatlichen Behörde zu einem börsennotierten Global Player in einer Sonderrolle. Sämtliche älteren Beschäftigten der Deutschen Telekom haben diesen starken Wandel mitgetragen. Somit erhoffte sich das Unternehmen auch Erkenntnisse darüber, wie die Mitarbeiter diese einschneidende Veränderung bewältigt haben und welche Rolle hierbei die Kompetenzentwicklung spielte.

An dieser Stelle schließe ich die allgemeine Beschreibung des Forschungsfelds und leite im folgenden Kapitel zur spezifischen Darstellung über.

48 Im Volkswagen Werk Kassel wurde z.B. eine Langzeitstudie zu altersgerechter Arbeitsplatz- und Berufsweggestaltung bei Mitarbeitern in der Produktion durchgeführt (vgl. van Berk 2006). Weitere Forschungsergebnisse zur gesundheitsbezogenen Situation älterer Arbeitnehmer, die vorwiegend im produzierenden Gewerbe tätig sind, können u.a. den Ausführungen von Mendius/Schütt (2002), Bangali et al. (2003) und Strotmann/Hess (2003) entnommen werden.

3.3 Zugang zum Untersuchungsfeld

Um den Rahmen der Untersuchung zu spezifizieren, wählte ich zur Gewinnung der Daten zwei Untersuchungsbereiche im Unternehmen aus. Da sich die Untersuchungsbereiche aber zu komplex hinsichtlich der dazugehörigen Tätigkeiten gestalteten, entschied ich mich für drei konkrete Tätigkeitsfelder, in denen ich durch die Befragung eines möglichst ausgewogenen Samples Daten erhob.

3.3.1 Untersuchungsbereiche

Wie in 3.2.1.4 bereits beschrieben, führte ich meine Studie bei der T-Com durch. Aufgrund der dezentralen Organisation bot sich die Möglichkeit zur Datenerhebung in den T-Com-Niederlassungen. Als potenzielle Untersuchungsbereiche kamen dafür deutschlandweit 35 Niederlassungen in Frage, die auf verschiedene regionale Standorte nach Privatkunden- oder Geschäftskundenniederlassungen sowie nach Technischer Infrastruktur und Technischem Kundendienst[49] unterteilt sind.

3.3.1.1 Auswahl der Untersuchungsbereiche

Im Rahmen der Studie entschied ich mich für die beiden Untersuchungsbereiche Technische Kundendienstniederlassung[50] am Standort Essen (TK) und die Privatkundenniederlassung[51] am Standort Berlin (PK). Beide vermögen durch ihr relativ hohes Durchschnittsalter der Beschäftigten ein Abbild der Alterung der Festnetzsparte zu geben. Da beide Untersuchungsbereiche zu T-Com gehören, ähneln sie sich sehr in ihrer Organisationsstruktur.

Weiterhin bezog ich mich auf diese beiden Niederlassungen, da sie bereits im Vorfeld ihre Unterstützung bei Maßnahmen des Projekts Age Management zugesagt hatten.

49 Neben den aufgezählten Niederlassungen existieren noch folgende übergeordnete Niederlassungen: Kundenniederlassung Spezial, Technische Infrastrukturniederlassung Überregional und der Technische Kundendienst Zentraler Service.

50 T-Com verfügt insgesamt über neun Technische Kundendienstniederlassungen.

51 T-Com verfügt insgesamt über neun Privatkundenniederlassungen.

3.3.1.2 Beschreibung der Untersuchungsbereiche

Die ausgewählten Niederlassungen gehören zwar zur traditionellen Festnetzsparte, unterscheiden sich jedoch erheblich hinsichtlich der in ihnen verorteten Tätigkeiten.

Der Hauptsitz der Technikniederlassung West befindet sich in Düsseldorf, wobei die Untersuchung am Niederlassungsstandort Essen stattfand. Der Tätigkeitsschwerpunkt der Niederlassung ist der Technikservice von T-Com. Die Hauptaufgabe der TK besteht in der Erbringung von Servicedienstleistungen bei den Kunden. Dazu gehören vor allem die Betreuung von Telefonanlagen und die Vermarktung von DSL-Anschlüssen.

Die zweite Untersuchung führte ich in der Privatkundenniederlassung in Berlin durch. Das Ziel der Niederlassung ist die Erreichung und Sicherung zentral vorgegebener Kundengewinnungs-, Kundenbindungs-, Vermarktungs- und Absatzziele durch telefonische Direktberatung. Ein weiteres wichtiges Tätigkeitsfeld der Mitarbeiter stellt die Wiedergewinnung von Kunden sowie die Pre- und After-Sales-Betreuung dar.

3.3.2 Tätigkeitsbereiche

Die Mitarbeiteraussagen bilden die wesentliche Grundlage zur Analyse arbeitsübergreifender Kompetenzen. In ihren Aussagen beziehen sich die Mitarbeiter vor allem auf ihren Arbeitsalltag, der maßgeblich durch die Verrichtung der nachfolgend dargestellten Tätigkeiten beeinflusst wird.

3.3.2.1 Auswahl der Tätigkeitsbereiche

In der TK und PK wähle ich jeweils einen niederlassungsspezifischen Tätigkeitsbereich aus. Dabei beziehe ich mich in der TK auf den Bereich Servicetechnik (Außendienst) und in der PK auf das Frontoffice[52] des Call Centers[53].

52 Der Begriff „Frontoffice" bedeutet im Kontext der Arbeit: „Das Front Office ist die Menge alle Prozessschritte die (...) zur Erbringung einer Leistung abgewickelt werden und einen direkten Nachfragerkontakt erfordern" (Ott 2004, S. 3). Der Arbeitsschwerpunkt der T-Com Frontoffice-Mitarbeiter liegt in der direkten telefonischen Kundenbetreuung.

53 Ein Call Center ist „ein Unternehmen oder Abteilung eines Unternehmens für Dienstleistungen, das operatorgestützte Sprachdienste anbietet. Dabei wickelt eine größere Anzahl von

Um den Untersuchungsgegenstand möglichst differenziert erfassen zu können, entschied ich mich in beiden Niederlassungen für Tätigkeitsbereiche, die sich in vielerlei Hinsicht voneinander unterscheiden.

3.3.2.2 Beschreibung der Tätigkeitsbereiche

Bei T-Com arbeiten über 10.500 Mitarbeiter als Servicetechniker oder -monteure im Bereich Servicetechnik und als Call Center Agents im Frontoffice. Dies entspricht ungefähr einem Achtel der gesamten Belegschaft von T-Com. Somit repräsentieren die ausgewählten Untersuchungsbereiche einen beachtlichen Teil des Unternehmens, da dort kaum stärker vertretene einheitliche Tätigkeitsbereiche vorkommen.

Während der Tätigkeitsbereich Servicetechnik zu den eher traditionellen Bereichen der T-Com gehört, ist das Call Center ein neuartigerer Arbeitsbereich[54]. Das traditionelle Tätigkeitsfeld Servicetechnik gehört zu den Bereichen im Unternehmen, die aufgrund des technologischen Wandels über einen schwindenden Stellenwert und somit eine eher negative Zukunftsprognose verfügen[55], während dem Call Center als örtlich flexible Serviceorganisation eine positive Zukunftsprognose ausgestellt wird. Ein weiterer Unterschied zwischen den untersuchten Tätigkeiten besteht darin, dass die befragten Mitarbeiter aus der Servicetechnik im Außendienst tätig sind. Sie sind in einem Großteil ihrer Arbeitszeit mobil und verfügen dadurch über eine gewisse Flexibilität bei der Arbeitsgestaltung, während die Mitarbeiter aus dem Call Center ausschließlich

Operatoren eingehende Anrufe über eine Hotline oder abgehende Anrufe als Direktmarketing ab“ (Deutsche Telekom 2006, S. 204).

54 Die telefonische Kundenbetreuung besitzt eine langjährige Tradition bei der Deutschen Telekom. Anfang der 1990er Jahre begann der allmähliche Aufbau der Call Center, doch schon vorher betreuten Mitarbeiter in der Fernsprechauskunft oder in der Fernsprechstörung telefonische Kundenanliegen. Im Gegensatz zu den Fernsprecheinrichtungen ist der derzeitige Call Center Bereich jedoch ein wesentlich komplexeres Arbeitsfeld. Der Call Center Agent muss täglich vielfältigen Anforderungen gerecht werden, indem er an seinem Arbeitsplatz sowohl Kunden berät und Produkte verkauft als auch Aufträge und kritische Kundenäußerungen entgegen nimmt.

55 Der technologische Wandel bedeutet für das Tätigkeitsfeld der Servicetechnik eine Umstellung von analoger zu digitaler Technik. Gegenwärtig sind verhältnismäßig viele Mitarbeiter mit analogen Schalttätigkeiten beschäftigt. In Zukunft werden deutlich weniger Mitarbeiter nötig sein, um ein komplexes digitales Netz zu betreiben. Bührer beschreibt diesen Prozess passgenau als „die dritte industrielle Revolution“ (Bührer 2001, S. 6), die durch die neuen Technologien herbeigeführt wurde und die Arbeits- und Lebenswelt auch noch in Zukunft grundlegend verändern wird (vgl. Bührer 2001, S. 6).

im Großraumbüro arbeiten. Im Vergleich zu den Call Center Agents suchen die Mitarbeiter aus der Servicetechnik den Kunden vor Ort auf. Dagegen kommunizieren die Call Center Mitarbeiter ausschließlich telefonisch mit dem Kunden.

3.3.2.3 Kontaktaufnahme in den Tätigkeitsbereichen

Nach der im Vorfeld eingeholten Kooperationszusicherung der beiden Tätigkeitsbereiche kontaktierte ich sowohl das Management der TK als auch der PK und schilderte mein Anliegen. Im Anschluss an das persönliche Vorgespräch vermittelten mir beide Leiter eine Kontaktperson[56] aus ihrem Bereich, die mir als Ansprechpartner diente und die Auswahl des Samples vor Ort traf.

3.3.3 Sample

Zur Untersuchung arbeitsübergreifender Kompetenzen älterer Arbeitnehmer ist die Befragung älterer Mitarbeiter nahe liegend. Ältere Beschäftigte können aus erster Hand beschreiben, wie sie ihren Arbeitsalltag bewältigen und ob bzw. welche Entwicklungen sie dabei im Laufe ihrer Berufsbiographie festgestellt haben. Weiterhin sollten sie aus ihrer langjährigen Erfahrung im Unternehmen einschätzen können, an welcher Stelle ihre Kompetenzen am ehesten zu dessen Erfolg beitragen. Demzufolge stellt die Selbstsicht sicher die zentrale Perspektive auf den Forschungsgegenstand dar. Um den Forschungsgegenstand differenziert zu betrachten und dabei die Einschätzung der älteren Mitarbeiter bezüglich der Bewältigung ihres Arbeitsalltags kritisch zu hinterfragen, beziehe ich mich des Weitern auch auf Aussagen der jeweiligen Vorgesetzten.

Als dritte Samplegruppe befragte ich unternehmensinterne Experten aus dem Personalbereich, um die zuvor gewonnen Daten bezüglich ihrer Relevanz für das Unternehmen zu prüfen.

Im Folgenden spezifiziere ich meine Entscheidung für die jeweilige Samplegruppe und beschreibe diese näher.

56 Die Kontaktperson spielt für die Planung der Untersuchungsdurchführung eine wichtige Rolle. Als „Gatekeeper“ ebnet sie den Weg ins Untersuchungsfeld und stellt Kontakte zum Sample her (vgl. Merkens 2000, S. 288).

3.3.3.1 Auswahl der älteren Mitarbeiter

Mein Ziel bestand darin, ein Sample[57] von älteren Mitarbeitern in ihrem täglichen Arbeitsumfeld über die individuelle Gestaltung ihres Arbeitsalltags zu befragen.

In beiden Niederlassungen wählte ich dazu eine Samplegröße von jeweils sechs Befragten. Die Anzahl von insgesamt zwölf Interviewteilnehmern, je sechs Mitarbeiter pro Tätigkeitsbereich, schien mir ausreichend, um aussagekräftiges Datenmaterial zu gewinnen. Um eine gewisse Ausgewogenheit hinsichtlich des Geschlechts zu erlangen, sollten insgesamt jeweils sechs Männer und Frauen befragt werden. Die Gruppe der älteren Arbeitnehmer umfasst eine relativ große Zeitspanne von 20 Jahren. Dies bedeutet, dass die Arbeitnehmer ab Mitte 40, die gerade erst zur Gruppe der älteren Arbeitnehmer zählen, und die Befragten, die über 60 sind und schon seit mehr als 15 Jahren als Ältere gelten, unterschiedlichen Kohorten des „mittleren Lebensalters“ (vgl. Lehr 1978) angehören. Dieser großen Zeitspanne innerhalb der Gruppe der älteren Arbeitnehmer sollte durch eine Teilung in jüngere ältere Arbeitnehmer und ältere ältere Arbeitnehmer entsprochen werden.

Bei der Samplebesetzung sollen beide Altersdekaden möglichst gleichermaßen mit jeweils sechs Befragten besetzt werden. Um die Aussagen besser vergleichen zu können, war es wichtig, dass sowohl die Befragten der TK als auch der PK im jeweils selben Tätigkeitsbereich arbeiteten. Damit der organisatorische Aufwand in einem gewissen Rahmen blieb und den Mitarbeitern eine Befragung in ihrem jeweiligen gewohnten Umfeld ermöglicht werden konnte, sollten alle Befragten der TK in Essen und die der PK in Berlin tätig sein.

In Anbetracht all dieser Kriterien erfolgte die Sampleauswahl durch die Kontaktpersonen vor Ort.

57 Hierbei handelt es sich um ein „Theoretical Sampling“, bei dessen Auswahl sich der Forscher für Idealtypen entscheidet, die im Sinne der Forschungsfrage interessante Handlungsfiguren darstellen. Bei seiner Auswahl ist der Forscher auf Vermutungen bzw. äußerliche Merkmale angewiesen (vgl. Lamnek 2005, S. 313f.).

3.3.3.2 Beschreibung der älteren Mitarbeiter

Damit die Sampleaussagen später besser eingeordnet werden können, erfolgt nun eine ausführliche Beschreibung der befragten Mitarbeiter anhand von soziodemographischen Daten. Dabei beginne ich zunächst mit der Beschreibung der TK-Mitarbeiter.

Die sechs Befragten aus der TK waren zum Zeitpunkt der Erhebung zwischen 48 und 57 Jahren alt, wobei drei Mitarbeiter im Alter von 48 und 51 Jahren der Gruppe der jüngeren älteren Arbeitnehmer angehörten und ebenso drei Mitarbeiter im Alter von 55 und 57 der Gruppe der älteren älteren Arbeitnehmer. Die fünf interviewten Männer und eine interviewte Frau absolvierten ihre Ausbildung im Handwerk, in den meisten Fällen im Fernmeldehandwerk. Alle Mitarbeiter waren bereits seit über 30 Jahren berufstätig. Im Hinblick auf ihre Berufsbezeichnung gaben fünf Befragte an, als Servicetechniker zu arbeiten und ein Befragter als Servicemonteur. Alle Interviewten arbeiteten im Privatkundenbereich, nur die Servicetechnikerin war im Geschäftskundenbereich tätig. Ihre gegenwärtige Tätigkeit[58] führten die Befragten zwischen einem und 26 Jahren aus. Fünf der Interviewten gehörten der Beschäftigtengruppe der Angestellten an und eine Befragte war Beamtin.

Der folgenden Tabelle 3 können alle erhobenen soziodemographischen Daten der befragten Mitarbeiter der TK entnommen werden. Die Reihenfolge der Mitarbeiterzahlen (MA1-6) entspricht der Chronologie der geführten Mitarbeiterinterviews.

58 Bei der Frage nach der Dauer der gegenwärtigen Tätigkeit waren sich einige Befragte unsicher, wie lange sie tatsächlich in ihrem Beruf tätig waren, da sich ihre Tätigkeitsbezeichnung im Laufe ihres Berufslebens schon einige Male geändert hatte. Diese vermeintliche Fehleinschätzung würde die breite Zeitspanne erklären. Somit ist zu erwarten, dass ein Teil der Befragten länger als angegeben seiner Tätigkeit nachging.

Tab.3: Soziodemographische Daten der befragten Mitarbeiter in der Technikniederlassung West

	TK					
Mitarbeiter	**MA1**	**MA2**	**MA3**	**MA4**	**MA5**	**MA6**
Alter (in Jahren)	57	48	55	57	51	48
Arbeitnehmergruppe: • Jüngere Ältere (JÄ) • Ältere Ältere (ÄÄ)	ÄÄ	JÄ	ÄÄ	ÄÄ	JÄ	JÄ
Geschlecht: • weiblich (w) • männlich (m)	m	w	m	m	M	m
Ausbildung: • Fernmeldehandwerker (FHW) • Sonst. handwerkliche Ausbildung (HW)	HW	FHW	HW	FHW	FHW	FHW
Dauer Berufstätigkeit (in Jahren)	43	32	40	40	37	31
Dauer Unternehmenszugehörigkeit (in Jahren)	43	32	36	36	37	31
Gegenwärtige Tätigkeit: • Servicemonteur (SVM) • Servicetechniker(SVT)	SVM	SVT	SVM	SVM	SVM	SVM
Dauer der gegenwärtigen Tätigkeit (in Jahren)	10	24	5	31	2	24
Beschäftigtengruppe: • Angestellte (Ang) • Beamte (Bea)	Ang	Bea	Ang	Ang	Ang	Ang

Anschließend beschreibe ich den zweiten Teil des Samples und ziehe gleichzeitig Vergleiche zu den vorab beschriebenen Beschäftigten.

Die in Berlin befragten Mitarbeiter waren zwischen 46 und 60 Jahren alt. Dabei gehörten drei Mitarbeiter zwischen 45 und 49 Jahren der Gruppe der jüngeren älteren Arbeitnehmer an und drei Befragte im Alter von 55 und 60 Jahren der Gruppe der älteren älteren Arbeitnehmer. Im Unterschied zur TK waren die Geschlechter völlig gleich verteilt. Während die Mitarbeiter der TK alle ihre Ausbildung im Handwerk absolvierten, waren die Ausbildungsabschlüsse der in der PK Befragten relativ differenziert. Die Männer hatten in erster Linie einen handwerklichen Beruf als Fernmeldehandwerker oder Fernmeldebaumonteur erlernt. Eine Frau erlernte ebenfalls als Fernschreiberin ihren Beruf in der Telekommunikationsbranche, während die andere in einem völlig anderen Handwerksbereich als Bäckerin ihre Ausbildung absolvierte und die dritte Befragte keine Angaben hinsichtlich ihrer Ausbildung machte. Die PK Mitarbeiter standen zwischen 29 und 46 Jahren im Berufsleben. Außer der gelernten Bäckerin arbeiteten alle Befragten schon ihr ganzes Berufsleben lang im Unternehmen. Alle waren zum Zeitpunkt des Interviews als Call Center Agents bei der T-Com beschäftigt und führten diese Tätigkeit zwischen einem und acht Jahren aus. Die Befragten der PK arbeiteten somit bei weitem noch nicht so lange in ihrem Tätigkeitsbereich wie die meisten Befragten der TK. Ein weiterer Unterschied zum TK-Sample bestand darin, dass die Interviewten in der PK zu gleichen Teilen der Beschäftigtengruppe der Beamten und der Angestellten angehörten.

Die Tabelle 4 stellt alle erhobenen soziodemographischen Daten der befragten Mitarbeiter der PK dar. Die Reihenfolge der Mitarbeiterzahlen (MA7-12) entspricht auch hier der Chronologie der geführten Mitarbeiterinterviews.

Tab. 4: Soziodemographische Daten der befragten Mitarbeiter in der Privatkundenniederlassung Nordost

	TK					
Mitarbeiter	**MA7**	**MA8**	**MA9**	**MA10**	**MA11**	**MA12**
Alter (in Jahren)	55	46	55	45	49	60
Arbeitnehmergruppe: • Jüngere Ältere (JÄ) • Ältere Ältere (ÄÄ)	ÄÄ	JÄ	ÄÄ	JÄ	JÄ	ÄÄ
Geschlecht: • weiblich (w) • männlich (m)	w	m	m	w	M	w
Ausbildung: • Fernmeldehandwerker (FHW) • Fernschreiberin (FS) • Sonstige handwerkliche Ausbildung (HW) • Keine Angabe (KA)	KA	FHW	FHW	FS	FHW	HW
Dauer Berufstätigkeit (in Jahren)	38	30	40	29	31	46
Dauer Unternehmenszugehörigkeit (in Jahren)	38	30	40	29	31	27
Gegenwärtige Tätigkeit: • Call Center Agent (CCA)	CCA	CCA	CCA	CCA	CCA	CCA
Dauer der gegenwärtigen Tätigkeit (in Jahren)	5	6	8	5	1	1
Beschäftigtengruppe: • Angestellte (Ang) • Beamte (Bea)	Bea	Bea	Bea	Ang	Ang	Ang

Neben den älteren Mitarbeitern bilden die Vorgesetzten[59] den zweiten Teil des Samples und ermöglichen eine weitere Perspektive auf den Untersuchungsgegenstand.

3.3.3.3 Auswahl der Vorgesetzten

Die Vorgesetzten der TK als auch der PK führten zum Erhebungszeitpunkt ein Team von Mitarbeitern, für dessen Arbeitseinsatz, Bewertung und Weiterbildung sie verantwortlich waren. Demzufolge bestand schon allein aus organisationstechnischen Gründen eine enge Beziehung zwischen Vorgesetzten und Mitarbeitern. Aufgrund des direkten Bezugs von Vorgesetzten und Mitarbeiter erhoffte ich mir weiterführende Erkenntnisse und Vergleichsmöglichkeiten im Hinblick auf arbeitsübergreifende Kompetenzen Älterer zu erhalten. Des Weiteren ging ich davon aus, dass der Vorgesetzte in der Funktion des Teamleiters, der bis zu 15 Mitarbeiter führt, das Arbeitsverhalten seiner älteren mit dem der jüngeren Mitarbeiter vergleichen und somit aussagekräftige altersdifferenzierte Aussagen hinsichtlich des Forschungsgegenstands treffen könne.

Ich entschied mich in beiden Niederlassungen jeweils für eine Samplegröße von drei Vorgesetzten. Daher betrug die Sampleanzahl der Vorgesetzten insgesamt sechs und entsprach im Verhältnis zum Mitarbeitersample eins zu zwei. Eine unbedingte Voraussetzung, um sich zum Arbeitsverhalten Älterer umfassend äußern zu können, ist der unmittelbare Kontakt zu ihnen. Somit sollten die Gatekeeper nur Vorgesetzte auswählen, die ältere Mitarbeiter zu ihrem Team zählten. Um einen einseitigen Bezug auf ältere Mitarbeiter zu verhindern, wählte ich Vorgesetzte aus, die mit mehreren Älteren zusammen arbeiteten. Bei der Auswahl der Vorgesetzten sollte zudem beachtet werden, dass diese als Teamleiter für mindestens einen der befragten Mitarbeiter zuständig waren, da ich mir durch den engen Bezug zwischen Teammitglied und -leiter eine höhere Aussagekraft der Angaben versprach. Dementsprechend sollten die Vorgesetzten am selben Standort wie die Mitarbeiter tätig sein.

59 Eine weiterführende Diskussion des Begriffs „Vorgesetzter" erfolgt in Kapitel 4.4.

3.3.3.4 Beschreibung der Vorgesetzten

Alle Vorgesetzten, mit einer Ausnahme aus der PK, waren 55 Jahre alt und gehörten somit der Gruppe der älteren älteren Arbeitnehmer an. Die Ausnahme bildete mit 33 Jahren der mit Abstand jüngste befragte Teamleiter, der zu den jüngeren Arbeitnehmern gehörte[60]. Insgesamt interviewte ich vier Männer und zwei Frauen. Vier Interviewte waren schon seit ihrer Ausbildung im Unternehmen tätig. Der jüngste Befragte war seit 17 Jahren im Berufsleben, die restlichen Vorgesetzten arbeiteten zwischen 39 und 41 Jahren. Während zwei Vorgesetzte aus der TK als Teamleiter im Servicetechnikbereich für Privatkunden arbeiteten, war der dritte für Geschäftskunden zuständig. Alle drei Vorgesetzten der PK gehörten dem Frontofficebereich an. Die Angaben zur Dauer ihrer Tätigkeit lagen zwischen einem und 26 Jahren· Alle Befragten aus der TK waren Beamte[61] und alle aus der PK Angestellte. Alle Vorgesetzten betreuten ältere Mitarbeiter in ihrem Team. Bei einer Teamgröße von acht bis 17 Mitarbeitern befanden sich zum Erhebungszeitpunkt zwischen zwei bis zehn ältere Arbeitnehmer in den jeweiligen Teams.

Der Tabelle 5 können alle erhobenen Vorgesetztendaten entnommen werden. Auch hierbei steht die Reihenfolge der Vorgesetzten (VO1-6) für die zeitliche Abfolge der Interviews.

60 Da nur ein Vorgesetzter nicht zur Gruppe der älteren Arbeitnehmer gehörte, bleibt anzumerken, dass der Vergleich „Jüngerer Vorgesetzter – Älterer Arbeitnehmer“ im Rahmen der Untersuchung leider zu kurz gekommen ist.

61 Zum Teil besitzen die Vorgesetzten den Status eines in-sich-beurlaubten Beamten. In-sich-beurlaubt ist ein Mitarbeiter, der vom Beamtenverhältnis mit Rückkehrrecht ins Angestelltenverhältnis gewechselt ist.

Tab. 5: Soziodemographische Daten der befragten Vorgesetzten aus der Techniekniederlassung West und der Privatkundenniederlassung Nordost

	TK			PK		
Mitarbeiter	**VO1**	**VO2**	**VO3**	**VO4**	**VO5**	**VO6**
Alter (in Jahren)	55	55	55	33	55	55
Geschlecht: • weiblich (w) • männlich (m)	m	m	m	m	W	w
Ausbildung: • Fernmeldehandwerker (FHW) • Fernschreiberin (FS) • Sonstige handwerkliche Ausbildung (HW) • Keine Angabe (KA)	FHW	SGET	FHW	BI	TI	BSL
Dauer Berufstätigkeit (in Jahren)	41	40	41	17	41	39
Dauer Unternehmenszugehörigkeit (in Jahren)	41	33	41	17	13	39
Gegenwärtige Tätigkeit: • Teamleiter Servicetechnik (TLS) • Teamleiter Front Office (TLFO)	TLS	TLS	TLS	TLFO	TLFO	TLFO
Dauer der gegenwärtigen Tätigkeit (in Jahren)	3	26	3	4	10	1
Dauer Führungstätigkeit (in Jahren)	3	26	35	4	10	8
JÄ und ÄÄ im Team / Teamanzahl insgesamt	3/8	10/14	10/17	3/9	2/12	4/13
Beschäftigtengruppe: • Angestellte (Ang) • Beamte (Bea)	Ang	Bea	Bea	Ang	Ang	Ang

Um noch eine zusätzliche Perspektive auf den Untersuchungsgegenstand zu erhalten, wurden unternehmensinterne Experten befragt.

3.3.3.5 Expertenauswahl

Von den Experten versprach ich mir durch unternehmensstrategische Aussagen eine sinnvolle Ergänzung der Mitarbeiter- und Vorgesetztenaussagen zu arbeitsübergreifenden Kompetenzen. Dazu sollten sie sich in einer Schlüsselposition im Personalbereich der Deutschen Telekom befinden und befugt sein, strategische Personalentscheidungen zu beeinflussen bzw. zu treffen. Wichtig war zudem, dass die Experten mit dem unternehmensweiten Human Resources Bereich vertraut waren, um eher einschätzen zu können, welche Kompetenzen das Unternehmen sowohl heute als auch in Zukunft benötigt.

3.3.3.6 Expertenbeschreibung

Am Experteninterview nahmen insgesamt vier Personen teil. Das erste Experteninterview führte ich im Bereich Personalentwicklung mit dem Zentralbereichsleiter und einem Fachbereichsleiter. Der Zentralbereich Personalentwicklung entwickelt, bestimmt und betreut sämtliche konzernweite Bildungsaktivitäten. Der interviewte Fachbereichsleiter ist für die Weiterbildung von Fachkräften und die Entwicklung von Fachkarrieren zuständig. Daneben bilden auch die Themen Weiterbildungsstrategie, Lebenslanges Lernen und Wissensmanagement das Aufgabenspektrum des Bereichs ab.

Das zweite Interview erfolgte im Bereich Personalstrategie. Der befragte Experte ist im Zentralbereich Personalstrategie tätig, der sowohl die personalpolitischen als auch die personalstrategischen Leitlinien für die Deutsche Telekom verantwortet und somit die normgebende Einheit in Personalfragen darstellt. Ziel der Personalstrategie ist es, mit Hilfe einer unternehmensweiten Personalpolitik den Faktor Human Resources zu bestimmen, zu sichern und möglichst gewinnbringend einzusetzen.

Der vierte Interviewpartner war der Leiter des Projekts Age Management, dessen Tätigkeitsfeld der Projektbeschreibung in Kapitel 3.2.3 entnommen werden kann.

Nachdem nun auf die einzelnen Samplegruppen eingegangen wurde, bleibt im nächsten Kapitel zu klären, mit welcher methodischen Herangehensweise die Datenerhebung stattfand.

3.4 Erhebungsmethodik und Datenerhebung

Das Fundament dieser qualitativen Studie bilden die Aussagen der Mitarbeiter, ihrer Vorgesetzten und der Experten.

Zur präzisen Untersuchung des Forschungsgegenstandes scheint mir nur eine in die Tiefe gehende Befragung im Rahmen eines halbstandardisierten Interviews angemessen. Durch die intensive Gesprächsführung möchte ich besonders viele und differenzierte Informationen zu Kompetenzen Älterer erfragen und möglichst tiefgehend Einblick in das menschliche Wirken nehmen (vgl. Diekmann 2005, S. 445).

Diesen Ansprüchen möchte ich bei der Befragung aller Samplegruppen gleichermaßen entsprechen und wende daher bei allen drei Gruppen dieselbe Erhebungsmethode an.

3.4.1 Leitfadeninterviews

Bei der Befragung älterer Mitarbeiter, deren Vorgesetzten und der Experten führte ich jeweils ein halbstandardisiertes Interview[62] durch. Diese Form des Interviews schien mir am ehesten geeignet, um sich relativ offen[63] dem Untersuchungsgegenstand zu nähern und explorativ vorgehen zu können. Darüber hinaus ermöglichte es dennoch eine gewisse Vergleichbarkeit der Daten durch den Einsatz des Gesprächsleitfadens, der mir als Gedächtnisstütze diente und mir sowohl eine Strukturierung des Gesprächs ermöglichte als auch die Vergleichbarkeit der Antworten erleichterte (vgl. u.a. Scholl 2003, S. 66; Diekmann 2005, S. 444). Vor diesem Hintergrund sieht Carsten das leitfadengestützte Interview als Möglichkeit dem Spannungsverhältnis zwischen Struk-

62 Der Begriff „Interview" stammt vom französischen „entreveue" ab und wird im Sinne einer verabredeten Begegnung verwand (vgl. Lamnek 2005, S. 329). In der Arbeit liegt dem Begriff folgende Definition von Scheuch zugrunde: "Unter Interview als Forschungsinstrument sei hier verstanden ein planmäßiges Vorgehen mit wissenschaftlicher Zielsetzung, bei dem die Versuchsperson durch eine Reihe gezielter Fragen oder mitgeteilter Stimuli zu verbalen Informationen veranlasst werden soll" (Scheuch 1973, S. 71). Pool beschreibt das Interview als Erzeugung einer sozialen Interaktion auf theatralische Art und Weise: „Jedes Interview ist – neben der Gelegenheit zur Informationssammlung – ein interpersonelles Drama mit einer sich entwickelnden Handlung" (Pool 1957, S. 193).

63 „Die Offenheit für das Neue hängt gerade nicht davon ab, dass der Forscher auf der inhaltlichen Ebene das Alte und Bekannte nicht bewusst gemacht hat, sondern davon, in welcher Weise wir die Suche nach dem Neuen methodisch gestalten" (Meinefeld 2000, S. 272).

turierungsnotwendigkeit und Interesse gerecht zu werden (vgl. Carsten 1999, S. 12f.). Aufgrund ihrer breit angelegten Einsatzfähigkeit ist diese Methode der Datenerhebung die gängigste Form der qualitativen Befragung und insbesondere im deutschsprachigen Raum stark verbreitet (vgl. u.a. Flick 1999, S. 94; Bortz/ Döring 2006, S. 314).

Das problemzentrierte Leitfadeninterview befindet sich als halbstrukturierte Befragungsform in einer Mittelposition zwischen narrativem und standardisiertem Interview (vgl. Mayring 2002, S. 67). Durch die vorgegebenen Fragen bot mir das leitfadengestützte Interview gegenüber der narrativen Befragung eine bessere Struktur und Orientierung und schloss im Vergleich zum strukturierten „außerplanmäßige" Erörterungen mit ein. Denn narrative Momente waren im Interview ausdrücklich gewünscht, „so dass sich subjektive Bedeutungsstrukturen im freien Erzählen über bestimmte Ereignisse herausschälen, die sich einer systematischen Abfrage verschließen würden" (Wiesinger 2007, S. 13).

Mit Hilfe des Leitfadens und den darin aufgelisteten Themen erhielt ich eine Vergleichsoption bei der Datenerhebung und Datenanalyse der unterschiedlichen Interviews. Ich wollte die bestehende Flexibilität nutzen[64], um gezielt Nachfragen zu stellen und somit den Forschungsgegenstand detaillierter und subjektbezogener zu erörtern (vgl. Steinke 1999, S. 31). Bei dieser Art der Befragung darf und soll der Forschende auch Fragen in der Erzählphase einbringen, aber möglichst ohne die Erzähllogik zu beeinflussen (vgl. Diekmann 2005, S. 451). Für den Befragten hatte diese Vorgehensweise den immensen Vorteil, dass er an keine vorgegebenen Antwortmöglichkeiten gebunden war und sich stattdessen frei äußern konnte.

Im Rahmen der Studie führte ich ein informatorisches Interview durch, das auf die deskriptive Erfassung von Tatsachen aus den Wissensbeständen des Befragten zielt (vgl. Lamnek 1995, S. 38). Beim Interviewen hegte ich einen neutralen Autoritätsanspruch gegenüber dem Interviewten und fragte sehr grundlegend nach Sachverhalten, um den Bedeutungshorizont der Begriffe möglichst exakt erklärt zu bekommen (vgl. Kvale 1996, S. 33; Hermanns 2000, S. 368).

64 Die flexible Handhabung des Leitfadens stellt eine gewisse Herausforderung für den Forscher da, denn „mit abnehmendem Standardisierungsgrad wird das Leitfadeninterview für den Interviewer zunehmend zu einem Prozess permanenter spontaner Operationalisierung" (Hopf 1978, S. 111).

3.4.2 *Befragung älterer Mitarbeiter und deren Vorgesetzten*

Die Methode der leitfadengestützten Befragung wurde zunächst beim Sample von älteren Mitarbeitern und deren Vorgesetzten angewendet. Mittels dieser Methode erhoffte ich mir mit beiden Samplegruppen, auch in Anbetracht der unternehmensinternen hierarchischen Unterschiede, ein offenes und erkenntnisreiches Gespräch führen zu können (vgl. Lamnek 1993, S. 23f.).

3.4.2.1 Leitfadenkonstruktion

Um sowohl der Mitarbeiter- als auch der Vorgesetztenperspektive zu arbeitsübergreifenden Kompetenzen gerecht zu werden, entwickelte ich jeweils einen auf die entsprechende Adressatengruppe abgestimmten Interviewleitfaden. Bezüglich des Inhalts und Umfangs lagen jedoch kaum Unterschiede zwischen den beiden Fragebögen vor, dadurch sollte eine höchst mögliche Datenvergleichbarkeit angestrebt werden. Des Weiteren sollten die Fragebögen so konstruiert sein, dass der Befragte genügend Anstöße und Raum für Deskriptionen erhielt.

Im Folgenden führe ich alle Fragen auf, die ich in leicht abgewandelter Form beiden Samplegruppen gestellt habe:

Zum Interviewauftakt formulierte ich zunächst eine allgemeine Eingangsfrage zum Thema. Mit der Frage 1, was ältere Arbeitnehmer auszeichnet, wollte ich Assoziationen bei den Befragten mit anderen älteren Kollegen oder Arbeitnehmern und letztlich mit der persönlichen Arbeitssituation hervorrufen. Da Auszeichnungen von Personen mit langjähriger Berufserfahrung angesprochen würden, hoffte ich, mit einer potenzialorientierten Sicht ins Gespräch einzusteigen und keine Assoziationen mit negativen Altersstereotypen hervorzurufen.

Mit Hilfe der Fragen 2 bis 5 wollte ich arbeitsübergreifende Kompetenzen erfahrener Arbeitnehmer erfassen. Die Fragenkonstruktion erfolgte analog den zuvor operationalisierten arbeitsübergreifenden Kompetenzen (vgl. Kap. 2.3.1 bis 2.3.4). Hierbei interessierte mich vor allem, wie ältere Mitarbeiter ihren Arbeitsalltag bestreiten. Fortführend bat ich die Befragten, ihr heutiges Verhalten mit dem zu Beginn ihres Berufslebens[65] zu vergleichen. Durch den

65 Der Beginn des Berufslebens umfasst den Zeitraum der Berufsausbildung und der ersten zwei bis drei Jahre danach. Diese Zeitorientierung teilte ich den Befragten zu Beginn der Erhebung mit.

historischen Vergleich erhoffte ich mir eine Kompetenzentwicklung aufzuzeigen.
Bei der Befragung der Vorgesetzten stand weniger ein biographisches Erkenntnisinteresse im Vordergrund, vielmehr sollten sie sich zum Vorliegen arbeitsübergreifender Kompetenzen Älterer durch den Vergleich des Arbeitsverhaltens älterer und jüngerer Mitarbeiter äußern.

Mit Hilfe der Frage 6 wollte ich die Bedingungen zur langfristigen Integration älterer Mitarbeiter im Unternehmen ermitteln. Dabei fragte ich sowohl die älteren Mitarbeiter selbst als auch deren Vorgesetzte nach ihrer Eigeninitiative und der Unternehmensinitiative zur Gestaltung einer aktiven späten Erwerbstätigkeit, damit arbeitsübergreifende Kompetenzen Älterer überhaupt bereitgestellt und genutzt werden können.

Mit der Frage 7 wollte ich den betrieblichen Nutzen der Potenziale Älterer klären und fragte beide Samplegruppen einerseits nach spezifischen Tätigkeiten, die Ältere zur Unternehmensunterstützung ausführen können und die eher weniger dafür geeignet sind, und andererseits nach den optimalen Einsatzbereichen für Ältere bzw. den Bereichen, die für diese Zielgruppe weniger geeignet erscheinen.

Optional bat ich die Mitarbeiter zum Schluss der Befragung, unter Betrachtung der erfragten Kompetenzen, einen Rückblick über ihre Entwicklung im Berufsleben zu geben und möglichst mit einem persönlichen Fazit das Interview zu schließen.

3.4.2.2 Interviewdurchführung

In einem Intervall von jeweils drei Tagen interviewte ich die Mitarbeiter und ihre Vorgesetzten in Essen und Berlin. Dabei fanden vom 05.07.2006 bis zum 07.07. 2006 die Interviews in der TK statt und vom 26.07. bis zum 28.07.2006 in der PK. Pro Tag führte ich mit drei Personen Einzelgespräche, um möglichst persönliche Aussagen zu erhalten und die Befragten keinem Erwartungsdruck aus dem betrieblichen Umfeld auszusetzen.

Das konkrete Interview begann mit der Ermittlung soziodemographischer Daten des Samples (vgl. Tab. 5, 6 und 7). Nachfolgend stieg ich mit einer Eisbrecherfrage ins Thema ein. Indem ich allgemein fragte, wodurch sich Ältere im Berufsleben auszeichnen, wollte ich vor allem einen offenen Zugang zum

Thema ermöglichen und gleichzeitig einen persönlichen Bezug des Befragten zum Thema herstellen, wobei er frei auf sich oder andere ältere Kollegen Bezug nehmen konnte.

Alles in allem erlebte ich die Interviewpartner als sehr interessiert an dem Thema. Die meisten waren gerne bereit, über die Gestaltung ihres Berufsalltags, ihrer berufsbiographischen Entwicklung, den Zusammenhang von Arbeit und Privatleben sowie zur persönlichen Zukunft im Unternehmen Auskunft zu geben. Bemerkenswert war, dass trotz einiger Kritik gegenüber dem Arbeitsplatz oder dem Arbeitgeber die Befragten ihrer Arbeit durchgängig einen sehr hohen Stellenwert beimaßen und dieser gerne nachgingen. Insbesondere den Mitarbeitern, die zum Erhebungszeitpunkt kurz vor der Rente standen, war ihre Berufstätigkeit keineswegs gleichgültig.

Da ich die Ergänzung der bisher erhobenen Mitarbeiter- und Vorgesetztendaten um eine unternehmensweite Perspektive als sinnvoll erachtete, entschied ich mich im Verlauf der Untersuchung zusätzlich Experten zu befragen.

3.4.3 Expertenbefragung

Die Expertenbefragung wurde für bestimmte Anwendungsfelder qualitativer Forschung entwickelt. Dabei interessiert beim Befragten seine Eigenschaft als Experte für ein bestimmtes Handlungsfeld. Er wird auch nicht als Einzelfall, sondern als Repräsentant einer Gruppe mit einer spezifischen Expertise behandelt. Dies schränkt die Bandbreite der potenziell relevanten Informationen, die der Befragte liefern soll, deutlicher ein als bei anderen Interviews. Deshalb kommt dem Leitfaden hier eine noch stärkere Steuerungsfunktion im Hinblick auf den Ausschluss unergiebiger Themen zu (vgl. Flick 1999, S. 109). Ein großer Teil qualitativer Forschung fokussiert Momentaufnahmen, d.h. verschiedene Ausprägungen des Expertenwissens, das in einem Feld im Moment der Forschung existiert (vgl. Flick 2000, S. 255).

Die Intention des leitfadengestützten Interviews bestand in der Erlangung von Daten zu arbeitsübergreifenden Kompetenzen Älterer, wobei die Expertenaussagen einerseits der Ergänzung und Widerspiegelung der bereits erhobenen Mitarbeiter- und Vorgesetztenaussagen dienten und andererseits mit dessen Hilfe spezielle Themengebiete thematisiert werden sollten (vgl. Scholl 2003, S. 68).

3.4.3.1 Leitfadenkonstruktion

Die Experteninterviews dienten in erster Linie der Ergänzung und Präzisierung der bisher erhobenen Daten. Zur Befragung der Experten entwarf ich zwei Leitfäden, die sowohl die Perspektive der Personalentwicklung als auch die der Personalstrategie zu arbeitsübergreifenden Kompetenzen älterer Mitarbeiter und deren Einsatz im Unternehmen erfassen sollten. Beide Interviewleitfäden waren nahezu identisch und wiesen zudem einige Überschneidungen mit den Fragebögen für die Mitarbeiter- und Vorgesetztenbefragung auf. Diese Ähnlichkeit der Leitfäden implizierte somit sowohl eine Vergleichbarkeit zur Hauptbefragung als auch innerhalb der Expertenbefragung.

Im Vorfeld der Interviews wurden die Experten über das der Arbeit zugrunde liegende Modell arbeitsübergreifender Kompetenzen informiert. Dadurch sollte ein einheitliches Kompetenzverständnis im Rahmen der Befragung erzielt werden, da sich das Modell arbeitsübergreifender Kompetenzen (vgl. 2.3) von dem im Personalbereich gebräuchlichen Kompetenzmodell[66] in einigen Punkten unterschied.

---

66 Im Rahmen der Fach- und Führungskräfteentwicklung etablierte sich ein acht-stufiges Kompetenzmodell, das alle strategisch wichtigen Anforderungen im Konzern abbildet. Mittelfristig soll das Modell zur Repräsentation der Kompetenzanforderungen auf sämtlichen hierarchischen Stufen im Unternehmen eingesetzt werden. Das Competency Management umfasst folgende Kompetenzbereiche:

- Kundenorientierung - zeigt sich durch ein ausgeprägtes Kundenbewusstsein und die Bereitschaft, als Dienstleistender tätig zu sein.
- Strategische Orientierung - lässt sich an einer langfristig strategischen Haltung festmachen und der Fähigkeit, mit komplexen Sachverhalten umgehen zu können.
- Veränderungsmanagement - können Personen erfolgreich durchführen, wenn sie eine stetige Verbesserung des Unternehmens anstreben und fähig sind, den Nutzen von Veränderungen auch anderen zu vermitteln.
- Vorleben unserer Werte - hat etwas mit Authentizität zu tun, die Personen durch eine Übereinstimmung von Äußerungen und Handlungen im Sinne der Unternehmenswerte zeigen. Die sechs Corporate Values der Deutschen Telekom sind Steigerung des Konzernwertes, Partner für den Kunden, Innovation, Respekt, Integrität und Top Exzellenz und lassen sich der Reihe nach aus den einzelnen Buchstaben von dem unternehmensweiten Leitwort „T-SPIRIT" ableiten (vgl. Deutsche Telekom 2007).
- Mitarbeiterentwicklung - bedeutet die Kompetenz zu entwickeln, das Potenzial anderer zu erkennen und zu fördern.
- Führung im Team - umfasst eine effektive Teamleitung, -koordination und -entwicklung.
- Zusammenarbeit - bezieht sich auf die Fähigkeit zur Kooperation mit Kollegen und Partnern in allen Geschäftseinheiten.
- Führung im Team - im Unterschied zur Teamzusammensetzung als solche, ist hierbei die Fähigkeit gemeint, sich selbst im Team zur Verbesserung der Unternehmensergebnisse leiten zu lassen.

Im ersten Teil des Interviews sollten die Experten zunächst zur Entfaltung arbeitsübergreifender Kompetenzen befragt werden. Dabei erfragte ich den optimalen Zeitpunkt und Ort zur Kompetenzförderung, die Möglichkeiten und Grenzen einer innerbetrieblichen Kompetenzentwicklung sowie die bestmöglichen innerbetrieblichen Förderungsansätze. Schließlich erkundigte ich mich bei den Experten, welchen Beitrag die Personal- und welchen die Personalstrategie zur Entfaltung arbeitsübergreifender Kompetenzen leisten könne.

Der zweite Teil des Experteninterviews zielte auf die Ermittlung von Mitarbeitern- bzw. Unternehmensfaktoren, die eine längere Erwerbstätigkeit begünstigen.

Der dritte und gleichzeitig umfangreichste Teil des Interviews sollte den betrieblichen Nutzen arbeitsübergreifender Kompetenzen Älterer erfassen. Im Einzelnen fragte ich die Experten nach (weniger) geeigneten Tätigkeiten und Einsatzbereichen für ältere Mitarbeiter und Gründen für eine verminderte Einsatzfähigkeit. Zudem wollte ich ermitteln, ob und wie diesen Hinderungsgründen entgegengewirkt werden kann. Neben der Tätigkeits- und Bereichsdiskussion thematisierte ich im letzten Abschnitt den Zusammenhang von einer alternden Belegschaft und der Zukunftsfähigkeit des Unternehmens. Deshalb fragte ich, wie sich die zunehmende interne Alterung auf das Unternehmen auswirken werde und welchen Einfluss das Älterwerden auf die Innovationsfähigkeit des Unternehmens habe. Darüber hinaus bat ich die Experten aus der Personalstrategie um eine Einschätzung, inwiefern ältere Mitarbeiter zur Innovationsfähigkeit des Unternehmens beitragen können.

Trotz seiner differenzielleren Aufteilung weist dieses Kompetenzmodell einige Parallelen zum Modell arbeitsübergreifender Kompetenzen in Kap. 2.3 auf. Denn die Kompetenzbereiche, die an erster sowie fünfter bis achter Stelle genannt werden, entsprechen sozialen Kompetenzen, der als zweites aufgelistete Kompetenzbereich setzt insbesondere ein methodisches Vorgehen voraus und der dritte Bereich weist einen engen Zusammenhang zur Veränderungskompetenz auf. Da sich beide in erster Linie auf das Verständnis von der eigenen Person beziehen, existieren deutliche Überschneidungen zwischen dem an vierter Stelle beschriebenen Kompetenzbereich und der Selbstkompetenz im Modell der arbeitsübergreifenden Kompetenzen.

3.4.3.2 Interviewdurchführung

Von Ende September bis Anfang November 2006 führte ich insgesamt drei Leitfadeninterviews mit vier Experten durch. Vor Interviewbeginn stellte ich mein Forschungsvorhaben in Grundzügen dar und stellte darüber hinaus sicher, dass alle Befragten Rückbezug auf die vier operationalisierten arbeitsübergreifenden Kompetenzen nahmen.

Im ersten Interview zeigten die Interviewpartner aus der Personalentwicklung Vorbehalte gegenüber altersspezifischen Äußerungen und betonten, dass Alter eine von vielen Teamkomponenten und nicht über zu bewerten sei. Letztlich zeigten alle Befragten Interesse am Untersuchungsthema, doch während die Experten aus der Personalstrategie eher altersspezifische Ansätze im Umgang mit einer alternden Gesellschaft als erfolgsversprechend ansahen, hielten die Gesprächspartner aus der Personalentwicklung einen eher individualistischen Ansatz für zukunftsrelevant.

Bevor jedoch die Analyse der Interviews erfolgen konnte, mussten diese zunächst aufbereitet werden.

3.5 Datenbearbeitung

Im letzten Kapitel beschreibe ich die methodischen Schritte zur Aufbereitung und Auswertung der erhobenen Daten.

3.5.1 Transkription

Um die erhobenen Daten überhaupt auswerten zu können, wurden diese zunächst vollständig verschriftlicht (vgl. Flick 1999, S. 192). Durch eine lückenlose Transkription des empirischen Materials sollte der Einbezug sämtlicher Daten sichergestellt und gleichzeitig die Grundlage für eine ausführliche Interpretation geschaffen werden (vgl. Wiesinger 2007, S. 17). Das Transkriptionssystem orientierte sich dabei an der Angemessenheit der Daten. Daher erfolgte die Transkription so umfangreich und so präzise, wie es die Forschungsfrage erforderte (vgl. Strauss 1991, S. 79f.; Flick 1999, S. 193).

Ich transkribierte die Interviews nach den in der Sozialforschung gängigen Regeln (vgl. u.a. Hoffmann-Riem 1998, S. 331; Linden 2007, S. 1). Beim Transkribieren fanden eine Korrektur grober grammatikalischer Fehler und eine Bereinigung dialektaler Verfärbungen („Ruhrpott-Dialekt“ und „Berliner Dialekt“) statt. Lautmalende Worte wie „ähm“ oder „hm“ wurden allerdings beibehalten, um längeres Nachdenken oder Zustimmen zu kennzeichnen und somit die Transkription möglichst authentisch zu halten.

Letztlich stellt die Datentranskription die notwendige Voraussetzung zur qualitativen Inhaltsanalyse dar, die als systematisch intersubjektive Textanalysemethode der Interpretationsbedürftigkeit und Bedeutungsfülle des vorliegen empirischen Materials am ehesten entsprach.

3.5.2 Inhaltsanalytische Auswertung

In der qualitativen Forschung steht das induktive Vorgehen im Zentrum des Forscherbestrebens (vgl. Mayring 2007, S. 12; Wiesinger 2007, S. 21). Beim Interviewen beeinflusst das Vorwissen die Wahrnehmung und Handlung des Fragenden. Dessen war ich mir bewusst und versuchte, weitgehend unbeeinflusst durch vorab formulierte Untersuchungsmerkmale, das Interview an den Aussagen des jeweiligen Befragten auszurichten. Dadurch wollte ich eine möglichst genaue Passung zwischen Kategorien und Deutungsmustern der von mir interviewten Personen erreichen (vgl. Meinefeld 2000, S. 266), denn empirische Aussagekraft liegt nur dann vor, „wenn der Forscher seine Kategorien aus den Daten selbst gewinnt“ (Meinefeld 2000, S. 268). Im Rahmen der inhaltsanalytischen Auswertung sprechen Kelle und Kluge in diesem Zusammenhang von einer schrittweisen Rekonstruktion der untersuchten sozialen Lebenswelt (vgl. Kelle/ Kluge 1999, S. 15).

Die bedeutsamste Stellung im Zuge der Strukturierung und des Verstehens des Forschungsgegenstands nimmt die Kodierung ein, womit die Zuteilung von empirischem Material zu den einzelnen Kategorien gemeint ist. Zur Codierung und Verwaltung der Codes setzte ich das Computerprogramm MAXqda2 ein, wobei ich durch intensives Lesen und Vergleichen der Daten im Hinblick auf die Forschungsfrage die vorliegenden transkribierten Aussagen kategorisch aufarbeitete und mögliche Kategorien identifizierte (vgl. Lamnek 1993, S. 165).

Kategorisierung bedeutet in der vorliegenden Arbeit „die Zusammenfassung von solchen Begriffen zu Oberbegriffen und die Herausarbeitung von Beziehungen zwischen Begriffen und Oberbegriffen“ (Flick 1999, S. 197). Dabei beginnt der Prozess der Kategorisierung ausgehend von der Forschungsfrage mit der kleinschrittigen Analyse des Datenmaterials. Dafür entwarf ich erste Kategoriendefinitionen und setzte das Abstraktionsniveau fest. Im Anschluss daran bildete ich induktiv Kategorien, indem ich entsprechend der aus dem Material erstellten Kategoriendefinitionen Selektionskriterien festlegte und zur Definition passende Textstellen ausfindig machte (vgl. Mayring 2007, S. 22). Erfüllte die neue Textstelle die allgemeine Kategoriendefinition, aber passte nicht in das bereits induktiv gebildete Kategoriensystem, formulierte ich eine neue Subkategorie (vgl. Wiesinger 2007, S. 21).

Eine wesentliche Rolle bei der Auswahlentscheidung spielt die Vergleichsgruppenbildung (vgl. Flick 2000, S. 262). Um arbeitsübergreifende Kompetenzen älterer Arbeitnehmer aus unterschiedlichen Blickwinkeln zu betrachten bzw. eine Widerspiegelung der Aussagen zu erhalten, setzte ich folgende fünf Vergleichsebenen ein:

- Kohortenvergleich: Älterer Mitarbeiter vergleicht sich mit jüngerem/n
- Mitarbeitervergleich: Vorgesetzter vergleicht ältere/n mit jüngeren/m Mitarbeitern
- Selbst-Vergleich: Älterer vergleicht sich mit sich selbst zu Beginn seines Berufslebens
- Vorgesetztenvergleich: Älterer Vorgesetzter vergleicht sich mit älteren Mitarbeitern
- Expertenvergleich: Mitarbeiter- und Vorgesetztenaussagen werden mit Expertenaussagen verglichen

Im Anschluss überprüfte ich mein eruiertes Kategoriensystem an der restlichen Hälfte des Interviewmaterials und präzisierte es weiterhin, um möglichst alle für die Beantwortung der Forschungsfrage relevanten Aspekte aufzuführen. Trotz allen Bemühungen bleibt letztlich zu bedenken: „Die qualitative Induktion ist kein gültiger, sondern nur ein wahrscheinlicher Schluss“ (Reichertz 2000, S. 280).

Im nun folgenden Teil der Arbeit möchte ich die arbeitsübergreifenden Kompetenzen älterer Arbeitnehmer darstellen.

Ausgehend von denen im Rahmen der Forschungsfrage formulierten Untersuchungsfragen „Was sind arbeitsübergreifende Kompetenzen?" und „Wie entwickeln sie sich?" (vgl. Kap. 1) habe ich sechs empirisch gehaltvolle Kategorien erarbeiten können.

Auf Basis der schrittweise am Material entwickelten Kategoriensystemen (vgl. Mayring 2002, S. 114) konnten folgende arbeitsübergreifende Kompetenzen herausgearbeitet werden:

- *Informationshandhabung* – entspricht der methodischen Kompetenzdimension
- *Kundenbetreuung* – bezieht sich auf die soziale Kompetenzdimension
- *Kollegialität* – bezieht sich auch auf die soziale Kompetenzdimension
- *Vorgesetztenbindung* – bezieht sich ebenfalls auf die soziale Kompetenzdimension
- *Wohlbefinden* – entspricht der gesundheitsbezogenen Kompetenzdimension
- *Individuelles Veränderungsmanagement* – entspricht der veränderungs- und selbstbezogenen Kompetenzdimension

Diese Kompetenzen haben sich die älteren Mitarbeiter im Laufe ihrer Erwerbsbiographie angeeignet und setzen sie bei ihrer täglichen Arbeit ein.

4 Arbeitsübergreifende Kompetenzen

4.1 Informationshandhabung

Wir leben im Informationszeitalter. Informationen stellen einen wesentlichen Bestandteil des gesellschaftlichen und wirtschaftlichen Zusammenlebens dar. Die Menge der einströmenden Informationen wächst stetig, gleichermaßen veraltet sie aber auch wieder zügig (vgl. Kleibel 2006, S. 36).

Der Begriff „Information" stammt von dem lateinischen Wort „informatio", welches als Deutung oder Erläuterung übersetzt werden kann. Umgangssprachlich wird Information oft im Sinne von Wissen über Vorgänge oder Sachverhalte gebraucht.

Information und Wissen werden nicht nur im beruflichen Kontext häufig in einem Atemzug genannt. Daher möchte ich im Folgenden auf die Beziehung der beiden Termini näher eingehen.

Nach Mayer und Lehner zeigt sich die Beziehung der beiden Begriffe darin, dass Wissen die Grundlage für Informationsgenerierung bildet, denn das vorhandene Wissen einer Person beeinflusst deren Wahrnehmung. Informationen können vorhandenes Wissen anreichern und Wissen entscheidet, ob und wie Informationen verwendet werden (vgl. Mayer/Lehner 1995, S. 271).

Lueg zufolge ist Wissen im Unterschied zu Informationen handlungsabhängig, denn

> „Wissen ist im Gegensatz zu Information etwas, das interpretiert und im Kontext der Situation, in der Handlung stattfindet oder in der Informationen aufgenommen werden sollen, angewendet werden muss" (Lueg 2002, S. 4).

Auch Meyer verwendet die beiden Termini nicht ex aequo. Beim Informationsprozess fügen sich neue Informationen in bereits präsentes Wissen ein. Der Informationsprozess ist demnach ein Vorgang,

> „wodurch erst wieder Wissen wird. Wissen setzt also vorhandenes Wissen voraus, Wissen entsteht in und aus der Interpretation von Information im Handlungskontext“ (Meyer 2004, S. 6).

Die obige Diskussion um Unterschiede und Zusammenhänge der Begriffe „Information“ und „Wissen“ zeigt, dass diese beiden eng miteinander verwoben sind.

Obwohl Information und Wissen sich gegenseitig bedingen und im täglichen Sprachgebrauch oftmals sogar parallel verwendet werden, lege ich im Folgenden meinen Fokus auf den Informationsbegriff, da ich diesen für geeigneter zur Beschreibung des Umgangs von älteren Mitarbeitern mit berufsbezogenen Neuigkeiten halte. Dabei beziehe ich mich auf die Definition von Schütte:

> „Information ist eine Teilmenge von Wissen (…) Informationen werden zur Aktualisierung von Wissen verwendet“ (Schütte 2003, S. 16).

Demnach zeichnen sich Informationen im Gegensatz zu vorhandenem Wissen durch ihren Neuigkeitscharakter aus, denn Informationen liefern neue Einflüsse, die eine Veränderung der gegebenen Wissensbestände erst ermöglichen. Informationen und Wissen sind untrennbar miteinander verbunden, da Informationen sowohl auf bestehendes Wissen zurückgreifen als auch in der Lage sind, Wissen zu modifizieren (vgl. Maier/Lehner 1995, S. 265; Schütte 2003, S. 28).

Des Weiteren stellt Information Wissen dar, das in einer übertragbaren Form vorliegt. Somit ist die Übertragbarkeit ein typisches Charakteristikum von Information, denn „Information ist nicht trennbar von ihrem Transport“ zu verstehen (Krup-Ebert 1990, S. 212).

Insbesondere im wirtschaftlichen Kontext spielen Informationen eine tragende Rolle:

> „Der schnelle und umfassende Zugriff auf benötigte Informationen ist in Unternehmen eine maßgebliche Voraussetzung für die Wettbewerbsfähigkeit“ (Michelson 2002, S. 201).

Informationen befähigen das Unternehmen erst zu Planungs-, Entscheidungs- und Ausführungsprozessen. Dadurch tragen sie maßgeblich zur Aufgabenerfüllung und Vermarktung in allen betrieblichen Bereichen bei. Doch durch ihre Beschaffung, Verarbeitung, Speicherung und Verteilung erzeugen sie auch Kosten für das Unternehmen. Daher bilden Informationen im unternehmerischen Kontext einen kostbaren Produktions-, Wertschöpfungs- und Wettbewerbsfaktor, mit dem der Arbeitnehmer planvoll umgehen sollte. Letztendlich ist die Handlungsrelevanz von Informationen danach zu werten, welchen Beitrag sie zum Erkenntnisprozess, zur Problemlösung oder zur Entscheidungsunterstützung liefern kann (vgl. Michelson 2002, S. 202).

Entgegen einer punktuellen Aneignung von Fachinformationen, die aufgrund des rasant zunehmenden Volumens und der kurzen Haltbarkeit neuer Informationen sehr begrenzt ist, wird es im Beruf immer bedeutungsstärker Informationen über Informationen zu besitzen. Die schnell wachsende Menge und die verkürzte Haltbarkeitsdauer von relevanten Informationen weisen die reine Aneignung von Fachinformationen unverzüglich in ihre Schranken. Daher ist die Aneignung über Informationen und die Fähigkeit, diese kompetent zu handhaben so bedeutsam wie nie zuvor (vgl. Hedtke 1997, S. 7).

Bereits 1974 widmete sich Mertens dem kompetenten Umgang mit Informationen und publizierte seine Thesen zu Schlüsselqualifikationen. Sein besonderes Interesse galt der Informationskompetenz. Er bezeichnete sie als „die zentrale Querschnittsqualifikation für Berufsarbeit“ (Mertens 1974, S. 41). Informiertheit über Informationen ist nach Mertens eine Horizontqualifikation. Horizontqualifikationen sollen sicherstellen, dass der Einzelne auf gesellschaftliches Informationsgut zugreifen und dieses auch nutzen kann. Diese Horizont erweiternde Qualifikation ermöglicht es dem Individuum sich sowohl generell Wissensbeständen zu bedienen als auch bei Ad-hoc-Problemen mit abrufbarem, eventuell an einem anderen Ort gespeichertem, Wissen schnell und angemessen zu reagieren. Wer über diese Horizontqualifikation verfügt, der greift weniger auf eine Menge von abgespeichertem Spezialwissen zurück, sondern beruft sich stattdessen eher auf Zugriffswissen. Indem eine Person weiß, woher sie ihre Informationen beziehen kann, zeigt sie sich geistig mobiler (vgl. Mertens 1974, S. 41f.).

Derzeit bezeichnet auch der Begriff „Informationskompetenz“ (engl. Information Literacy) eine Schlüsselqualifikation zur Bewältigung von Problemen innerhalb unserer schnelllebigen Gesellschaft. Sie beinhaltet ein Konglomerat von Fähigkeiten zum kompetenten, effizienten und verantwortungsvollen Umgang mit Informationen. Sie gehört zu den Soft Skills und befähigt einerseits zum Aufdecken eines Informationsbedarfs, dem Ausfindigmachen von Informationen, und andererseits ihrer zielgenauen Auswahl durch Analyse und Bewertung. In erster Linie bezieht sich Informationskompetenz auf den kompetenten Umgang mit dem bibliothekarischen Informationsangebot, wozu neben herkömmlichen Medien wie Büchern und Katalogen auch zunehmend Online-Präsenzen wie E-Journals und E-Books gehören. Da es sich bei der Informationskompetenz weniger um die effiziente Nutzung von Informationen im Sinne eines individuellen Wissensmanagement bzw. einer Anwendung von Gelerntem handelt, soll stattdessen zur Beschreibung des kompetenten Umgangs der älteren Arbeitnehmer mit neuen beruflichen Informationen der Begriff der Informationshandhabung eingeführt werden.

Unter „Informationshandhabung" verstehe ich zunächst die Informationsgewinnung, welche das methodische Vorgehen beim Erlangen von Informationen meint. Darüber hinaus gehört auch zum Handhaben von Informationen die Informationsverarbeitung, wobei der Arbeitnehmer die gewonnen Informationen zunächst für sich verarbeitet. Eine wesentliche Voraussetzung um Informationen hand zu haben, stellt die Informationsbereitstellung durch den Informationsträger dar. Weiterhin gehört zur Informationshandhabung die Informationsimplementierung in den Arbeitsalltag. Zudem beschreibt die Informationskomplexität die Veränderung der Informationsmenge und -inhalte im Berufsleben der Mitarbeiter. Schließlich umfasst die Informationshandhabung auch die Optimierung des Informationsflusses. Gerade für ältere Arbeitnehmer, deren letzter formaler Bildungsabschluss oftmals schon Jahrzehnte zurückliegt, ist die Aneignung von Informationen über aktuelle berufsrelevante Sachverhalte und Vorgänge bei der Bewältigung des schnelllebigen Arbeitsalltags unabdingbar.

4.1.1 Informationsgewinnung

Die Informationsgewinnung ist ein wichtiger Teilaspekt zur Handhabung von Informationen. Hierbei steht das methodische Vorgehen zur Erlangung von neuem arbeitsrelevantem Wissen im Vordergrund. Die befragten Arbeitnehmer beschreiben, wie sie ihre beruflichen Kenntnisse erweitern bzw. wie sie sich Informationen beschaffen, um ihren Arbeitsalltag erfolgreich zu bestreiten.

Als eine Möglichkeit, sein Wissen und seine Kenntnisse bei der Arbeit zu aktualisieren, greift ein Mitarbeiter auf kollegiale Unterstützung zurück. Indem er anhand von einzelnen Arbeitsabläufen seinen Kollegen nachahmte, eignete er sich erfolgreich neue Kenntnisse an. Dabei demonstrierte der Kollege den Arbeitsvorgang und der Befragte führte ihn anschließend selbstständig aus:

> „(…) nur durch Zeigen. Er hat mir gezeigt, die einzelnen Schritte, wie man das macht gezeigt, und die habe ich dann nachher selbst gemacht und komme jetzt auch mit klar." (MA1, 54)

Durch kollegiale Unterstützung umfassende arbeitsrelevante Informationen zu gewinnen, galt auch früher schon als bewährte Methode. Insbesondere bei der Einführung in die berufsbezogenen Sitten und Gebräuche, wurde diese Methode der Informationsgewinnung eingesetzt.

> „Und das ist meistens dann so der Weg, den man immer schon so gemacht hat (...). Den man mal irgendwann mal dann so mit den Kollegen zusammen gelernt hat, (...) das allgemeine Benehmen bei dem Kunden sowie die Technik und die Vorgehensweise gelernt hat." (MA6, 90)

Die Call Center Agentin nennt den Kontakt zu ihrem Vorgesetzten als Möglichkeit der Informationsgewinnung. Einerseits eignet sie sich die Informationen durch den Dialog mit ihrem Vorgesetzten an, andererseits gemeinsam mit den anderen Kollegen bei Teambesprechungen. Letzteres ist für sie eine häufiger praktizierte Form der Informationsgewinnung.

> „(...) entweder wir besprechen das unter vier Augen, also, dass man das so zwischenzeitlich am Arbeitsplatz mitgeteilt bekommt oder alle bekommen es eben in der Teambesprechung mitgeteilt, und das ist eigentlich häufiger." (MA12, 61)

Eine andere Befragte aus der Servicetechnik beschreibt einen berufsbezogenen Wandel der Informationsgewinnung, den sie in erster Linie der Einführung von Inter- und Intranet zuschreibt. Heute kann sie über diese Medien selbstständig Informationen beziehen, während sie sich früher ihre benötigten Informationen bei anderen erfragen musste und dabei in einem Abhängigkeitsverhältnis stand.

> „Ja, also geändert hat sich schon was. (...) Durch die Medien eben. (...) Klar, man kann, man kann selbst suchen. Das konnte man früher nicht, da musste man immer sagen: (...) kannst Du nicht mal die Informationen besorgen?" (MA2, 167)

Die Call Center Mitarbeiterin nennt eine weitere Form der Informationsgewinnung. Sie eignet sich berufsbezogene Informationen dadurch an, dass sie Neues über Erzeugnisse und Dienstleistungen filtert und sich dazu wichtige Informationen auf Papier notiert. Auf diese kann sie beim Telefonat mit dem Kunden direkt zugreifen.

> „Tja, ich hänge da noch so ein bisschen am guten alten Papier. Ich schreibe halt immer noch so ein paar Stichpunkte zu Produkten oder Tarifen oder so auf, dann muss ich nicht groß suchen und weiß, wo das ist." (MA12, 79)

Da sie am Arbeitsplatz zu sehr beschäftigt ist, nimmt die Befragte ausgewählte Informationen nach Feierabend mit nach Hause.

> „(...) wenn ganz neue Produkte auf den Markt kommen, nehme ich mir [diese, Anm. M. J.-T.] mit nach Hause, um mir das dann also mal eingehend durchzulesen. Und diese Zeit finde ich hier am Arbeitsplatz leider nicht." (MA7, 124)

Als weitere Möglichkeit der Informationsgewinnung benennt ein Mitarbeiter Tagesschulungen. Daran anschließenden Transformationsschwierigkeiten von der Theorie in die Praxis wirkt er entgegen, indem er einen computerversierten jüngeren Mitarbeiter um Hilfe bittet. Generell beschreibt er einen für beide Seiten üblichen Informationstausch; die jüngeren Kollegen, die sich eher mit EDV-Systemen auskennen, gewinnen auf Erfahrung basierende Informationen durch den Austausch mit Älteren und andersherum.

> „Man hatte wohl ein Kursus gemacht. (...) dann hat man das so einen Tag geübt und dann kommen ja die Schwierigkeiten, die kommen ja erst mit der Zeit. (...) und da wurde man so ein bisschen allein gelassen und dann hatte man die Jüngeren schon mal befragt (...): Hör mal, wie geht das? Und dann hat der uns [Älteren, Anm. M.J.-T.] das gezeigt, der jüngere Kollege." (MA3, 137-139)

> „Ja, und umgekehrt ist das ja genauso. Wenn wir draußen arbeiten, dann rufen die [Jüngeren, Anm. M. J.-T.] ja genauso an und sagen: Hör mal, zeig mir mal, zeig mal, wo die Verteilungen sind. So ergänzt man sich dann." (MA3, 141)

Intergenerationalen Austausch im Hinblick auf den Prozess der Informationsgewinnung gab es auch schon in früheren Berufsjahren. Damals fand eine bewusst initiierte Informationsweitergabe von den Jüngeren, die eher über aktuelles Wissen verfügten, an die Älteren mit ihrem Erfahrungswissen statt und umgekehrt.

> „(...) dann waren eben halt die Kollegen, die sich mit der älteren Technik auskannten, die kriegten dann jemand von den Jüngeren dabei (...) und umgekehrt die jungen Kollegen, die sich da mit dem Programmiertechnischen auskannten, (...) die kriegten dann eben den Handwerker mit dabei (...)." (MA6,147)

Bei der Informationsgewinnung ist es für den älteren Mitarbeiter wichtig, dass er die neuen Inhalte vollständig versteht. Dass Informationsgewinnung einen Sinn verfolgen und nicht ohne Angabe von Gründen angeordnet werden sollte, bestätigt ebenso ein weiterer erfahrener Call Center Agent.

> „Natürlich, ich muss es nachvollziehen können, (...) warum ich es machen soll (...). So stupide, von wegen: Du machst das jetzt so, so ist das, da habe ich dann so meine Probleme mit." (MA8, 384-386)

Schließlich erwähnt eine Mitarbeiterin, dass eher Informationen aneignet werden, wenn auch die Lust darauf vorhanden ist.

> „(...) man hört ja dann eher hin, wenn einen das interessiert." (MA2, 179).

Während bei der Informationsgewinnung die Methode, wie sich der ältere Mitarbeiter neue Kenntnisse aneignet und wo er dabei seine Präferenzen setzt, im Vordergrund steht, beziehen sich die Aussagen im nächsten Teil auf den darauf folgenden Umgang mit den gewonnenen Informationen.

4.1.2 Informationsverarbeitung

Eine weitere Dimension der Informationshandhabung stellt die Informationsverarbeitung dar. Im Arbeitsalltag haben die Mitarbeiter verschiedene Ansätze der Verarbeitung von Informationen entwickelt, die im Folgenden aufgeführt werden sollen.

Zunächst verweist ein Mitarbeiter darauf, dass er die erworbenen Informationen zweckmäßig selektiert und archiviert, um später darauf zurückzugreifen zu können.

> „Es sind ja oft Sachen dabei, die kann ich überhaupt nicht brauchen (...). Aber Sachen, die mich betreffen, natürlich. Und die packe ich sozusagen in mein Täschchen und dann werden die auch, wenn es nötig ist, wieder ausgepackt." (MA5, 125)

Weiterführend beschreibt eine Mitarbeiterin dieses Vorgehen, wobei sie nicht unmittelbar relevante Informationen mit Hilfe ihres Computers archiviert.

> „(...) wenn man das nicht sofort gebrauchen kann, dann speichert man das ab unter einem bestimmten Ordner." (MA2, 185)

Im Hinblick auf den Vergleich von Älteren und Jüngeren bei der Informationsverarbeitung gibt eine Vorgesetzte an, dass die kognitiven Voraussetzungen, um Informationen verarbeiten zu können, weniger alters- und vielmehr intelligenzdeterminiert sind. Denn nicht die Qualität des Verarbeitungsprozesses, sondern nur die Quantität ist altersabhängig.

> „(...) da ist eine Grenze gesetzt zum Verstehen, die gibt es bei Jungen und bei Alten. Das wird aber, wenn man als junger Mensch schon aufnahmefähig war, dann ist man es im Alter auch, nur etwas langsamer." (VO6, 192)

Grundlegend bei der Informationshandhabung ist neben der Verarbeitung der Informationen sicherlich der Informationsträger. Der Informationsträger stellt die benötigten Informationen zur Verfügung, damit der Arbeitnehmer sie benutzen kann.

4.1.3 Informationsträger

Im Rahmen der Interviews benennen die befragten Mitarbeiter sowohl klassische und analoge als auch elektronische Informationsträger. Zu den klassischen Informationsträgern gehören altbewährte Medien wie Bücher oder Zeitschriften. Analoge Träger von Informationen sind vor allem Personen. In erster Linie gehört der Vorgesetzte dazu, aber auch Kollegen können Lieferanten wichtiger berufsrelevanter Informationen sein. Während der Vorgesetzte vorwiegend Informationen offiziellerer Art an seine Mitarbeiter weitergibt, spielt der Kollege eher die Rolle des inoffiziellen Informationslieferanten, der auch informelle Informationen aus Gesprächen mit anderen Mitarbeitern weiterleitet. Elektronische Informationsträger im Unternehmen sind Internet, Intranet und MS Outlook, worüber jeder Mitarbeiter sowohl konzernallgemeine als auch bereichsspezifische Informationen in Form von Newslettern und E-Mails erhält.

Zu Beginn ihrer Berufstätigkeit bezog eine Befragte ihre berufsrelevanten Informationen, die ihr bei der Problemlösung halfen, von klassischen Informationsträgern.

> „(...) man hat auch schon mal, wenn man mal, bei Dingen, wie funktioniert die und die Maschine z.B., nicht weiterkam, ein Buch aus der Ausbildung in die Hand genommen und nachgelesen, das funktionierte ja dann auch." (MA12, 103)

Ein wichtiger analoger Informationsträger ist auch heute noch der Vorgesetzte, dem auch eine gewisse Verantwortung für das Weiterreichen von aktuellen Informationen an seine Mitarbeiter zuteil wird.

> „(...) dem Teamleiter oder der Teamleiterin, die sind ja dafür zuständig neue Infos an uns weiterzuleiten." (MA12, 61)

Auch in früheren Berufsjahren galt der Vorgesetzte als wesentlicher Informationsträger. Während damals der Informationsträger beim Arbeiten aktuelle Informationen weiter gab, weist er heute auf elektronische Informationsträger hin. Diese Entwicklung bewertet der Befragte negativ.

„(...) da ist morgens noch der Chef rein gekommen und hat eben so die neuesten Sachen erzählt. (...) da war der Chef eigentlich noch jeden Tag präsent (...).“ (MA3, 292)

„(...) unser Chef gibt eine SMS auf das Handy und sagt dann: (...) Die Nachricht ist in Outlook. Guckt mal nach. (...) Sehr unpersönlich, oder?“ (MA3, 306; 312)

Insbesondere Kollegen, die eine Spezialistenrolle im Hinblick auf ein bestimmtes Aufgabengebiet übernommen haben, gelten als wichtige analoge Informationsträger. Diese versorgen die anderen Teammitglieder mit den zuvor selektierten wesentlichen Informationen zu ihrem Spezialgebiet.

„(...) bei uns haben wir Kollegen, die so für bestimmte Sachen verantwortlich sind, einer ein DSL-Coach (...). Der liest die Sachen durch (...). Und wenn dann von dem Mitarbeiter was kommt, dann wissen wir: Oha, das ist irgendwas, was wir wissen sollten.“ (MA11, 466)

Des Weiteren zählen zu den analogen Informationslieferanten nicht nur Personen, sondern auch Weiterbildungsveranstaltungen. Diese Weiterbildungsangebote stehen insbesondere den älteren Mitarbeitern im Bereich der Servicetechnik zur Verfügung. Inhaltlich sollen dabei neben grundlegenden Informationen auch weiterführende Informationen zu Software-Programmen sowie dem beruflichen Tätigkeitsfeld vermittelt werden.

„Wir haben Seminare (...). Die ganz vorne anfangen, also, die gibt es, und dann gibt es natürlich entsprechende Seminare zur Word, Excel, also Office-Programme, dann gibt es Seminare halt zu speziellen Themen, die die Telekom beim Kunden einbaut: Telefonanlagen, verschiedene Telefone, Router-Technik (...) Seminare laufen zur Voice over IP.“ (VO2, 97; 101)

Heute dienen als stetige elektronische Informationslieferanten für aktuelle arbeitsrelevante Informationen E-Mails und das Intranet.

„(...) wir bekommen ja auch alle möglichen Informationen zu neuen Produkten, Tarifen und solchen Dingen im Intranet.“ (MA12, 65)

„Aus Mails, aus Outlook (...).“ (MA2, 133)

Der Vorgesetzte betont, dass sich Ältere beim Umgang mit dem Computer schwerer tun als Jüngere. Zwar dient der Computer Älteren auch als wichtiger Informationsträger, jedoch gehen sie deutlich bedachter damit um.

„Und ein Jüngerer, der geht vielleicht ein bisschen zügiger an die Geschichte ran, macht vielleicht auch mal Fehler (...) und Ältere brauchen halt ein bisschen mehr Zeit und dann machen sie es genauso gut wie ein Junger. (...) Vielleicht sogar noch besser, weil sie das gewissenhafter gemacht haben am Anfang.“ (VO4, 259- 261)

Der Informationsträger ist sicherlich ein ganz wichtiger Aspekt der Informationshandhabung, aber ob, wie und wo der Mitarbeiter Informationen im Arbeitsalltag einbringt, stellt für das Unternehmen einen weiteren erfolgskritischen Faktor im Prozess der Informationshandhabung dar.

4.1.4 Informationsimplementierung

Bei der Informationsimplementierung nutzt der Arbeitnehmer die zuvor angeeigneten Informationen zur Bewältigung seiner Arbeitsaufgaben und bringt diese in einer bestimmter Art und Weise in den Arbeitsprozess ein. Einerseits setzt der Mitarbeiter die Informationen innerhalb des Unternehmens oder andererseits im Auftrag des Unternehmens außerhalb ein.

Demzufolge unterscheide ich im Folgenden zwischen konzerninterner Informationsimplementierung, wobei der ältere Mitarbeiter sein Wissen mit Kollegen austauscht oder zur Bewältigung konzerninterner Betriebsabläufe einsetzt, und konzernexterner Informationsimplementierung. Hierbei nutzt der erfahrene Arbeitnehmer seine Kenntnisse beim Umgang mit dem Kunden.

Indem er die neuen Informationen benutzt und in seinen Arbeitsablauf integriert, überwindet der Mitarbeiter aus der Servicetechnik seine anfängliche Furcht vor dem Umgang mit der neuen Software.

> „Und dann auf einmal, wenn ich da [mit dem neuen Computerprogramm, Anm. M. J.-T.], ich sage mal, wenn ich da eine Woche mit gearbeitet habe, dann sage ich auch: Oh Mann, das ist doch so einfach. Warum hast Du denn so einen Bammel davor gehabt?“ (MA1, 32)

Im Vergleich zur heutigen Situation schildert die Befragte, dass sie die Informationen, die sie sich in der Lehrzeit angeeignet hat, damals nur begrenzt im Berufsleben nutzen konnte.

> „Man kam nach der Schule in die Ausbildung, lernte den Stoff und konnte den ein bisschen in der Praxis anwenden (...).“ (MA12, 93)

Als Beispiel zur externen Informationsimplementierung nennt die Call Center Agentin die tägliche Endgegennahme von Kundenbestellungen und –beschwerden. Die externe Informationsimplementierung ist in diesem Bereich eine wichtige Voraussetzung für das Gelingen der Arbeit. Eine erfahrene Mitarbeiterin schildert, dass sie sich bemüht, das Gelernte im Gespräch mit dem Kunden auch einzubringen. Die Informationsimplementierung ist ihr wichtig, um die Qualität ihrer Arbeit zu erhalten und den Kunden zufrieden zustellen.

> „(…) wenn dann doch jemand anruft und nach einem speziellen Produkt fragt, dann probiere ich es ihm doch auch zu erklären und (…) dabei brauche ich die Informationen.“ (MA12, 75)

Dass Informationen im Laufe der Berufsbiographie immer komplexer wurden, spiegeln die Mitarbeiteraussagen im folgenden Kapitel wider.

4.1.5 Informationskomplexität

Die Informationskomplexität betrifft in erster Linie die Informationsinhalte und das Informationsvolumen. Die älteren Arbeitnehmer schildern eine merkliche Veränderung der beiden Komponenten, da sich die Informationsinhalte im Laufe ihrer Berufsbiografie stark veränderten und die Menge der einströmenden Informationen deutlich zunahm. Viele empfinden diese zum Teil drastischen Veränderungen als unangenehm und belastend. In der Literatur ist dieses Phänomen auch als „Informationsflut“ (Heinisch 2002, S. 340) beschrieben.

So schildert ein Mitarbeiter, dass sich sowohl die Informationsmenge als auch die -inhalte im Laufe seines Arbeitslebens stark gewandelt haben. Er legt dar, dass es im Gegensatz zu heute in früherer Berufszeit wenige neue Informationen gab. Zudem sind auch die technischen Anforderungen wesentlich komplexer geworden. Heute fordert die Telefon- und Nachrichtentechnik mehr Einsatz. Auf die Frage, ob sich die beruflichen Informationen im Laufe seiner Tätigkeit bei der Deutschen Telekom geändert haben, antwortet der Arbeitnehmer:

> „Hat sich alles geändert. (…) am Anfang, da gab es gar nicht viel groß Neues, wenn dann, da kamen mal höchstens neue Telefonapparate raus. (…) Und dann ging alles erst mal so bis die neuen Techniken kamen, mit PCs jetzt oder Apparaten, wo man was einprogrammieren muss oder kann, da fing das alles an.“ (MA1, 65-69)

Dass Mitarbeiter heutzutage durch die modernen Medien mit sehr vielen internen Informationen konfrontiert werden, erörtert eine Vorgesetzte aus dem Call Center.

> „Also, da ist auch echt ein Mangel, teilweise gucken sie halt nicht mehr so, so intensiv nach (…). Die [Informations-, Anm. M. J.-T.] Flut ist zu groß. (…) wenn die da am Tag 20, 30 Mails bekommen (…).“ (VO6, 248)

Die vorherigen Befragtenaussagen belegen, dass ältere Mitarbeiter im Laufe ihrer Berufszeit mit immer mehr und immer anderen Informationen konfrontiert wurden. Daher ist es sehr interessant zu erfahren, wie der Arbeitnehmer diesen Informationswandel bewältigt hat.

Im Folgenden schildert eine Erwerbstätige, dass sie einen gewissen zeitlichen Rahmen im Umgang mit den steigenden Anforderungen benötigte. Außerdem bemühte sie sich um eine entspannte Haltung gegenüber der Herausforderung. Ganz positiv bei der Bewältigung der zunehmenden Informationskomplexität bewertet sie die Unterstützung durch andere.

> „(…) das kommt erst mal so mit der Zeit. Man wächst ja auch mit den Ansprüchen (…). Ich habe einfach immer probiert ruhig zu bleiben, bloß nicht austicken, das bringt ja eh nichts. Für mich war es immer wichtig zu wissen: Bevor es in die Hose geht, kannst Du den oder den fragen." (MA12, 113)

Neben der Informationskomplexität ist die Verbesserung des Informationsflusses ein bedeutsamer Aspekt der Informationshandhabung, der aus dem reflektierten Umgang mit Informationen hervorgeht.

4.1.6 Optimierung des Informationsflusses

Mitarbeiter, die jahrelang im Unternehmen sind und einige Veränderungen miterlebt haben, erkennen Schwachstellen bei der Informationshandhabung und zeigen diverse Möglichkeiten für das Unternehmen auf, den Informationsfluss optimaler zu gestalten. Zur Informationsoptimierung gehören die Aufdeckung bzw. Beschreibung der Defizite bei der Informationshandhabung und gegebenenfalls das Aufzeigen von Verbesserungsmöglichkeiten.

Insbesondere erleichtert eine effizientere Struktur der E-Mails die Kommunikation mit Kunden. Statt eine Fülle von Informationen aufzuführen, schlägt die Befragte vor, E-Mails auf die für den Arbeitsablauf erforderlichen Informationen zu beschränken.

> „Ich wünsche mir da eher mal, dass da die wesentlichen Stichpunkte, also das Wesentliche, was man auch wirklich beim Kunden braucht, drin steht. Damit könnte ich was anfangen (…)." (MA12, 65)

Weiterhin präzisiert sie ihre Angaben zur Informationsoptimierung, indem sie eine für das Arbeiten dienlichere Struktur von Informationen in einer E-Mail vorschlägt.

> „Das wäre doch viel besser, wenn man vielleicht erst mal die wichtigsten Sachen zu einem neuen Produkt oben auf dem Blatt stehen hätte, und vielleicht unten dann noch mal mehr oder genauere Angaben dazu, das würde schon beim Orientieren ganz schön helfen." (MA12, 71)

Eine andere Beschäftigte spricht ein weiteres Informationsdefizit an. Sie berichtet, dass ihr Arbeitsablauf im Außendienst terminlich zu eng gestaffelt ist. Dadurch besitzt sie nicht genügend Freiraum, um sich Neuigkeiten aus dem Intra- oder Internet anzueignen.

> „(...) dadurch, dass wir im Außendienst sind und immer hin- und herkutschieren. Ich sage, ich habe keinen Rechner vor der Nase, wo ich, wenn ich mal zehn Minuten Zeit habe, dass ich da rein gucken kann. (…) wir haben sehr wenig Zeit für solche Informationen." (MA2, 189-191)

Ein Vorgesetzter weist auf das Problem hin, dass Ältere im Vergleich mit Jüngeren oftmals keinen direkten Anschluss zu den Produkten haben, die sie vertreiben. Aufgrund der persönlichen Distanz zu den modernen Medien gestaltet sich die Informationsaneignung schwieriger.

> „(…) die [Älteren, Anm. M. J.-T.] sich zu Hause mit DSL und PC und hier und da beschäftigen, also fehlt ihnen ja schon der genaue Bezug zu dem, was sie verkaufen. (…) Und die anderen, die jünger sind, die haben natürlich, also die haben alles, das entsprechende Handy." (VO4, 265-267)

Aus ihren langjährigen Erfahrungen bei der Informationsgewinnung konnten die Befragten wichtige Hinweise zur Optimierung des Informationsflusses liefern, die sowohl für sie selbst als auch für das Unternehmen Ansätze zu einer einfacheren und effizienteren Informationshandhabung aufzeigen.

4.1.7 Zusammenfassung

Im Hinblick auf die Handhabung von Informationen berichten die Befragten von einer deutlichen Zunahme der Informationsmenge und einer ebenso deutlichen Veränderung der Informationsinhalte im Vergleich zur Anfangsphase ihrer Berufstätigkeit. Während die Mitarbeiter im früheren Arbeitsalltag hauptsächlich Kurzinformationen über Rundbriefe oder Aushängetafeln bezogen, wird heutzutage vom Unternehmen erwartet, dass die Mitarbeitenden von

Produkten und Techniksystemen wissen, deren Markteinführung noch bevorsteht. Auch die Halbwertszeit von Informationen hat im Vergleich zu früher deutlich abgenommen. Um seinen Arbeitsalltag bewältigen zu können, muss sich der Mitarbeiter eine gewisse Kompetenz zur adäquaten Handhabung von Informationen angeeignet haben. Dazu gehört die Fähigkeit, sich neue Informationen in relativ kurzen Zeiträumen zuzulegen.

Im Rahmen der Informationsgewinnung zeigen sich Ältere kompetent, indem sie sich Informationen durch kollegiale Unterstützung beschaffen. Dabei fragen sie direkt beim Kollegen um dessen Hilfe an und präferieren es, Neues im Prozess der Arbeit durch Zeigen und Nachahmen zu lernen. Generell scheint eine Bevorzugung bei Älteren für das Aneignen von Informationen über analoge Informationslieferanten in Form von Kollegen oder des Vorgesetzten vorzuliegen. Beim direkten Kontakt besteht die Möglichkeit zur Klärung von Verständnisfragen. Vorgesetzte berichten, dass Ältere im Vergleich zu Jüngeren viel stärker am Sinn des Gelernten interessiert sind. Wenn Inhalte gelernt werden müssen, möchten sie Ältere auch möglichst vollständig verstehen und beherrschen können. Dadurch, dass sie das selbst erworbene Wissen nicht bloß horten, sondern mit anderen Kollegen teilen und beim Kundenkontakt einbringen, stellen Ältere ihre Kompetenz in der Handhabung von Informationen unter Beweis.

Neben klassischen Informationslieferanten wie Bücher, Aushänge oder analogen personengebundenen Informationslieferanten haben elektronische Informationslieferanten im Arbeitsalltag einen großen Raum eingenommen. Sowohl ältere Mitarbeiter als auch Vorgesetzte berichten von den anfänglichen Problemen im Umgang mit dem Computer. Da der PC aber zum Arbeitsalltag dazu gehört, haben die Älteren im Vergleich zu Jüngeren einen langsameren, aber umsichtigeren Einstieg gefunden und ihre methodenbezogene Kompetenz weiterentwickelt. Den Umgang mit dem Computer bewältigen sie zum Teil über intergenerationalen Austausch von Informationen. Ältere geben Erfahrungswissen, beispielsweise wo Leitungen verortet sind, an Jüngere und Jüngere hingegen EDV-Kenntnisse an Ältere weiter.

Einerseits schreiben die Befragten den modernen Medien in Form von Inter- und Intranet Positives zu, da diese frei verfügbar sind und für alle dieselben Informationen bereitstellen, andererseits üben sie Kritik daran. Sowohl Mitarbeiter als auch Vorgesetzte beklagen die inflationsartige Menge und die unübersichtliche Aufbereitung von Newslettern und E-Mails. Durch ihre kompetente Handhabung von Informationen haben sie Schwachstellen im unternehmensbezogenen Informationsmanagement identifiziert und schlagen vor, dass bedachter und strukturierter mit der Informationsverteilung über elektronische Medien seitens des Unternehmens vorgegangen werden sollte. Um die Informationen beim Kundenkontakt vorliegen zu haben, strukturieren ältere Mitarbeiter diese.

Insgesamt ziehen Ältere die Informationsgewinnung über den direkten Kontakt zum Kollegen oder Vorgesetzten der Informationsgewinnung durch elektronische Medien vor, da ihnen besonders der persönliche Kontakt wichtig ist. In Anbetracht dessen, dass viele ältere Mitarbeiter privat kaum Bezug zu den modernen Produkten haben, über die sie Kunden beraten oder welche sie vor Ort betreuen, ist ihre Leistung bei der Informationshandhabung besonders anzuerkennen.

4.2 Kundenbetreuung

Der Kunde stellt den wichtigsten Bestandteil des unternehmerischen Denkens und Handelns dar. Ein Unternehmen, das Kundenerwartungen adäquat erfüllt, besitzt einen entscheidenden Wettbewerbsvorteil gegenüber Konkurrenten. Ist das Unternehmen hingegen nicht kundenorientiert, resultieren daraus Einbußen bei Umsatz und Ertrag. Die einleitende Definition legt den Fokus auf die Veräußerung von Produkten und bezeichnet den Kunden als

> "a person, company, or other entity which buys goods and services produced by another person, company, or other entity" (Investorwords.com 2007, S. 1).

Im Sinne der folgenden Begriffsverwendung verengt Spielvogel den Kundenkreis, indem er die Einzelperson in den Mittelpunkt des Geschehens stellt:

> „Ein Kunde ist jeder Mensch, der Interesse an den Produkten oder Dienstleistungen eines Unternehmens oder an deren potenziellen Nutzen hat – sowohl in Bezug auf Erwerb bzw. Kauf, wie auch in Bezug auf deren Vermarktung" (Spielvogel 2004, S. 9).

Des Weiteren umfasst die Definition von Spielvogel den Interessensaspekt des Kunden, der ihm bereits den Status „Kunde" verleiht, ohne dass er ein Erzeugnis oder eine Serviceleistung konsumiert. Insbesondere die Beratung von Neukunden stellt neben der Bedienung von Stammkunden im vorliegenden Unternehmen ein wichtiges Aufgabenbiet beim Umgang mit dem Klientel dar.

Die befragten älteren Arbeitnehmer aus dem Call Center betreuen ihre Kunden ausschließlich telefonisch, während die Befragten aus dem Bereich der Servicetechnik sich um ihre Kundschaft teilweise am Telefon, aber hauptsächlich vor Ort kümmern.

Sämtliche Aspekte der Kommunikation mit dem Kunden, die im Rahmen der Interviews erhoben wurden, fasse ich unter dem Begriff der Kundenbetreuung zusammen. Das vorrangige Ziel der Kundenbetreuungsaktivitäten ist eine hohe Kundenzufriedenheit durch die Befriedigung von Kundenerwartungen und schließlich die langfristige Bindung des Kunden an das Unternehmen.

Zu der Kundenbetreuung gehört zunächst die Kundenpositionierung. Dazu zählen die Einstellung der Arbeitnehmer gegenüber ihren Kunden sowie die Haltung des Kundenkreises gegenüber älteren Mitarbeitern des Unternehmens. Des Weiteren ist die Einschätzung des Kunden ein nicht zu vernachlässigender Aspekt der Kundenbetreuung, wobei sich der erfahrene Mitarbeiter oftmals schnell ein Bild vom Gegenüber und dessen Bedürfnissen macht. Einen wesentlichen Anteil an der Kundenbetreuung nimmt der Kundenkontakt am Telefon oder vor Ort ein. Schließlich umfasst auch der Umgang mit problematischen Kundensituationen eine wesentliche Dimension der Kundenbetreuung.

4.2.1 Kundenpositionierung

Die Kundenpositionierung bezieht sich auf die allgemeinen Umgangsformen der Mitarbeiter mit dem Kunden. Sie umfasst einerseits die Grundeinstellung und die Wertschätzung, welche die Arbeitnehmer gegenüber dem Kunden einnehmen, aber andererseits auch die Position des Kunden gegenüber den älteren Mitarbeitern des Unternehmens.

Der befragte Mitarbeiter bezieht Position zum Kunden, indem er die Abstimmung auf die Bedürfnisse des Kunden als das zentrale Kriterium seiner Arbeit betrachtet. Auf die Frage, welchen Stellenwert die Kundenorientierung für ihn einnimmt, antwortet er:

> „Ja, das ist das Allerwichtigste, das Allerwichtigste." (MA1, 166)

Der Vorgesetzte ist überzeugt davon, dass der ältere Mitarbeiter bei seiner Arbeit vor Ort mehr Wert auf die Kundenzufriedenheit als auf unternehmerische Sollwerte legt.

> „Der Mitarbeiter draußen guckt Richtung Kunde und nicht Richtung Statistik (...).“ (VO1, 69)

Darüber hinaus erklärt der Vorgesetzte, dass ältere Mitarbeiter auch bei Umgestaltungen innerhalb des Unternehmens für den Kunden Position beziehen. Im Laufe ihrer Berufsbiographie haben erfahrene Arbeitnehmer miterlebt, dass der Kunde bei organisationsbedingten Veränderungen keine Beachtung findet. Somit ist es für den Vorgesetzten verständlich, dass seine älteren Mitarbeiter ihm ihre Bedenken hinsichtlich der Wirkung von Neustrukturierungen auf die Kundenzufriedenheit mitteilen und den Mehrwert dieser internen Maßnahme erklärt haben möchten.

> „(...) aber das, das Ziel unser Kunde, wird da (...) nicht berücksichtigt. (...) aber ich glaube nicht, dass unser Kunde da Vorteile von hat. Das ist, glaube ich, eine Erfahrung, die Ältere generell haben.“ (VO1, 41)

> „(...) habe ich Verständnis, wenn da Ältere längere Diskussionen mit mir führen, warum wir jetzt das [Umstrukturierung, Anm. M. J.-T.] machen müssen (...).“ (VO1, 45)

Weiterhin erläutert der Befragte, dass Ältere im Laufe ihres Lebens die Position eingenommen haben, die Privatsphäre des Kunden nicht anzutasten, Jüngeren dagegen muss diese Einstellung zum Kunden noch vermittelt werden.

> „(...) das ist bei Älteren auf jeden Fall, oft durch die Erfahrung wird es oder ist es vorhanden, bei Jüngere muss man das erst antrainieren.“ (VO1, 108)

Der Mitarbeiter hält bei der Positionierung zum Kunden Verbindlichkeit für bedeutsam. Anhand eines Beispiels zeigt er, wie er das Vertrauen eines Kunden gewinnt.

> „Dann sage ich: Gut, kriegen Sie 30 Euro von mir, Auftragsbestätigung steht aber was anderes drin. Ich sage: Das haben Sie in der nächsten Rechnung. Wer garantiert mir das? Ich sage: Sie haben meinen Namen, das Datum, die Uhrzeit, da steht es drin, auf das Gespräch können Sie sich berufen.“ (MA11, 157)

Der Vorgesetzte hat die Erfahrung gemacht, dass Ältere über ein stark ausgeprägtes Gewissen verfügen und eher eigendynamisch handeln, während Jüngere vorbehaltloser verkaufen.

> „(...) die [Älteren, Anm. M. J.-T.] denken eher (...) mit ihrem eigenen Portemonnaie und fühlen und haben so ihr eigenes Gefühl: Da sitzt eine ältere Dame am Telefon, da kann ich das jetzt nicht. Junge machen es einfach.“ (VO4, 109)

Im Hinblick auf die Kundenorientierung berichtet ein Call Center Mitarbeiter über einen anderen Aspekt von Eigendynamik. Wenn er den Kunden selbst technisch berät, um diesem eine Weiterleitung an eine Gebührennummer zu ersparen, bezieht er sich auf sein technisches Wissen.

> „Rufen Sie die Technikhotline an, das ist eine kostenpflichtige Rufnummer. (...) Oder ich nehme mir das Herz und mache es ihm vor und sage: Jetzt stecken wir ganz kurz." (MA11, 55-57)

Im Vergleich mit jüngeren Kollegen zeigen ältere eine stärkere Kundenorientierung, da sie mitfühlender kommunizieren und dazu geneigt sind, stellvertretend für das Unternehmen oder andere Kollegen Unannehmlichkeiten zu bedauern sowie dem Kunden eine Lösung für das Problem offerieren.

> „(...) die [Älteren, Anm. M. J.-T.] sind auch eher bereit, eine Entschuldigung auszusprechen und zu sagen: Ja, verstehe ich sie (...) ihren Ärger, das tut mir leid (...) jetzt wollen wir mal sehen, dass wir ihre Sache in den Griff kriegen." (VO5, 164)

Zur Kundenpositionierung zählt auch die Haltung des Kunden gegenüber dem älteren Mitarbeiter. Hierzu berichtet der Vorgesetzte, dass die Kunden ältere Arbeitnehmer bevorzugen, da diese für gewissenhafter und zuverlässiger als jüngere bewertet werden.

> „(...) die Kunden wissen, wenn unsere Mitarbeiter kommen, dann kommen diese Älteren, die haben eine gewisse Verantwortung und sie können sich darauf verlassen (...) wenn dann Jüngere da sind, habe ich dann doch oft den Eindruck, dass die [Kunden, Anm. M. J.-T.] sagen: Och ja, das ist, das ist sowie zu Hause. Der sagt: Ja, ja, aber ob ja, ja, auch ja, ja ist, weiß ich nicht." (VO1, 120)

Neben der Positionierung spielt die Einschätzung des Kunden eine wichtige Rolle bei der Kundenbetreuung, da sich hierbei der Mitarbeiter möglichst schnell und umfassend ein Bild des Gegenübers machen sollte, um auf dessen Bedürfnisse adäquat eingehen zu können.

4.2.2 Kundeneinschätzung

Zur Kundeneinschätzung zählt einerseits die Einschätzung des Kunden durch den Mitarbeiter und andererseits die Einschätzung des Mitarbeiters durch den Kunden.

Ein Servicemonteur beschreibt seine schnelle Einschätzungsgabe bei der ersten Begegnung mit dem Kunden zu Hause.

> „Ich weiß auch sofort, wenn ich die Türe aufmache, dann weiß ich schon, was das für ein Kunde ist." (MA1, 140)

Dass bei der Einschätzung der Situation des Kunden auch die Dauerhaftigkeit des Kontakts eine Rolle spielt, beschreibt ein Servicetechniker, der im Gegensatz zu seinen Kollegen am Standardmarkt, einen festen Stamm von Großkunden betreut. Dadurch, dass er deren Bedarfslage genau kennt, arbeitet er sowohl im Sinne des Großkunden als auch des Unternehmens effizient.

> „(…) die Kollegen von dem Standartmarkt, die fahren einmal zu dem Haus hin (…) und dann sehen die den Kunden nie wieder. Wo hingegen wir (…) damit nicht jedes Mal für den Kunden wieder Kosten entstehen, die eben, sage ich mal, für die Firma dann schlecht sind, weil wir dann eben ein Angebot stellen können, wir kennen, wir wissen alles im Haus." (MA6, 59- 61)

Der erfahrene Servicemonteur kann den Kunden zum Teil bereits telefonisch einschätzen.

> „Ja, wenn ich die Rückrufnummer anrufe und habe den Kunden am Telefon, dann merke ich manchmal schon, was mich erwartet oder was für ein Kunde das ist." (MA1, 156)

> „Und dann weiß man auch irgendwie, wie man sich selbst zu verhalten hat, ob man jetzt besser ein bisschen gesprächiger ist oder, ob man besser die Klappe hält, das merkt man schon." (MA1, 144)

Bei der Kundeneinschätzung schätzen nicht nur die Mitarbeiter die Kunden ein, sondern die Kunden machen sich auch ein Bild von dem Mitarbeiter.

Hinsichtlich der Kundeneinschätzung weist die befragte Mitarbeiterin darauf hin, dass die Kunden ihre Einschätzung anhand der sprachlichen Kommunikation vornehmen. Dabei vermittelt eine junge Stimme eher Unverbindlichkeit und die Stimme einer älteren Person eher Verbindlichkeit.

> „(…) so ein Schulmädchen jetzt von der Stimme her (…) doch nicht so diese Aussagekraft (…) so eine junge Göre da am Telefon, oder ähnliches hört man ja manchmal auch." (MA7, 10)

Die Einschätzung des Gegenübers geschieht im Rahmen der Kundenbetreuung beim Kontakt mit dem Kunden.

4.2.3 Kundenkontakt

Zum Kundenkontakt zählen sowohl der Kontaktierungsgrund und das Vorgehen beim Kontaktieren als auch der Umgang mit dem Kunden.

Im Rahmen des Kundenkontakts nennen die Mitarbeiter unterschiedliche Kontaktintentionen und Arten des Kontaktierens. Während der Mitarbeiter in seiner derzeitigen Tätigkeit als Call Center Agent durchgehend telefonisch Kundenkontakt aufnimmt und dabei Produkte vertreibt, arbeitete er früher ohne Verkaufsambitionen beim Kunden vor Ort.

> „Wir sind dann mit den Firmen, mit den älteren Kollegen raus gefahren und haben bei den Kunden auf dem Grundstück irgendeinen Kram beschickt, aber was verkauft haben wir überhaupt nicht." (MA11, 175)

Im Gegensatz zum direkten Kontakt ist für den Kunden der telefonische Kontakt unverbindlicher.

> „Ja, weil die einen persönlich nicht sehen. Im Notfall legen die schnell den Hörer auf." (MA11, 191)

Generell bevorzugt der Servicetechniker den persönlichen Kontakt. Denn dabei kann er sichergehen, dass der Gesprächspartner ihm seine volle Aufmerksamkeit entgegenbringt.

> „MA6: Ja, ob es Outlook, Handy, persönlicher Kontakt, wobei mir der persönliche Kontakt immer noch der liebste ist.
>
> I: Ja, warum?
>
> MA6: Ja, weil ich dem Gegenüber ins Gesicht schauen kann, weil ich in dem Moment weiß, dass er sich auch mit mir beschäftigt und nicht mit etwas anderem (...)." (MA6, 263-265)

Die Kontaktaufnahme mit dem Kunden führt der Servicemonteur zunächst standardmäßig am Telefon durch.

> „Ja, da haben wir immer unser Curtisy Call , wo wir vorher unseren Kunden anrufen müssen (...)." (MA1, 102)

Bei der Kontaktaufnahme vor Ort legt die Mitarbeiterin grundsätzlich Wert auf ein positives Auftreten, indem sie zuvorkommend auf den Kunden zugeht und ihn höflich anredet. Sie kann nachvollziehen, dass sich ein unfreundliches Auftreten negativ auf den Kundenkontakt auswirkt.

> „Freundlich, nett. Klar, schön begrüßen, mit meinem Namen vorstellen.“ (MA2, 245)

> „Ja, klar, wenn ich also Kunde wäre und da kommt mir einer entgegen, der so ein Gesicht zieht, (...) das ist nicht so gut.“ (MA2, 249-251)

Zwei Kollegen aus dem Technikbereich diskutieren das Verhalten des Mitarbeiters beim Kunden. Im Vergleich zu Älteren treten Jüngere übereifrig beim Kunden auf und schaffen es weniger auf eine gemeinsame Bezugsebene hinsichtlich der anstehenden Aufgabe zu gelangen.

> „(...) wenn da jetzt ein Jüngerer dahin kommt, krabbelt vielleicht ein bisschen mehr rum. Dann sagt der Kunde ja auch: Hoffentlich, hoffentlich schaffen Sie das auch, und der Ältere, der (...) sagt: Das haut schon heute hin. Dann ist der Kunde auch beruhigter.“ (MA4, 587)

> „Oder irgendwie Missverständnisse, der Kunde weiß ja jetzt nicht so, der hat ja einen ganz anderen Sprachgebrauch bei so technischen Sachen als wir. Und dann kommt es da einfach mal zu, dass die aneinander vorbeireden (...).“ (MA5, 79)

Außerdem reagiert der ältere Mitarbeiter auch bei belanglosen Gesprächsinhalten des Kunden, die in keinem direkten Zusammenhang mit dem Arbeitsauftrag stehen, geduldiger. Behutsam versucht er die Unterredung auf die zu erledigende Tätigkeit zu lenken.

> „Und die erzählen vom letzten Geburtstag und da ging das Telefon plötzlich nicht mehr oder so, aber draußen hat es geregnet (...). Jetzt können wir aber so langsam mal auf den Punkt kommen, aber das kann man ja nicht so sagen, so und da jetzt einfach mal so ganz vorsichtig in die richtige Richtung, (...) das, denke ich mir, fällt leichter, wenn man da so ein bisschen mehr Erfahrung hat, mehr Routine hat.“ (MA5, 87)

Doch Kundenkontakte laufen nicht immer reibungslos ab. Um unzufriedene Kunden zufrieden zu stellen und sie weiterhin an das Unternehmen zu binden, stellt die Bewältigung problemgeladener Kundensituationen für das Unternehmen einen wesentlichen Aspekt der Kundenbetreuung dar.

4.2.4 Problematische Kundensituationen

In problematischen Kundensituationen konfrontieren unzufriedene Kunden den Mitarbeiter offensiv mit ihrem Unmut über ausstehende Serviceleistungen oder Produktfehler. Nicht selten ist der Arbeitnehmer Beleidigungen und Beschimpfungen seitens des Kunden ausgesetzt. Dennoch muss er mit solch schwierigen Situationen routiniert umgehen und den Kunden zuvorkommend behandeln.

In gewissen Abständen führt die T-Com eine Leistungsevaluation beim Kunden durch. Die Servicetechniker bitten dabei den Kunden nach ihrer geleisteten Arbeit eine Evaluationskarte auszufüllen. Der Kunde beurteilt dann die Eigenschaften bzw. das Verhalten des Mitarbeiters. Wichtige Evaluationswerte sind Pünktlichkeit, Auftreten, Sauberkeit und Kompetenz des Mitarbeiters.

Im Rahmen dieser Evaluation machte ein Servicemonteur die Erfahrung, dass viele Kunden bezüglich des Unternehmens negativ voreingenommen sind und ihm ungeachtet seiner korrekt erbrachten Leistung eine schlechte Bewertung gaben. Trotz dieser Erfahrung akzeptiert er die Kundenevaluation, da diese letztlich der Erhöhung der Kundenzufriedenheit dient.

> „(…) das [die Arbeitsbewertung, Anm. M. J.-T.] stört mich nicht, wenn man dadurch hilft, das Kundenverhalten noch zu steigern (…).“ (MA1, 138)

Bei problematischen Kunden bemüht sich der Interviewte ganz besonders zuvorkommend und keinesfalls unhöflich zu sein.

> „Dann bin ich besonders freundlich, wenn ich da rein komme. (…) nie frech bei werden.“ (MA1, 160; 164)

Weiterhin beschreibt der Arbeitnehmer, dass er sich in Anbetracht des eingeengten Zeitfensters auch bei mitteilsamen und über das Unternehmen negativ äußernden Kunden zuvorkommend verhält. Bei besonders penetranten Kunden setzt er aber auch eine Grenze und stellt den Kunden vor die Entscheidung, entweder seinen Diskussionsbedarf zu stillen oder seinen Auftrag zu vollenden.

> „Ja, wenn der Kunde da einen voll labert, dann ist man ja auch nicht so unhöflich und sagt dann: Ist jetzt Schluss, oder so. Aber ich habe da wirklich mal einen Kunden gehabt, aber da habe ich zu ihm gesagt: Jetzt gibt es wirklich nur noch zwei Möglichkeiten – Telefonanschluss fertig oder wir diskutieren nur noch über die Telekom – ja, und das muss auch mal sein.“ (MA1, 162)

Wie sie sich in einer kritischen Situation konkret verhalten, erklären Mitarbeiter aus der Servicetechnik und dem Call Center. Zunächst verhält sich der Mitarbeiter eher passiv und lässt den Kunden das Problem mitteilen, bevor er reagiert. Die Mitarbeiterin am Telefon besänftigt den Kunden oder geht auf den Kunden durch beharrliches Fragen ein und versucht seinen Klärungsbedarf zu ermitteln.

> „Erzählen Sie erst mal, was los ist, und dann hören und versuchen die Sache zu entschärfen, ein bisschen.“ (MA3, 177)

> „(...) also ihn [den Kunden, Anm. M. J.-T.] auch dann mehr oder weniger dahin zu bringen, dass er also jetzt auch beruhigter ist (...), das kann man also schon steuern, indem man ihm dann vielleicht auch sagt: Wir gucken uns das an, das wird schon alles geregelt werden (...) oder man kann dementsprechend auch die Leute ausfragen, gezielt ausfragen, denn viele wissen eigentlich gar nicht, was sie wollen (...)." (MA7, 70)

Dass ältere Mitarbeiter problematische Kundensituationen besonders gut bewältigen können, indem sie aufgebrachte Kunden besänftigen, bestätigt ein Vorgesetzter aus der Servicetechnik. Er hat des Öfteren diese positive Erfahrung mit Älteren gemacht und setzt diese daher bewusst bei Problemen mit Kunden ein.

> „(...) bei älteren Mitarbeitern habe ich das Gefühl und werde auch immer wieder bestätigt, dass ich die zu problematischen Kunden ohne weiteres hinschicken kann." (VO1, 124)

Ein letzter wichtiger Aspekt beim Umgang mit schwierigen Kunden ist die Mitarbeiterschulung. Im Unternehmen werden die Mitarbeiter geschult, um mit unangenehmen Kunden adäquat umgehen zu können.

> „Hinterher [nach der Schulung, Anm. M. J.-T.], das finde ich auch gut, (...) mit sechs Kollegen und einem Trainer zusammen (...) diese Art Rollenspiele auch durchgespielt werden. Wie eben der Kunde eskaliert je nachdem wie die Rechnungen aussehen (...). Dass man eben Formulierungen hat, (...) um dem ganz unverbindlich den Wind aus den Segeln zu nehmen." (MA6, 288)

Während der Befragte früher unsicher und resignierend auf unzufriedene Kunden reagierte, beruft er sich heute selbstsicher auf sein vertragsrechtliches Wissen.

4.2.5 Zusammenfassung

Die Kundenbetreuung, insbesondere Kunden zu binden und zu halten, hat für ältere Mitarbeiter höchste Priorität. Auch die befragten Vorgesetzten bestätigen die stark kundenorientierte Haltung von Älteren im Vergleich zu Jüngeren.

Beim Kontaktieren treten die meisten Älteren dem Kunden offen und freundlich gegenüber. Durch ihre langjährige Erfahrung im Umgang mit Menschen sind sie in der Lage, den Gesprächspartner, dessen Stimmung und Anliegen schnell einzuschätzen und sich entsprechend zu verhalten. Vor allem die Mitarbeiter, die vor Ort arbeiten, bemühen sie um die Sympathie des Kunden, indem sie mit ihm ins Gespräch kommen und ihm als Laie ihre Vorgehensweise verständlich machen. Bei der Verrichtung ihrer Arbeit sind sie darauf bedacht, nicht die Privatsphäre des Kunden zu stören, ihn zufrieden zu stellen und ihm keinerlei unnötige Unannehmlichkeiten zu bereiten.

Die starke Orientierung am Kunden wird von den Vorgesetzten jedoch nicht nur positiv beurteilt, denn Ältere stellen sich durchaus Neuerungen im Arbeitsablauf und der Einhaltung von Zeit- und Sollwerten entgegen, wenn sie diesbezüglich nachteilige Auswirkungen für den Kunden befürchten.

Aufgrund ihrer vielfältigen Erfahrung im Umgang mit Menschen wählen Vorgesetzte teilweise bewusst die sozialkompetenteren älteren Mitarbeiter aus, um problematische Kunden zu bedienen. Anstatt sich von der emotional belasteten Situation ergreifen zu lassen, wirken Ältere dieser effektiv und ruhig entgegen. Dabei sind sie auch bereit, sich stellvertretend für andere Kollegen oder das Unternehmen beim Kunden für unternehmensbedingte Unannehmlichkeiten zu entschuldigen. Werden die Anschuldigungen allerdings haltlos und der Kunde äußert sich beleidigend, zeigen Ältere auch eher als Jüngere ihre Kompetenz darin, den Kunden „in seine Schranken zu weisen".

Insgesamt ist es sowohl den Mitarbeitern aus der Servicetechnik als auch den Call Center Agenten wichtig, den Kunden so zu behandeln, wie sie selbst behandelt werden möchten. Dazu gehört ein tadelloser Auftritt beim Kunden, der diesem Verbindlich- und Verlässlichkeit vermittelt.

4.3 Kollegialität

In diesem Kapitel führe ich Textpassagen auf, die sich auf das Miteinander der Arbeitnehmer beziehen. Die meisten Befragten schreiben den Kollegen und der gegenseitigen Unterstützung im Arbeitsalltag eine hohe Bedeutung zu. Ferner betonen sie die Wichtigkeit ihrer Integrität in den Kreis der Kollegen.

Um dieses Phänomen näher zu bestimmen, greife ich zunächst den Terminus der „Solidarität" auf. „Solidarisch" bzw. „Solidarität" wird im soziologisch-wissenschaftlichen Sprachgebrauch oftmals mit der Arbeiterbewegung zurzeit der Industrialisierung in Verbindung gebracht (vgl. Papcke 1996, S. 750; Brunkhorst 2003, S. 12). Zu Beginn des 20. Jahrhunderts befand sich die von den Arbeitnehmern gemeinschaftlich getragene Bewegung für eine menschenwürdigere Behandlung am Arbeitsplatz und die Absicherung bei Krankheit und Arbeitslosigkeit auf ihrem Höhepunkt. Dass Solidarität für etwas Verbindendes unter Menschen steht, greift die aus jener Zeit stammende Solidaritätsdefinition auf:

> „Solidarität äußert sich im Gefühl der Zusammengehörigkeit und im Willen zum Zusammenwirken" (Eisler 1922, S. 609).

Im Hinblick auf ihren Geltungsbereich beschreibt Papcke Solidarität als einen elementaren Teil von einfachen, auf Zugehörigkeit basierenden Sozialgebilden zwischen Freunden, Verwandten oder anderen Nahegestellten (vgl. Papcke 1996, S. 754). Vielschichtiger angelegte Sozialgebilde entziehen sich dagegen dem Geltungsbereich von Solidarität:

> „Komplexe und damit modern-funktional differenzierte Organisationen hingegen werden zusammengehalten durch die arbeitsteilig vermittelte Kooperation" (Papcke 1996, S. 754).

Während sich insbesondere in der Arbeiterbewegung Arbeitnehmer auf einen solidarischen Umgang untereinander beriefen und diesen gegenseitig einfordern konnten, gilt Solidarität im gegenwärtigen Wirtschaftsleben nicht mehr als selbstverständlich (vgl. Brunkhorst 2004, S. 258), sondern muss in der Regel organisationspolitisch gewünscht und veranlasst werden (vgl. Papcke 1996, S. 750).

Solidarität trifft eher auf einen intimen Personenkreis und weniger auf eine größere Menschengruppe zu. Die Begriffswahl stimmt demzufolge nicht wirklich mit der in dieser Arbeit vorliegenden Arbeitnehmersituation überein, denn die meisten Befragten schildern einen Zusammenhalt mit vielen anderen Kollegen aus den Teams oder sogar mit Kollegen aus anderen Arbeitsgruppen und Tätigkeitsbereichen. Zudem entscheide ich mich dafür, den Begriff „Solidarität" für den weiteren Verwendungszweck nicht zu benutzen, da dieser auch zum Teil heute noch mit vorbelasteten Leitbegriffen wie „Revolution" oder „Sozialismus" (vgl. u.a. bpb 1998, S. 2ff.) aus der Zeit der Arbeiterbewegung assoziiert wird. Somit diskutiere ich im Folgenden den neutraleren Begriff der „Gemeinschaft" zur Beschreibung der kollegialen Beziehung.

In einschlägigen Wörterbüchern steht „Gemeinschaft" für eine Einheit, die durch eine Reihe von Individuen gebildet wird. Im Kontext der Gemeinschaft vollziehen sich zweierlei Abgrenzungsprozesse. Ein Individuum definiert sich im Sinne einer „Ich-Wir-Identität" über seine Gemeinschaft und grenzt sich somit von anderen ab (vgl. Elias 1987, S. 245). Die Gemeinschaft grenzt sich ihrerseits durch gemeinschaftliche Zielvorstellungen und Werte mittels eines „Wir-gegen-die-Anderen-Prinzips" von anderen Kollektiven ab (vgl. Schröder

1997, S. 1). Nach Opielka (2006) stellt die Gemeinschaft, beispielsweise in Form einer Haus- oder Radsportgemeinschaft, ein Teil der Gesellschaft dar und bedeutet, mit anderen durch etwas Gemeinschaftliches verbunden zu sein. Dass Gemeinschaft sowohl eine interaktive als auch emotionale Dimension aufweist, betonen Schubert und Klein:

> „Gemeinschaft bezeichnet eine wechselseitige Verbindung von Personen (...), die nicht ausschließlich (rational) zweckorientiert, sondern auch auf Zuneigung und innere Verbundenheit angelegt ist" (Schubert/ Klein 2006, S. 118).

Der Begriff der Gemeinschaft scheint zunächst zur Beschreibung des kollegialen Miteinanders geeignet, doch dessen Geltungsbereich ist im Sinne der anschließenden Verwendung zu allgemein gefasst. Daher führe ich den Begriff der „Kollegialität" ein, der die direkte Verbindung des vorliegenden Phänomens zur Arbeitswelt wiedergeben soll.

Der Terminus „Kollege" stammt vom lateinischen Wort „collega" ab und bedeutet so viel wie Amtsgenosse. Demgemäß findet auch noch im heutigen Sprachgebrauch eine ähnliche Verwendung des Begriffs statt.

Heaney zufolge zeichnet sich die Kollegialität durch die gleichermaßen und gleichberechtigte Teilhabe der Kollegen an der Gemeinschaft aus:

> "Collegiality is a form of social organization based on shared and equal participation of all its members" (Heaney 1995, S. 9).

> „Kollegialität ist keine Gleichschaltung" (Valente 2003, S. 1).

Sie impliziert keine gleichen Einstellungen bei den Kollegen, sondern zeigt sich vielmehr in diversen Meinungen und Diskussionen sowie der Fähigkeit, Kompromisse zu finden. Für einen sozialwissenschaftlichen Diskurs um Kollegialität im Sinne einer sich auf gegenseitiges Wohlwollen beziehenden Gemeinschaft im Berufsleben gibt es derzeit kaum Anhaltspunkte. Daher führe ich selbst eine dem vorliegenden Kontext dienende Kollegialitätsdefinition ein. Zur weiteren Verwendung bestimme ich Kollegialität als „der auf einer gemeinschaftlich ausgeführten Berufstätigkeit basierende respekt- und vertrauensvolle Umgang mit anderen Kollegen".

Dabei weist Kollegialität einige Dimensionen auf. Sie beinhaltet die Schätzung anderer Kollegen und räumt ihnen einen wichtigen Stellenwert im Arbeitsalltag ein. Kollegialität bedarf immer eines anderen. Um sich kollegial verhalten zu können, muss der Mitarbeiter zunächst zu Kollegen Kontakt aufnehmen. Die interaktive Ebene von Kollegialität zeigt sich vor allem beim Austausch unter den Kollegen. Hierbei stehen die Kommunikationswege und -inhalte im Vordergrund. Letztendlich umfasst die Kollegialität das kollegiale Miteinander und die Wertschätzung der Gemeinschaft unter Kollegen.

4.3.1 Wertschätzung der Kollegen

Kollegialität zeigt sich insbesondere in der Wertschätzung, die der Einzelne seinen Arbeitskollegen gegenüber aufbringt. Generell liegt eine hohe Wertschätzung der Mitarbeiter für ihre Kollegen vor.

Die befragte Servicetechnikerin zeigt ihren Kollegen gegenüber eine hohe Wertschätzung. Für sie ist das Intaktsein ihrer Arbeitsgruppe sehr bedeutungsvoll.

> „Team, also, wir sind halt ein gutes, ein sehr gutes Team, hier. (…) Ja, das ist wichtig.“ (MA2, 153-155)

Doch die Wertschätzung gegenüber anderen Teammitgliedern kann auch als eher gering eingeschätzt werden. Eine ältere Mitarbeiterin aus dem Call Center, die ihre ersten Berufsjahre im Bäckereihandwerk verbrachte, äußert sich zum Rückgang der kollegialen Wertschätzung im Laufe ihrer Berufsbiographie und weist Gründe auf.

Sie bedauert, dass heute weniger Wertschätzung unter den Kollegen herrscht als früher. Derzeit besteht ihrer Meinung nach für ältere Arbeitnehmer, die kurz vor der Rente stehen, die Gefahr, dass ihnen die Arbeitsbedingungen und somit auch das Wohl der Kollegen im Hinblick auf die bevorstehende Pensionierung gleichgültig werden. Die Befragte meint, dass es dieses Phänomen zu Beginn ihres Arbeitslebens nicht gegeben hätte, da die Kollegen in einem engen Vertrauensverhältnis zueinander standen. Auch Mitarbeiter, deren Pensionierung absehbar war, fühlten sich mit der Gruppe eng verbunden und setzten sich für deren Belange ein. Dieses Zusammengehörigkeitsbewusstsein nimmt die Befragte heute nicht mehr wahr, da sich die Kollegen in erster Linie für ihre eigenen Interessen einbringen und keine tiefer gehenden Beziehungen zu anderen Kollegen aufbauen.

> „(…) früher, wo man in festen Gruppen zusammengearbeitet hat. (…) da kannte man sich über viele (…) Jahre, da wusste man über den andern Bescheid, über die Familie und (…) hätte niemand gesagt, der da kurz vor der Rente war: Ich bin bald weg, was mit Euch wird, interessiert mich nicht mehr.“ (MA12, 375-379)

Bevor eine kollegiale Interaktion stattfinden kann, müssen die Kollegen zunächst einmal miteinander in Kontakt treten.

4.3.2 Kollegenkontaktierung

Die Kontaktierung des Kollegen stellt die notwendige Voraussetzung zur gemeinsamen Kommunikation dar. Die folgenden Mitarbeiteraussagen beschreiben die Kontaktierung der Kollegen vor Ort. Hierzu gehören einerseits die Bereitschaft und das Ausfindigmachen von Kollegen, die zur Kontaktierung geeignet scheinen, sowie andererseits die Art des Vorgehens beim Kontaktieren, d.h. wie Kollegen auf andere Kollegen zugehen.

Eine Mitarbeiterin aus dem Call Center kontaktiert neben dem Vorgesetzten andere Kollegen ohne Umwege.

> „Direkt, also, ich kann zu beiden direkt gehen, egal, ob jetzt Mitarbeiter oder Vorgesetzter." (MA10, 215)

Im Anschluss zieht die Mitarbeiterin einen Vergleich zu früheren Kontaktierungssituationen. Dazu berichtet sie, dass sich das Kontaktieren von Kollegen im Laufe ihres Berufslebens gewandelt hat. Zwar bestand auch beim Einstieg in das Berufsleben die Möglichkeit, andere Kollegen frei zu kontaktieren, jedoch fühlte sie sich von den älteren Kollegen nicht ganz ernst genommen.

> „(…) waren das ziemlich alte Kollegen für mich damals, die waren 50 und 55. (…) Da war schon noch Fräulein mit dabei, mit 16. Also, ich weiß nicht, ich wollte nicht mit Fräulein angesprochen (…) werden." (MA10, 239-245)

Im Folgenden beschreibt eine Mitarbeiterin konkret, wie sie ihre Kollegen kontaktiert. Die Befragte erläutert, dass sie bei Arbeitsbeginn die Kollegen gemeinsam kurz begrüßt, bevor sie sich arbeitsbezogenen Vorgängen widmet. Insgesamt ist die Mitarbeiterin auf eine nette und zugängliche Art gegenüber ihren Kollegen bedacht.

> „(…) normal komme ich morgens rein, sage allen ‚Hallo', gehe zu meinem Arbeitsplatz (…) bemühe ich mich offen und freundlich gegenüber den anderen Kollegen zu sein." (MA12, 123)

Im Unterschied zum Call Center, wo die Mitarbeiter während ihrer Arbeitszeit zusammen sind, arbeiten die Mitarbeiter aus der Servicetechnik voneinander getrennt. Daher findet hier die Kontaktierung per Mobiltelefon statt und ist nur auf bestimmte Kollegen beschränkt.

> „Und jeder hat ja sein Handy und dann ruft man mal eben an: Hast Du mal Zeit? (...) aber immer mit den gleichen Kollegen, dann." (MA4, 293)

Die älteren Befragten kontaktieren im Vergleich zu Beginn ihres Berufslebens ihre Kollegen offensiver. Die Kontaktierung stellt einen wichtigen Aspekt der Kollegialität dar. Eine weitere wichtige Dimension ist der kollegiale Austausch, da sich hierbei Kollegialität bildet bzw. neu definiert wird.

4.3.3 Austausch unter Kollegen

Kollegialität entwickelt sich nur dann, wenn eine Interaktion zwischen Kollegen stattfindet. Neben einer allgemeinen Einordnung des kollegialen Austauschs werden nachfolgend verschiedene Formen der Interaktion aufgezeigt. In der Berufspraxis tauschen sich die Mitarbeiter sowohl unmittelbar als auch technikgestützt aus. Einerseits beschränkt die Arbeit den Austausch, aber andererseits bietet sie auch Gelegenheit dazu. Auch die Stellen, an denen der Austausch stattfindet, spielen eine Rolle. Schließlich thematisieren die Mitarbeiter beim Austausch sowohl berufsinterne als auch -externe Inhalte.

4.3.3.1 Allgemeiner Austausch

Zum allgemeinen Austausch gehören vor allem Leitgedanken des kollegialen Austauschs. Ferner findet eine Bewertung der Kollegeninteraktion statt.

Eine Mitarbeiterin aus dem Call Center bewertet den Austausch in ihrer Arbeitsgruppe als sehr positiv, denn alle Teammitglieder stehen sich gegenseitig stetig als Ansprechpartner zur Verfügung.

> „Also, in meinem Team ist der [Kontakt, Anm. M. J.-T.] super, (...) wir können untereinander wirklich uns, jeden fragen, jederzeit (...)." (MA10, 207)

Die Mitarbeiterin bewertet gegenseitige Unterstützung durch Austauschen als bedeutsam. Ohne Unterstützung hat es ein Kollege schwieriger bei der Ausübung seiner Arbeit.

> „(...) so als Einzelkämpfer ist das in dem Bereich immer blöd." (MA2, 151)

Ein Vorgesetzter aus der Servicetechnik bemerkt im Arbeitsalltag einen Unterschied zwischen älteren und jüngeren Kollegen. Ältere suchen seiner Meinung nach häufiger den Austausch mit Älteren, da sie aufgrund der gemeinsamen Arbeitsjahre miteinander vertrauter sind.

> „Also, die älteren Kollegen, die sind schon mal eher zusammen als die jüngeren Kollegen. (…) Die kennen sich schon lange." (VO3, 311-313)

Insgesamt beurteilen die Befragten den kollegialen Austausch als sehr positiv. Der Rahmen der kollegialen Interaktion ist meist auf das Team begrenzt, so dass innerhalb der Arbeitsgruppe alle rege am Austausch teilnehmen.

4.3.3.2 Austauschformen

Die Mitarbeiter praktizieren ihren Austausch in unterschiedlicher Art und Weise. Einige Mitarbeiter tauschen sich unmittelbar mit ihrem Kollegen aus, andere setzen technische Hilfsmittel zur Interaktion ein.

Eine erfahrene Mitarbeiterin vergleicht den heutigen kollegialen Austausch mit dem früheren, wobei sie heutzutage unkomplizierter per elektronische Nachrichten mit Kollegen kommuniziert.

> „Offener, so direkt, per E-Mail, ja (…)." (MA10, 229)

Dass Mobiltelefone beim kollegialen Austausch in der Servicetechnik eine wichtige Rolle spielen, erwähnt ein anderer älterer Mitarbeiter. Seiner Meinung nach profitiert der kollegiale Austausch durch die flächendeckende Verteilung von Mobiltelefonen, die es zu Beginn seines Berufslebens noch nicht gab und worüber die Kollegen heutzutage miteinander kommunizieren können. Ein zufälliger Austausch unter Kollegen findet dann statt, wenn sie sich an einem gemeinsamen Einsatzort begegnen. Bei konkreten Problemstellungen tauscht sich der Mitarbeiter direkt mit weiteren Kollegen aus.

> „(…) seit dem es unsere Handys gibt, ist [der Kontakt, Anm. M. J.-T.] sowieso wesentlich besser. (…) irgendwie trifft man da jemanden in so einer Vermittlungsstelle einen Arbeitskollegen oder man hat irgendeine Frage und spricht dann mit einem anderen Kollegen über eine Sache." (MA1, 98)

Vor Ort tauschen sich die Mitarbeiter unmittelbar aus. Die Außendienstmitarbeiter treffen, insbesondere im Vergleich zu früheren Berufsjahren, nur recht selten aufeinander. Daher kommunizieren sie vorrangig über Mobiltelefone.

4.3.3.3 Austauschort

Der kollegiale Austausch findet bei den Mitarbeitern aus der Servicetechnik an spezifischen Orten statt.

Der Mitarbeiterin zufolge ist der direkte Austausch unter Kollegen heutzutage zufallsbedingt. Der Anlass des Aufeinandertreffens ist die Versorgung mit Arbeitsmitteln. Ein Kollege begegnet einem anderen zufällig im Dienstgebäude.

> „(...) ab und zu sind wir dann auch im Büro, weil wir müssen dann auch schon mal ins Büro, um ein Gerät oder auch Material abzuholen und dann sieht man schon mal jemanden." (MA2, 143)

Ein Mitarbeiter beschreibt eine aktuelle Austauschsituation, bei der er auf dem Innenplatz des Gebäudes von einem Kollegen kontaktiert wurde.

> „Jetzt eben auf dem Hof hat mich ein Kollege angesprochen (...)." (MA1, 98)

Insbesondere für die Mitarbeiter aus der Servicetechnik ist der Ort des kollegialen Austausches relevant, da sie sich in der Regel nur sporadisch treffen.

4.3.3.4 Austauschinhalte

Die Mitarbeiter besprechen im Rahmen des kollegialen Austausches verschiedene Themen. Entweder tauschen sie sich über berufsinterne oder -externe Inhalte aus.

Im Call Center suchen die Mitarbeiter den spontanen kollegialen Austausch über schwierige Kunden. Im Kollegenkreis finden sie Verständnis für ihren Unmut, können ihrem Ärger freien Lauf lassen und kommen dadurch wieder zur Ruhe.

> „(...) den letzten Kundenkontakt vielleicht raus, um den Ärger raus zu kriegen und quatscht den Kollegen hinter einem voll, was denn gerade passiert ist, dann lässt man das raus und dann ist das auch wieder gut." (MA8, 284)

Ein weiterer Aspekt beim kollegialen Austausch ist die gegenseitige Kritisierung. Gegenseitige Verbesserungsvorschläge belasten das kollegiale Verhältnis nicht, sondern werden eher als selbstverständlich wahrgenommen.

> „MA11: Und sie dann immer, wenn der Sohn anruft: Dürfte ich mal ihre Frau Mutter haben? Ich sage: Was ist denn das für eine Redensart? (…)
>
> I: (…) auch umgekehrt, sind Sie da auch offen, wenn da einer sagt (…)?
>
> MA11: Ja, muss ich auch sein, wenn ich auch verteile, muss ich auch [einstecken, Anm. M. J.-T.] (…).“ (MA11, 269; 275)

Doch ein Austausch findet nicht nur über berufliche Inhalte statt. Die Mitarbeiter unterstützen sich auch in außerberuflichen Belangen. Im Team der Befragten übernehmen Kollegen für andere Kollegen, die privat eingespannt sind, deren Arbeit. Die Möglichkeit, sich auf den Kollegen verlassen zu können, hält die Befragte für fundamental.

> „Also, wenn der eine sagt: Hör mal, ich habe einen dringenden Termin zu Hause, (…) kannst Du nicht da eine Überstunde machen? (…) dann geht das, das ist halt zu machen und das ist das A und O eigentlich.“ (MA2, 403)

Der Austausch über berufsbezogene und private Inhalte und die dadurch erlangte Vertrautheit unter den Kollegen ist eine wesentliche Voraussetzung für ein kollegiales Miteinander. Doch während der kollegiale Austausch mehr auf den unmittelbaren Interaktionsaspekt ausgerichtet ist, stehen beim kollegialen Miteinander die Gemeinschaft, deren Bedeutung für die Mitarbeiter und deren Pflege im Vordergrund.

4.3.4 Kollegiales Miteinander

Im Rahmen des kollegialen Miteinanders nennen die Mitarbeiter verschiedene begünstigende Faktoren, aber auch Einflüsse, die sich eher negativ auf das Mitarbeiterverhältnis auswirken.

Zunächst äußern sich die Mitarbeiter dazu, was ein kollegiales Miteinander für sie bedeutet und welche Faktoren dies unterstützen.

4.3.4.1 Merkmale des kollegialen Miteinanders

Ein Arbeitnehmer äußert sich positiv über das Miteinander im Team. In seiner Arbeitsgruppe sind die meisten Kollegen noch nicht so lange wie er im Berufsleben. Er ist überrascht, dass er trotz des Altersunterschieds keine Isolation durch die jüngeren Kollegen erfährt, sondern voll integriert ist.

> „Auch als alter Herr (...). Werde ich auch nicht ausgegrenzt, so als alter, grauhaariger Zopf, weil, bei uns sind sie alle ziemlich jung.“ (MA9, 513-517)

Auf die Frage, ob er Sonderbedingungen für ältere Arbeitnehmer im Arbeitsablauf befürworte, antwortet ein anderer ältere Mitarbeiter entschieden:

> „Nein, da geht ja halt sowieso nicht, wenn ich noch im Berufsleben bin, dann muss ich natürlich auch meine Arbeit voll erfüllen (...) das wäre ja auch den jüngeren Kollegen gegenüber nicht fair (...).“ (MA3, 446; 473)

Damit zeigt er, dass ihm im Hinblick auf das kollegiale Miteinander die Gleichstellung mit anderen Kollegen wichtig ist und dass er dabei genauso seiner Arbeit nachkommen möchte wie Jüngere.

Das Wesentliche beim kollegialen Miteinander besteht für die Servicetechnikerin darin, dass sich die Kollegen untereinander verstehen, gut miteinander auskommen und auch berufsbezogene Neuigkeiten an andere weiterleiten. Dieses positive Verhalten ist in ihrem Kollegenkreis vorhanden.

> „(...) da keine Murrerei oder, oder Anschreierei ist, oder (...) dass die Kollegen die Information auch weitergeben (...).“ (MA2, 403)

Sie ordnet das kollegiale Miteinander als bedeutsamer ein als das Verhältnis zu ihrem Vorgesetzten. Auseinandersetzungen mit ihrem Vorgesetzten sind für sie akzeptabel, kollegiale Unstimmigkeiten nicht.

> „Dass man sich im Team versteht und auch mit dem Teamleiter, na gut, das ist nicht ganz so wichtig, aber wenn man mal Knatsch mit dem hat, dann ist das auch in Ordnung.“ (MA2, 405)

Ob er Teil des kollegialen Miteinanders wird, hängt maßgeblich vom Mitarbeiter selbst ab. Bevor ein Mitarbeiter am kollegialen Miteinander voll partizipieren kann, vergeht einige Zeit, in der er die Sozialstrukturen des Teams kennen lernen und akzeptieren muss, um integriert zu werden.

> „(...) in so eine bestehende Gruppe muss man rein wachsen. Man muss ja auch letztendlich gucken, wie laufen die Kontakte zwischen den Kollegen ab, (...) man guckt ja: Mögen sich die Kollegen, gibt es eigentlich nur Streit drin? Machen sich die Kollegen gegenseitig an, wie machen sie das?“ (MA8, 306)

Doch ein kollegiales Miteinander ist nicht nur teamintern sondern auch -extern anzutreffen. Dabei sind die Sympathie und die örtliche Nähe zur anderen ausschlaggebend.

> „Man hat auch Kontakt zu dem Team, die einem gegenüber sitzen (...) man ist ja teamübergreifend, da sucht man sich auch die Leute raus, zu denen man dann so teamübergreifend einen Draht zu hat.“ (MA8, 302)

Nicht nur Mitarbeiter, sondern auch Vorgesetzte bewerten ein kollegiales Miteinander als wertvoll.

Der Vorgesetzte sieht die Teamzusammenstellung als wichtigen Baustein zum kollegialen Miteinander an. Da sich diese wesentlich auf die Arbeit auswirkt, muss sie gut durchdacht sein. Dabei sollte der Teamleiter sowohl die fachlichen Fähigkeiten als auch die Persönlichkeit der einzelnen Mitarbeiter in seinen Entscheidungsprozess mit einbeziehen. Ein funktionierendes Team fühlt sich füreinander zuständig und unterstützt sich, ein nicht intaktes Team verhält sich genau gegensätzlich.

> „So, wenn die Drei sich nicht riechen können, dann sprechen die auch nicht miteinander (...). So, das heißt, die rufen sich abends im Spätdienst nicht an, weil: Das brauche ich nicht, das interessiert mich nicht. (...) Also, es gibt so viele Faktoren zu berücksichtigen (...) was die Mischung, die Möglichkeiten, die fachlichen Fähigkeiten angeht, das Menschliche untereinander muss stimmen.“ (VO2, 229-233)

Der Vorgesetzte nutzt das ausgeprägte Bewusstsein der Älteren für das kollegiale Miteinander, um ihre Bedenken und Fragen aufzufangen und sie zu seinem eigenen Wohl und zum Wohle des Teams zur Arbeit zu motivieren.

> „Also, warum müssen wir jetzt die Kennzahl pushen, warum die? Wie sind die Zusammenhänge? Und bei meinen älteren Kolleginnen und Kollegen ist das einfach so (...) da ist es aber auch so, weil wir eine Gemeinschaft sind und die machen es für das Team. Die sind schon ewig miteinander verbandelt (...). Und dann reicht auch manchmal zu sagen: Okay, Du möchtest es jetzt nicht so verstehen, wie ich es erklärt habe, aber dann tue es für uns (...).“ (VO4, 181-183)

Hinsichtlich des kollegialen Miteinanders würdigen die Vorgesetzten erfahrene Mitarbeiter in der Rolle der Autoritätsperson. Sie sind eher in der Lage als Jüngere, andere Kollegen mit ihren Fehlern zu konfrontieren und sie zu mahnen.

> „(...) wenn da irgendjemand mal gemault hat, dann haben sie [die Älteren, Anm. M. J.-T.] eben gesagt: Na, pass mal auf hier, Du willst jeden Monat dein Gehalt haben, dann tu auch mal was dafür.“(VO6, 304)

> „Und die passen dann schon auf, wenn einer von der Reihe tritt. Ein Jüngerer, der wird einen Kollegen, der vielleicht Mist baut, weniger zurechtweisen als jetzt ein Älterer, schon. Der sagt dann: Okay, also bis hierhin und nicht weiter.“ (VO4, 387)

Sowohl von Seiten der Mitarbeiter als auch seitens der Vorgesetzten wird ein kollegiales Miteinander im Arbeitsleben als sehr wichtig eingeschätzt.

4.3.4.2 Hinderung des kollegialen Miteinanders

Nachfolgend nennen die Befragten durch den Vergleich mit der früheren Arbeitssituation Gründe, die das kollegiale Miteinander negativ beeinflussen.

Dazu führt eine Mitarbeiterin aus, dass sich das kollegiale Miteinander verändert hat und es heute nicht mehr auf den Einzelnen im Team ankommt. Kollegen haben das Gefühl, ersetzbar zu sein. Diese Entwicklung bewertet sie als negativ und sieht hierin die Ursache für Unstimmigkeiten unter den Kollegen.

> „(...) das Menschliche eben, das ist heute leider nicht mehr so, da kommt man sich doch mehr wie eine Nummer, so austauschbar eben vor. (...) ich denke wirklich, dass es deswegen auch im Team manchmal nicht so gut klappt.“ (MA12, 105-107)

Der Rückgang des intensiveren und aufrichtigeren Miteinanders kann auch an der stetigen Veränderung der Teamstruktur liegen, in der Mitarbeiter ausgetauscht werden. Dies verhindert ein festes und verlässliches kollegiales Miteinander.

> „Vielleicht liegt es auch daran, dass es so schnell zu Wechseln kommt, dass man oft gar nicht so lange im Team zusammen ist. Das fördert ja nicht gerade eine Gemeinschaft.“ (MA12, 125)

Den Rückgang des kollegialen Miteinanders bemerkt auch ein Vorgesetzter aus dem Bereich der Technik. Im Gegensatz zu vergangenen Zeiten im Beruf, in denen es ein sehr ausgeprägtes kollegiales und auch intergenerationales Miteinander gab, findet derzeit eine absolute Differenzierung zwischen beruflichem und außerberuflichem Bereich statt. Dazu beigetragen hat die große Entfernung von Arbeit und Heim, die es täglich zu bewältigen gilt.

> „(...) wir haben früher eine unheimliche Gesellschaft gehabt untereinander, das bezog sich aber nicht nur unter den Jüngeren oder unter den Älteren. (...) heutzutage sehe ich diese Geselligkeit überhaupt nicht mehr. Das ist ein ganz anderes Leben in der Arbeit. Man teilt Arbeit und Freizeit total auf, das hat aber viele verschiedene Hintergründe. Mit dem Auto fahren, der Wohnort ist oftmals weit weg (...).“ (VO3, 295- 297)

Insgesamt machen die Befragten durch den Vergleich der heutigen Arbeitssituation mit der in früheren Jahren auf unterschiedliche Hinderungsgründe für das kollegiale Miteinander aufmerksam. So ist die Position des Einzelnen im Gefüge des kollegialen Miteinanders im Vergleich zu früher geschwunden.

4.3.5 Zusammenfassung

Kollegialität hat für die Mitarbeiter einen sehr hohen Stellenwert. Im Arbeitsalltag ist ihnen ein intaktes Verhältnis zu ihren Kollegen meist wichtiger als das zum Vorgesetzten.

Jedoch beschreiben die älteren Mitarbeiter, die ihren heutigen Umgang mit Kollegen mit dem zu Beginn ihres Berufslebens vergleichen, dass sich die Voraussetzungen zum Aufbau und Erhalt einer kollegialen Gemeinschaft deutlich verschlechtert haben. Dabei sehen sie den Hauptgrund in den effizienter gestalteten Arbeitsbedingungen. Früher arbeiteten die Mitarbeiter zusammen und nahmen ihre Pause gemeinsam ein. Dadurch standen sie automatisch in regelmäßigem Kontakt und konnten untereinander eine Vertrauensbasis aufbauen, die sowohl den Austausch über unternehmensbezogene als auch private Themen erleichterte. Sollzahlen und Bonussysteme erhöhen den Konkurrenzdruck untereinander.

Die älteren Mitarbeiter zeigen sich kollegial kompetent, da sie trotz dieser teilweise widrigen Bedingungen versuchen, ein kollegiales Miteinander im Team zu erhalten und ihre unternehmensweiten Netzwerke zu pflegen. Besonderen Wert legen sie auf direkten Kontakt untereinander und organisieren dafür gemeinsame Freizeitunternehmungen oder kontaktieren sich kurz und sporadisch während der Arbeit. Im Gespräch tauschen sich die Mitarbeiter über ihre Kundenkontakte aus, holen sich diesbezüglich Ratschläge bei ihren Kollegen oder reden über private Themen. Am häufigsten findet der Austausch mit Kollegen, die im selben Team arbeiten, statt.

Gerade älteren Mitarbeitern ist es wichtig, in das Team integriert zu sein. Für sie sind die Teamdynamik und die Dauerhaftigkeit eines Teams bedeutsam. Aufgrund ihrer langjährigen Erfahrungen in unterschiedlichen Arbeitsgruppen kennen sie sich mit dem Integrationsprozedere in ein neues Team aus. Als Teil einer Gemeinschaft möchten sie ebenso wie ihre jüngeren Kollegen ihren Arbeitsbeitrag leisten.

4.4 Vorgesetztenbindung

Innerhalb einer Organisation ist ein Vorgesetzter eine Person, die befugt ist, nachgestelltes Personal zu leiten. In einschlägigen Wörterbüchern wird dem Vorgesetzten die Verantwortung für seine Gruppe innerhalb einer Organisation zugeschrieben. Die Aufgaben eines Vorgesetzten bestehen darin, Zielerreichungen für sein Team zu formulieren und zu gewährleisten, dass diese unter Einsatz seiner materiellen und personellen Ressourcen erfüllt werden. Neben Erreichen des Sachziels besteht seine Hauptaufgabe darin, die Arbeitsmoral und Gruppendynamik der Mitarbeiter zu stärken.

Um gewisse Ziele erreichen zu können, sollte der Vorgesetzte auch über Führungsqualitäten verfügen. Eine Person kann zwar formal der Vorgesetzte eines Mitarbeiters sein, muss aber nicht zwangsläufig als Führer akzeptiert werden. Führung betrachten Hemphill und Coons als „the behaviour of an individual (...) directing the activities of a group toward a shared goal"(Hemphill/Coons 1957, S. 7). Die beiden Autoren betonen den wichtigen Beitrag des Vorgesetzten zur Gruppendynamik. Ein Vorgesetzter, der in der Rolle des Leaders von seinen Mitarbeitern wahrgenommen wird, verfügt über die Fähigkeit eine Gruppe zu entwickeln, die dann miteinander auf ein gemeinsames Ziel hinarbeitet (vgl. Hemphill/Coons 1957, S 7f.).

Im wirtschaftswissenschaftlichen Sprachgebrauch wird der Begriff „Vorgesetzter" kaum noch verwendet. In der Praxis bedienen sich heute kaum noch Unternehmen, aber nach wie vor Behörden dieses Terminus. Sowohl im Deutschen Wehr- als auch Beamtenrecht ist die Stellung des Vorgesetzten klar definiert:

> „Vorgesetzter ist, wer befugt ist, einem Soldaten Befehle zu erteilen. Durch Rechtsverordnung wird bestimmt, wer auf Grund seiner Dienststellung, seines Dienstgrades, besonderer Anordnung oder eigener Erklärung befehlen kann (...)" (Deutsches Wehrrecht 2007, § 1 Abs. 5 SG).

> „Der Beamte hat seine Vorgesetzten zu beraten und zu unterstützen. Er ist verpflichtet, die von ihnen erlassenen Anordnungen auszuführen und ihre allgemeinen Richtlinien zu befolgen, sofern es sich nicht um Fälle handelt, in denen er nach besonderer gesetzlicher Vorschrift nicht an Weisungen gebunden und nur dem Gesetz unterworfen ist" (BBG 1999, § 55).

Im Rahmen der Arbeit soll der Begriff „Vorgesetzter" nicht etwa verwendet werden, um auf den Beamtenstatus einiger Teamleiter zu verweisen, sondern um den „direkten Vorsitz" des Teamleiters gegenüber den Mitarbeitern herauszustellen. Der Vorgesetzte ist also eine Person, die einer bestimmten Gruppe von Mitarbeitern direkt vorgesetzt ist. Demnach werden in der Arbeit sämtliche Personen als Vorgesetzte bezeichnet, die sich in der Funktion des Teamleiters befinden, zur ersten unternehmensinternen Führungsebene gehören und für die persönlichen und unternehmensgebundenen Belange einer Gruppe von mehreren Mitarbeitern zuständig sind. In seiner Funktion als Vorgesetzter nimmt der Teamleiter eine vermittelnde Position zwischen Niederlassungsmanagement und Mitarbeitern ein. Der Vorgesetzte ist der direkte Ansprechpartner für die Mitarbeiter und stellt somit eine wichtige Bezugsperson dar. Mit dem Begriff der „Vorgesetztenbindung" beschreibe ich nun folgend die besondere Beziehungskonstellation zwischen Vorgesetztem und Mitarbeitern.

Die Vorgesetztenbindung setzt zunächst einmal die Erfüllung der Vorgesetztenaufgaben voraus. Des Weiteren ist es unerlässlich zum Aufbau einer Bindung, dass entweder der Mitarbeiter mit seinem Vorgesetzten in Kontakt tritt oder der Vorgesetzte mit seinem Mitarbeiter. Die Vorgesetztenbindung wird im Rahmen der Vorgesetztenkommunikation stetig neu definiert. Letztendlich bildet das Vorgesetztenverhältnis als spezielle Bindung zwischen Mitarbeiter und Vorgesetztem den Rahmen für einen auf Gegenseitigkeit beruhenden Umgang.

4.4.1 Vorgesetztenaufgabe

Im Arbeitsalltag verfolgt der Vorgesetzte verschiedene interpersonelle Ziele. Die folgenden Aussagen sollen Aufschluss darüber geben, wo Tätigkeitsfelder und Verantwortungen des Vorgesetzten im Umgang mit seinen Mitarbeitern liegen. Infolge der Bewältigung diverser Aufgaben stärken die Vorgesetzten ihre Beziehung zum Mitarbeiter und tragen gleichzeitig zur Optimierung des Arbeitsablaufs bei.

Ein Vorgesetzter aus der Technik schildert im Vergleich zu jüngeren Arbeitnehmern die Zurückhaltung der älteren gegenüber technischen Neuerungen und seine Anstrengung, den älteren Mitarbeitern den Sinn der systemischen Änderungen näher zu bringen.

> „Für mich ist das heutige Team einfacher; mit einem höheren Anteil von jüngeren Kräften ist das wesentlich einfacher. (...) jede Neuerung in bestimmten Bereichen. (...) die werden immer sehr kritisch betrachtet, wenn es ältere Mitarbeiter sind." (VO1, 5-9)

Zum Umgang mit seinen Mitarbeitern gehört für einen weiteren Vorgesetzten aus der Servicetechnik auch das Platzieren seiner Mitarbeiter auf eine Position, welche ihren Stärken, aber auch Schwächen gerecht wird. Dabei nennt der

Befragte das Beispiel eines Mitarbeiters, der kurz vor der Rente steht und durch seine körperliche Beeinträchtigung Probleme beim Erledigen einer seiner Haupttätigkeiten hat. Um seinen Mitarbeiter nicht weiterhin zu belasten, nimmt ihn der Vorgesetzte aus der anstrengenden Arbeitssituation heraus und delegiert die Aufgabe an dessen Kollegen.

> „Ja, indem man die Leute da einsetzt, wo die Fähigkeiten eben schon da sind." (VO3, 247)

Bestandteil des Verhältnisses zwischen Vorgesetztem und Mitarbeiter ist die Klärung der Autorität. Sollte der Mitarbeiter diese bei seinem Vorgesetzten in Frage stellen, hat der Vorgesetzte den Mitarbeiter darauf aufmerksam zu machen.

> „Das gehört einfach dazu, dass er halt wieder so ein bisschen in seine Schranken gewiesen wird, ja und weiß, der Chef, der bin ich." (VO2, 347)

Zu den unbeliebten Aufgaben eines Vorgesetzten gehört der Personalabbau, bei dessen Umsetzung er bereits einige für ihn als auch für seine Mitarbeiter negative Situationen erlebt hat.

> „(...) von den Erfahrungen mit dem Clearen[67]; dass man erlebt, was den Leuten passiert. Da gibt es so viel, was dazu gehört, was ich, was ich mir sehr angekreidet habe." (VO3, 498)

Der Vorgesetzte hat sich zu Beginn seiner Führungstätigkeit in der TK zur Aufgabe gemacht, seine Mitarbeiter und deren Arbeitsabläufe besser kennen zu lernen. Er bemüht sich um einen intensiven Kontakt mit seinen Mitarbeitern und begleitet sie gelegentlich im Außendienst. Für diese selbst gewählte Aufgabe wurde er bis vor kurzem von seinem Vorgesetzten kritisiert. Doch nun ist die Begleitung von Mitarbeitern bei ihren Außendienstfahrten eine für sämtliche Vorgesetzte verpflichtende Tätigkeit.

> „Ich habe vor drei Jahren, vor zwei Jahren von meinem jetzigen Chef kräftig eine auf die Mütze gekriegt, ich fahre zu viel raus, ich kümmere mich zu viel um das Personal und jetzt wiederum ist das von ganz oben eingeführt worden, vom großen Chef. Jetzt müssen wir sogar belegen, dass wir so viel raus fahren." (VO3, 97)

Sowohl im Bereich der Servicetechnik als auch im Call Center gehört die Durchführung von Coachings mit den Mitarbeitern zum Aufgabenportfolio der Vorgesetzten. Durch Kontrolle, Bewertung und Beratung während des Arbeits-

67 „Clearen" bezeichnet den Abbau überzähliger Personalstellen.

ablaufs sollen Arbeitsprozesse effizienter gestaltet werden. In der Servicetechnik begleiten die Vorgesetzten ihre Mitarbeiter etwa alle 12 Monate.

> „Er macht einmal irgendwann mal so ein Coaching mit uns, das heißt, er muss das wohl als Vorgabe so irgend mal so einen Tag mit jemand raus fahren, da sieht man mal so wie jemand arbeitet (...) einmal im Jahr, dann so ein Coaching." (MA3, 258; 264)

Auch im Call Center führen die Vorgesetzten Coachings durch. Ein Mitarbeiter beschreibt, wie dies im Normalfall abläuft.

> „Na, die [Vorgesetzte, Anm. M. J.-T.] steckt sich die Hörer auf, stöpselt sich mit rein (...) und sagt: Dieses Gespräch wird nun mitgeschnitten, es ist eine Schulungsmaßnahme für den Mitarbeiter, ich höre und spreche bloß nicht mit dazu. (...) Ich berate meinen Kollegen, wo er falsch gehandelt hat. (MA11, 335-341)

Die Aufgaben des Vorgesetzten sind sehr vielfältig. Im Hinblick auf den Umgang mit ältern Mitarbeitern betrachten es die Vorgesetzten vor allem als Herausforderung an, diesen die Vorteile der neuen Betriebssysteme zu erläutern.

4.4.2 Vorgesetztenkontaktierung

Die Voraussetzung zur Vorgesetztenbindung ist die Vorgesetztenkontaktierung. Hierbei sucht entweder der Mitarbeiter Kontakt zu seinem Vorgesetzten oder der Vorgesetzte geht auf seinen Mitarbeiter zu. Die Kontaktaufnahme ist meist mit einer gewissen Intention verbunden.

Die Mitarbeiterin beschreibt ihren Umgang, den sie zu Beginn ihres Berufslebens mit ihren Kollegen und dem Vorgesetzten hatte. Während sie die anderen Kollegen ohne weiteres kontaktierte, hielt sie zum Vorgesetzten eher Distanz.

> „Wo ich sehr jung dann war, also war schon offen, man konnte zu allen gehen. Aber ich denke zum Vorgesetzen schon noch ein bisschen anders, mit Abstand." (MA10, 239)

Heute hält sie keine Distanz mehr gegenüber dem Vorgesetzten, denn sie macht in Bezug auf das Kontaktieren keinen Unterschied zwischen Kollegen- und Vorgesetztenposition und kontaktiert beide unmittelbar.

> „Direkt, also, ich kann zu beiden direkt gehen, egal, ob jetzt Mitarbeiter oder Vorgesetzter." (MA10, 215)

Ein Mitarbeiter begründet eine Veränderung im Zugehen auf den Vorgesetzten damit, dass sich auch die Stellung des Vorgesetzten verändert hat. Während der Vorgesetzte in der Position als Mittler zwischen Vorarbeiter und Niederlassungsmanagement früher noch höher gestellt und für mehr Personal zuständig war, ist er heute für weniger Mitarbeiter zuständig und berichtet direkt an das Niederlassungsmanagement.

> „(...) mein Disziplinarvorgesetzter war eben früher jemand, der über 500 Leute zu bestimmen hatte und jetzt ist es eben einer, der über 17 Leute zu tun hat (...) dadurch wird es von ganz oben nach ganz unten irgendwie direkter.“ (MA6, 348-354)

Neben der Kontaktaufnahme zum Vorgesetzten durch die Mitarbeiter findet auch eine Kontaktaufnahme seitens des Vorgesetzten statt.

Die Beziehung zwischen der Befragten und ihrem Vorgesetzten ist gut, wobei der Vorgesetzte seine Mitarbeiterin meist bei Anfragen bezüglich der Modifizierung des Arbeitsablaufes und der Zeitplanung unmittelbar kontaktiert.

> „Der [Kontakt, Anm. M. J.-T.] ist gut, da kann ich mich eigentlich nicht beschweren. Der Kontakt besteht eigentlich nur dann, wenn es etwas Neues gibt, dann werde ich halt angesprochen, wie ich was ändern kann, ob ich dann und dann arbeiten kommen kann und so was eben.“ (MA12,133)

Die älteren Mitarbeiter sind sich bewusst, dass die Kontaktierung des Vorgesetzten unverzichtbar ist, um Probleme und Fragen zu klären. Nach der Kontaktierungsphase erfolgt in der Regel eine Kommunikation zwischen Teammitglied und Teamleiter.

4.4.3 Vorgesetztenkommunikation

Eine Vorgesetztenbindung ist kein starres Element, sondern wird durch die Kommunikation zwischen Vorgesetztem und Mitarbeiter immer wieder neu gebildet. Die Vorgesetztenkommunikation findet häufig zu gewissen Anlässen statt. Die Vorgesetzten besitzen eine bestimmte Erwartungshaltung gegenüber der Interaktion mit den Mitarbeitern und diese bewerten die Kommunikation mit ihrem Vorgesetzten entsprechend.

Die Mitarbeiterin erklärt, dass sie zwar regelmäßig, aber insgesamt nicht all zu häufig mit ihrem Vorgesetzten im Rahmen von Teamsitzungen kommuniziert.

> „Einmal im Monat haben wir da halt so eine Dienstbesprechung und dann werden wir halt zusammengerufen (...).“ (MA2, 259)

Als Kommunikationsanlass zwischen Vorgesetztem und Mitarbeiter nennt der Befragte das vorgeschriebene und vom Vorgesetzten einberufene Mitarbeiterjahresgespräch. Da er früher in dauerhaftem Kontakt mit seinem Vorgesetzten stand, bestand aus seiner Sicht kein Bedarf für ein solches Entwicklungsgespräch.

> „Wir führen zweimal im Jahr Mitarbeiterjahresgespräche durch (...). Das war bei uns, als ich damals angefangen habe, gar nicht notwendig, weil, bei uns wurde sich täglich unterhalten.“ (MA6, 316; 320)

Zwar kontaktierte die Befragte ihren Vorgesetzten früher ebenfalls unmittelbar, aber der damalige Kontakt hat sich im Vergleich zu heute gewandelt. Die Befragte fühlt sich gegenwärtig dem Vorgesetzten eher gewachsen. Dieses stärkere Selbstbewusstsein beim Kommunizieren mit ihrem Vorgesetzten schreibt sie ihrem fortgeschrittenen Alter zu. Sie hält sowohl ihre zurückhaltende Art zu Beginn ihres Berufslebens als auch ihre derzeit offene Art gegenüber ihrem Vorgesetzten für angemessen.

> „(...) das ist heute irgendwie offener, vielleicht auch leichter. (...) vielleicht ist es auch, weil man teilweise ja auch älter ist, vielleicht mehr Lebenserfahrung, also, dass man auch direkter miteinander umgeht, als wenn man jünger ist und sich das vielleicht auch nicht traut. (...) Ich sage mal, es ist vielleicht jedes zu seiner Zeit passend gewesen.“ (MA10, 251-253)

Die älteren Mitarbeiter kommunizieren sowohl im Rahmen von Teammeetings als auch in Einzelgesprächen in der Regel offen und direkt mit ihrem Vorgesetzten.

4.4.4 Vorgesetztenverhältnis

Das Vorgesetztenverhältnis bildet den Kern der Vorgesetztenbindung, da sich das Verhältnis des Vorgesetzten zu seinen Mitarbeitern und des Mitarbeiters zu seinem Vorgesetzten maßgeblich auf die Qualität und Effizienz von Arbeitsprozessen auswirkt und letztlich die Atmosphäre im Team bestimmt. Im Folgenden beschreiben zunächst die Mitarbeiter ihr Verhältnis zu ihrem Vorgesetzten. Anschließend äußern sich die Vorgesetzten zu ihrem Mitarbeiterverhältnis. Dabei zeigen sie auf, welche Erfahrungen sie mit ihrem Team im Alltag gemacht haben.

4.4.4.1 Verhältnis zum Vorgesetzten

Der Befragte schildert den Umgang, den er unmittelbar nach seiner Kündigung mit seinem Vorgesetzten pflegte. Er konnte seinem Vorgesetzten seinen abweichenden Standpunkt darlegen, ohne dabei das Verhältnis maßgeblich zu schädigen. Generell bevorzugt er einen offenen und ehrlichen Umgang mit dem Vorgesetzten. Diese Art des Umgangs zeigt beiden Beteiligten, was sie voneinander zu halten haben. Insgesamt muss das Verhältnis zum Vorgesetzten nicht freundschaftlich, aber respektvoll sein.

> „(...) wo ich hier mein Schlussstrich gemacht habe, der konnte es zwar nicht ganz verstehen, was ich gemacht habe, aber trotzdem konnten wir uns so gut unterhalten (...). Man muss ja nicht immer die Meinung vertreten. (...) Da ist es Quatsch da rum zu bauen, denn jeder weiß dann, woran er ist." (MA9, 591, 595)

Im Call Center ist der Kontakt zwischen Mitarbeitern und Vorgesetzten stetig gegeben, da der Vorgesetzte mit seinen Mitarbeitern in einem Großraumbüro sitzt. Daher besteht während der Arbeit ein gelegentlicher Blickkontakt, der aber auch von Seiten der Call Center Agents als Kontrolle des Arbeitsablaufs und der Kundenfreundlichkeit empfunden wird.

> „Ja, bei uns sitzt der Häuptling ja auch sozusagen unter den ganzen Indianern, man (...) hat auch schon mal Augenkontakt, aber so ist es eben auch eine Kontrolle: Klappt da alles, arbeitet die genug ab, wie spricht sie mit dem Kunden?" (MA12, 135)

Zu einem wertschätzenden Mitarbeiter-Vorgesetzten-Verhältnis gehört für den Mitarbeiter auch eine persönliche Nuance seitens des Vorgesetzten.

> „(...) ich fühle mich auch gut, wenn mich der Vorgesetzte mit meinem Namen anredet (...). Dass er weiß, wer ich bin." (MA6, 366)

Weiterhin sollte sich der Vorgesetzte im Tätigkeitsgebiet unbedingt auskennen und sich selbst auf dem aktuellsten Stand halten, damit er vom Mitarbeiter respektiert wird.

> „(...) Arbeitsabläufe, wenn irgendetwas Neues aufgekommen ist, dass er sich da, weil letztendlich kommen die Sachen über ihn und ich bin der Meinung: Wenn das schon der Vorgesetzte ist, dann muss er letztendlich auch wissen, wie das abläuft." (MA8, 362)

Darüber hinaus zeigt sich ein positives Vorgesetztenverhältnis darin, dass die Vorgesetzte während ihrer Abwesenheit ihren Mitarbeitern Vertrauen zuspricht und Aufgaben an diese weiterdelegiert.

> „Nee, IIII hat Aufgaben verteilt, weil sie erst mal in Schwangerschaftsurlaub geht (...).“ (MA11, 473)

Das Mitarbeiter-Vorgesetzten-Verhältnis bewerten die Mitarbeiter in Anbetracht ihrer umfangreichen Erfahrungen mit unterschiedlichen Vorgesetzten als positiv. Trotz Meinungsverschiedenheiten und gegensätzlichen Einstellungen zu bestimmten Sachverhalten besteht insgesamt ein positives Verhältnis zwischen beiden Parteien.

4.4.4.2 Verhältnis zum Mitarbeiter

Nicht nur die Mitarbeiter zeigen ihr Verhältnis zu ihrem Vorgesetzten auf, auch die Vorgesetzten erläutern ihrerseits das Verhältnis zu ihren Mitarbeitern. Die Vorgesetzten gehen auf das Verhalten ihrer Mitarbeiter im Berufsalltag ein und schildern dabei ihre Ansprüche an dieses Verhältnis. Den Kontakt zu seinen älteren Mitarbeitern bewertet der Vorgesetzte als gewöhnlich und für ihn gleichzeitig zufrieden stellend.

> „Normal, gut.“ (VO2, 4)

Die Vorgesetzte hegt den Anspruch an sich selbst, ihren Mitarbeitern gegenüber kompetent aufzutreten und ist sich bewusst, dass sie stetig gefordert ist, Wissenslücken zu schließen.

> „(...) also Sie müssen schon wissen, wovon Sie reden, fachlich (...) Sie müssen nicht alles können, also, ich sage auch des Öfteren: Tut mir leid, das weiß ich nicht, da gehe ich jetzt fragen, oder, muss ich noch mal lesen.“ (VO6, 354)

Laut des Vorgesetzten haben die Mitarbeiter kein unbedachtes Verhältnis zu ihm. Er nimmt an, dass die jüngeren Mitarbeiter schneller eine Beziehung, aber eher oberflächlicher Art, zu ihm aufbauen. Dagegen lassen sich Ältere beim Aufbau eines Verhältnisses mehr Zeit und wechseln von einer zunächst eher reservierten zu einer vertrauensvollen Beziehung. Trotz einem guten Verhältnis zu seinen jüngeren Mitarbeitern erwartet er bei ihnen eher einen Vertrauensbruch.

> „Aber das Spontane, dass (...) der Mitarbeiter zu mir sagt: Boah, Du bist schwer in Ordnung. Das ist, glaube ich, nicht so und bei Jüngeren wäre vielleicht schneller so eine Umarmungs-Freundschaft da, aber das ist bei Älteren nicht mehr so. Die warten doch immer ein bisschen ab (...), dass ich zu meinen jüngeren Mitarbeitern ein gutes Verhältnis habe, und da so auch akzeptiert werde (...) bei den Älteren (...) da bin ich vor Überraschungen sicher.“ (VO1, 216-218)

Beim Verhältnis zu seinen Mitarbeitern betont er die Charakterstärke der erfahrenen Mitarbeiter. Der Vorgesetzte sieht bei Älteren eine größere Aufrichtigkeit in kritischen Situationen. Ältere Mitarbeiter vertreten eher die Einstellung, dass kritische Situationen zum Arbeitsleben dazu gehören. Jüngere befürchten stattdessen Sanktionen.

> „(...) bestimmte Probleme sind normal, sind menschlich und da steht der ältere Mitarbeiter dazu, während der Jüngere vielleicht das Gefühl hat: Wenn ich das jetzt sage, dann werde ich raus genommen (...).“ (VO1, 242)

Die Weitsichtigkeit des Älteren im Kundenverhältnis überträgt er auf das Verhältnis ihm gegenüber. Generell schätzt der Befragte ältere Mitarbeiter als empathischer und respektvoller gegenüber anderen ein. Vorausschauend ist sich der Ältere den Konsequenzen eines groben Fehlverhaltens gegenüber dem Teamleiter bewusst.

> „Genau wie gegenüber dem Kunden, dass er [der ältere Mitarbeiter, Anm. M. J.-T.] genau weiß, wo (...) die Privatsphäre des Teamleiters verletzt (...). Also, der hat vielleicht, wie er sich in den Kunden rein versetzen kann (...). Dass er erkennen kann, wenn das Problem jetzt nicht offen angesprochen wird, kann es zum Riesenproblem kommen und nachher sogar zum Vertrauensbruch.“ (VO1, 246)

Ein weiterer Vorgesetzter betont die Bedeutsamkeit einer intakten Teambeziehung, die sowohl zwischen den Mitarbeitern als auch zwischen den Mitarbeitern und dem Vorgesetzten herrschen sollte. Durch die Solidarität gegenüber ihrem Vorgesetzten arbeiten die Mitarbeiter vorausschauend und autonom. Sie bearbeiten Aufträge über die festgelegte Arbeitszeit hinaus. Wäre die Sympathie der Mitarbeiter für ihren Vorgesetzten nicht gegeben, müsste dieser erhebliche Kraft aufwenden, um die Arbeit zu planen und zu dirigieren.

> „Ich kann zwar anordnen, aber dann muss ich alles anordnen (...). Habe ich aber so eine funktionierende Truppe, wo diese Gemeinschaft herrscht, auch zwischen Vorgesetzten und den Mitarbeitern (...) dann bilden die Eigeninitiative aus, arbeiten Probleme selbstständig ab (...). Wenn das nicht wäre, würden die um 15:14 Uhr den Hammer fallen lassen und sagen: Ich habe jetzt Feierabend.“ (VO2, 323-325)

Insgesamt berichten die Vorgesetzten über ein positives Verhältnis zu ihren Mitarbeitern. Dabei lassen sich im Gegensatz zu jüngeren Mitarbeitern ältere mehr Zeit zum Aufbau eines vertrauensvollen Verhältnisses bzw. haben durch die jahrelange Zusammenarbeit mit ihrem Vorgesetzten ein solches bereits aufgebaut.

4.4.5 Zusammenfassung

Im Arbeitskontext ist eine enge Bindung zwischen Vorgesetztem und Mitarbeiter gegeben. Das Verhältnis zwischen den beiden Parteien ist meist offen und direkt.

Im Vergleich zu früher sind die hierarchischen Strukturen flacher geworden. Der überwiegende Teil der Mitarbeiter duzt seinen Vorgesetzten und die Beziehung zwischen Vorgesetztem und Mitarbeiter ist heute eher auf einer Ebene anzuordnen. Da der Vorgesetzte weniger in den unmittelbaren Arbeitsprozess integriert und eher mit Organisations- und Verwaltungsaufgaben beschäftigt ist, hat sich die Bedeutung der Arbeit verändert. Lag die Hauptentscheidung und -verantwortung früher beim Vorgesetzten, so muss der Mitarbeiter heute mehr Kompetenz durch Eigeninitiative und -verantwortung im Rahmen seiner Tätigkeit beweisen.

Bei seinem Verhältnis zum Vorgesetzten betont der Mitarbeiter vor allem Respekt. Respekt verdient sich der Vorgesetzte dadurch, dass er dem Mitarbeiter gegenüber ehrlich ist und sich auch fachlich kompetent hält. Älteren Mitarbeiter ist es ebenso wichtig, dass der Vorgesetzte Interesse an ihrer Person zeigt und ihre Arbeit wertschätzt.

Auch Vorgesetzte äußern sich über ihr Verhältnis zu den Mitarbeitern. Als positive Eigenschaft Älterer wird deren große Loyalität gegenüber dem Unternehmen bzw. dem Vorgesetzten genannt. Älteren Erwerbstätigen unterlaufen ebenso wie Jüngeren Fehler, die sie aber kaum mutwillig herbeiführen und für deren Konsequenzen sie selbstverständlich einstehen. Während Jüngere aus Sorge vor Sanktionen Fehler weniger offen zugeben, haben sich Ältere im Laufe ihres Lebens die Haltung angeeignet, dass Fehler beim Arbeiten passieren können. Das gute Verhältnis zu den Mitarbeitern verleiht den Vorgesetzten Sicherheit bei der Arbeitsplanung.

4.5 Wohlbefinden

Auf die Frage, welche Maßnahmen sie zur Erhaltung der seelischen und körperlichen Balance im Beruf ergreifen, geben die Befragten unterschiedliche Verhaltensweisen an, die sie sowohl während der Arbeit als auch in ihrer arbeitsfreien Zeit ausführen. Einerseits legen die älteren Mitarbeiter dabei den Schwerpunkt auf ihre physische und andererseits auf die psychische Gesundheit. Manche sorgen bewusst für einen Ausgleich im Hinblick auf beide Gesundheitsfaktoren.

Da vielen alternden Menschen im Laufe der zweiten Lebenshälfte biologische Abbauprozesse bewusst werden (vgl. u.a. Kruse et al. 2005; Datenreport 2006, S. 445ff.; Wurm 2006, S. 15ff.), beginnen sie oftmals kritisch die Realität mit einstmaligen Lebensentwürfen zu vergleichen. Ältere Menschen werden zudem vermehrt mit Schicksalsschlägen im Familien- oder Freundeskreis konfrontiert (vgl. u.a. Blaxter 1990; Filipp/ Ferring 1991; Filipp/Mayer 2002). Infolge dieser aufgezeigten Entwicklungen beschäftigen sich Ältere meist intensiver als Jüngere mit gesundheitsbezogenen Aspekten.

Die Beschäftigung mit der physischen und psychischen Gesundheit ist zwar temporär unterschiedlich gewichtet, setzt im Grunde jedoch bei der Kindheit an und vollzieht sich bis ins hohe Alter.

> „Schon im Kindesalter besteht eine Wechselwirkung zwischen Körper, Geist und Seele. Die Förderung der körperlichen und seelischen Gesundheit stellt somit eine Einheit dar, die ein Leben lang Gültigkeit behält" (BZgA 2001, S. 1).

Zur Beschreibung der umfassenden gesundheitlichen Befindlichkeit eines Menschen existiert seit einiger Zeit ein sozialwissenschaftlicher Diskurs um die Begriffe „Wohlbefinden" und „Gesundheitsbezogene Lebensqualität". Da beide Begrifflichkeiten in ähnlicher Weise Verwendung finden, ist eine Abgrenzung nur schwer möglich (vgl. Veenhoven 2001). Trotzdem sollen im Folgenden beide Begriffe aufgegriffen, diskutiert und entschieden werden, welcher der beiden zur weiteren Verwendung sinnvoll erscheint.

Die einschlägige Literatur beschreibt Wohlbefinden als den allgemeinen Zustand physischer und psychischer Gesundheit, wobei verschiedene innere und äußere Faktoren das Wohlbefinden eines Menschen bedingen. Zu den inneren Faktoren zählen sowohl psychische Faktoren wie die Motivation, das Selbstbewusstsein und die Selbstwirksamkeit, als auch physische Aspekte wie die Abwesenheit von Krankheitssymptomen und Fitness. Äußere Faktoren sind hingegen die physikalischen Umgebungsbedingungen wie beispielsweise Lärmpegel, Licht und Temperatur.

Wohlbefinden unterteilt sich im Wesentlichen in drei Dimensionen:

- *Physisches Wohlbefinden:*
  Damit sind positive körperliche Empfindungen wie Sättigungsgefühl und Fitness gemeint.

- *Psychisches Wohlbefinden:*
  Hierzu tragen insbesondere positive Emotionen wie Freude bei.

- *Soziales Wohlbefinden:*
  Dabei spielen positive soziale Kontakte die tragende Rolle. Die Person fühlt sich in einer sozialen Gruppe integriert und erfährt Unterstützung.

Trotz der Zunahme von körperlichen Einschränkungen und dem Bewusstwerden, dass das Leben in die letzte Phase eintritt, äußern sich viele Ältere positiv zu ihrem Wohlbefinden (vgl. Mayring 1987;Tesch-Römer/Wurm 2006).

Auch Ryff und Essex (1991) haben sich mit dem Wohlbefinden im Alter auseinandergesetzt und beschreiben mehrere Faktoren, die dazu beitragen. Den beiden Autoren zufolge zeigt sich das Wohlbefinden älterer Menschen insbesondere in der Akzeptanz der eigenen Person mit ihren Stärken und Schwächen, im Eingang von positiven Beziehungen zu anderen Menschen und der subjektiv erlebten Autonomie.

Neben Wohlbefinden ist in den letzten Jahren der Begriff der „gesundheitsbezogenen Lebensqualität" stärker in den sozialwissenschaftlichen Diskurs zur Beschreibung der subjektiv erlebten Gesundheit gerückt (vgl. u.a. Bullinger 2000; Bullinger et al. 2000; Fitzpatrick 2000).

Patrick und Erickson (1988) unterteilen die gesundheitsbezogene Lebensqualität in vier Dimensionen:

- *Beurteilung des körperlichen Zustands:*
  Viele Patienten betrachten physische Einschränkungen als primäre Ursache für eine Verschlechterung der Lebensqualität.

- *Erleben der psychischen Verfassung:*
  Zufriedenheit mit der eigenen Lebenssituation zu empfinden, beeinflusst im positiven Sinne die gesundheitsbezogene Lebensqualität.

- *Erfahren der Selbstwirksamkeit im Alltag:*
  Erkrankungsbedingte, funktionale Einschränkungen in alltäglichen Wirkungsbereichen Beruf, Haushalt und Freizeit führen zur Minderung der Lebensqualität.

- *Ausgestaltung zwischenmenschlicher Beziehungen und Interaktionen:*
  Ein reger Austausch mit anderen Menschen und ein verlässliches soziales Netzwerk tragen zur gesundheitsbezogenen Lebensqualität bei.

Diese vier Dimensionen der gesundheitsbezogenen Lebensqualität vereint die World Health Organization (WHO) in ihrer Definition von „Quality of Life“:

> „Quality of life is defined as an individual's perception of their position in life in the context of the culture and value systems in which they live and in relation to their goals, expectations, standards and concerns. It is a broad ranging concept affected in a complex way by the person's physical health, psychological state, level of independence, social relationships, and their relationship to salient features of their environment” (WHO 1996, S. 354).

Insgesamt besteht im Diskurs um gesundheitsbezogene Lebensqualität Einigkeit darüber, dass es sich um ein mulidimensionales Konstrukt aus körperlichen, emotionalen, sozialen und verhaltensbezogenen Komponenten handelt (vgl. u.a. DAK 2004). Denn die gesundheitsbezogene Lebensqualität basiert auf dem Wohlbefinden der Person und ihrem subjektiv empfundenen Handlungsvermögen. Letztlich entspricht die gesundheitsbezogene Lebensqualität also dem subjektiv wahrgenommenen Gesundheitszustand (vgl. u.a. Filipp/Ferring 1991; Spilker 1999; Bullinger 2000; Bullinger et al. 2000).

Sowohl der Begriff „Wohlbefinden“ als auch „Gesundheitsbezogene Lebensqualität“ scheinen zur weiterführenden Einordnung der Mitarbeiteraussagen sinnvoll. Ich entscheide mich jedoch für das Wohlbefinden, da trotz vielerlei Integrationsbemühungen in die Sozialforschung der Begriff „Gesundheitsbezogene Lebensqualität“ in erster Linie medizinisch besetzt bleibt. Schließlich handelt es sich bei der gesundheitsbezogenen Lebensqualität um einen originär medizinischen Begriff, der als Synonym für den subjektiv empfundenen Gesundheitszustand steht. In der Medizin stellt die gesundheitsbezogene Lebensqualität ein etabliertes Evaluationskriterium zur intensiveren Erfassung des Gesundheits- bzw. Krankheitszustands eines Patienten dar. Ärzte möchten verstehen, inwieweit die Krankheit ihres Patienten mit dessen Lebensführung zusammenhängt:

> "Physicians have often used health-related quality of life (HRQOL) to measure the effects of chronic illness in their patients to better understand how an illness interferes with a person's day-to-day life" (CDC 2007, S. 1).

Hingegen ist das „Wohlbefinden" ein primär psychologisches Konzept zur Erfassung der Lebenszufriedenheit und wird nicht nur im klinischen Sinne verwand.

Dass das Wohlbefinden nicht ausschließlich vom Individuum selbst bestimmt wird, sondern zusätzlich „dem Vergleich mit anderen standhalten muss", spricht Schmocker in ihrer Definition an.

> „Wohlbefinden (well-being) bedeutet also in einem Zustand zu sein, der der körperlichen, psychischen und sozialen ‚Norm' des Mensch-Seins und des Mensch-in-der-Gesellschaft-Seins entspricht" (Schmocker 2004, S. 14).

Zur weiteren Verwendung beziehe ich mich auf die Definition von El-Giamal (1994). Diese beschreibt Wohlbefinden „(…) als Einheit von psychischem, physischem und sozialem Wohlbefinden. (…) Dies schließt mit ein, dass sich eine Person ausgeglichen und kompetent, gesund und fit, sowie gebraucht und geliebt fühlt" (El-Giamal 1994, S. 30). Weiterhin fügt El-Giamal hinzu:

> „Alleine das körperliche Funktionieren reicht als Definition nicht aus. Wohlbefinden kann als eine Art Überbegriff für viele positive Erlebnisqualitäten angesehen werden" (El-Giamal 1994, S. 30).

Aufgrund ihrer ausgeprägten Lebens- und Berufserfahrung haben die befragten Mitarbeiter etliche positiv aber auch negativ empfundene Situationen erlebt und können sich ein entsprechend fundiertes Urteil über ihr Wohlempfinden bilden:

> „Ein Erlebniszustand wie (…) Wohlbefinden kann jedoch ohne das zeitweilige Vorhandensein eines anderen negativen Zustandes nicht existieren" (El-Giamal 1994, S. 30).

Im Folgenden beschreibe ich vier Dimensionen des Wohlbefindens, die bei der Analyse des empirischen Materials gewonnen werden konnten. Dabei stellt die Arbeitseinstellung eine Dimension dar, die sich auf das Wohlbefinden auswirkt. Zum Wohlbefinden der Mitarbeiter liefert auch das Wohlfühlen am Arbeitsplatz einen großen Beitrag. Des Weiteren weisen zahlreiche Mitarbeiteraussagen zum

Stellenwert der Gesundheit und der Gesundheitsprävention die große Relevanz der Gesundheit im Hinblick auf das Wohlbefinden auf.

4.5.1 Arbeitseinstellung

Die Mitarbeiteraussagen zeigen, dass sich eine positive Einstellung zur Arbeit und zum Arbeitsgeschehen auch positiv auf das Wohlbefinden des Einzelnen auswirkt. Eine für das Wohlbefinden förderliche Arbeitseinstellung zeigt der Arbeitnehmer, indem er eine positive Grundeinstellung hinsichtlich seiner beruflichen Tätigkeit einnimmt, seine Arbeit wertschätzt und darüber hinaus in seine Arbeitsfähigkeit[68] investiert.

Die älteste befragte Mitarbeiterin vertritt heute eine positive Arbeitseinstellung. Zu Beginn ihres Berufslebens beeinflussten arbeitsbezogene Probleme viel stärker ihre Gemütslage. Ihre Einstellung zur Arbeit hat die Befragte inzwischen sehr verändert. Sie ist überzeugt davon, dass sie ihre Tätigkeiten zufriedenstellend ausführt. Im Arbeitsleben sieht sie es insgesamt als ganz natürlich an, dass sowohl die Qualität der erbrachten Leistungen als auch die eigene Gemütslage manchmal schwankt. Sie grenzt ihr Privat- und Berufsleben deutlich voneinander ab und beschäftigt sich ausschließlich während der Arbeitzeit mit beruflichen Inhalten.

> „Wenn ich hier bin und arbeite, dann probiere ich das immer möglichst ordentlich und gut zu machen. Klar, manchmal klappt mal was nicht so gut oder man fühlt sich auch nicht immer gleich wohl, aber ich weiß, dass ich mein Möglichstes gebe und dann reicht das auch. Dann kann ich nicht noch zu Hause ständig an die Arbeit denken (…). Arbeit ist Arbeit und die gehört hier hin (…).“ (MA12, 309-311)

Ihren gelassen Umgang mit problematischen interpersonellen Situationen schreibt sie ihrem durch die Berufserfahrung gewachsenem Selbstbewusstsein zu. Sie hat das Bewusstsein entwickelt, dass negative Erfahrungen ein Bestandteil des Berufslebens sind und gemeistert werden können.

> „I: Und diese Haltung, die haben Sie so im Laufe ihres Berufslebens angenommen (…)?

68 Der Begriff „Arbeitsfähigkeit“ wird im Kontext der Arbeit wie folgt verstanden: „Die Arbeitsfähigkeit beschreibt die Fähigkeit eines Menschen, eine gegebene Arbeit zu einem bestimmten Zeitpunkt zu bewältigen“ (Freude 2007, S. 23).

> MA12: Ja, ich denke schon. Da spielt, glaube ich, auch so ein bisschen das Selbstbewusstsein mit, so, dass man eben merkt, dass man seine Sache gut macht, gut genug, dass man auch bei Problemen mit Kollegen oder Kunden oder so, dass einen das nicht umhaut, sondern immer mal passieren kann." (MA12, 312-313)

Dass er über seine Berufstätigkeit reflektiert, zeigt der Call Center Agent im Vergleich zu seiner früheren Vorgehensweise: In jüngeren Jahren reflektierte er noch nicht so intensiv über berufliche Gegebenheiten, sondern passte sich den vorherrschenden Bedingungen an und hinterfragte wenig. Er folgte Anweisungen, ohne sich mit den Konsequenzen seines Handelns zu beschäftigen oder sich gar die Verantwortung dafür zuzuschreiben. Heute möchte sich der Mitarbeiter mit seiner Tätigkeit identifizieren können.

> „Ich glaube nicht, nach drei, vier Jahren (...). Man fängt da nicht an sich mit Dingen auseinanderzusetzen (...). Aber irgendwann mal (...). Das ist es ja nicht. (...) Also, es muss schon ein bisschen dahinter stehen, das hat man in den ganz jungen Jahren nicht." (MA9, 663-667)

Seine Einstellung zur Arbeit zeigt der ältere Mitarbeiter aus der Servicetechnik darin, dass er seiner Berufstätigkeit einen höheren Stellenwert als seiner Gesundheit beimisst. Diese pflichtbewusste, aber auch gesundheitskritische Einstellung schreibt er seiner Persönlichkeit zu.

> „(...) auch wenn ich abends oder nachmittags nach Hause komme und kann mich kaum bewegen, weil ich Kreuzschmerzen habe (...) das ist dann am nächsten Tag vergessen und dann gehe ich wieder zur Arbeit. (...) Ja, ich bin halt so, das ist halt so, ich kann nichts daran ändern." (MA1, 190-194)

Diese Arbeitseinstellung schreibt der Vorgesetzte aus dem Call Center neben der Mentalität der älteren Mitarbeiter zu.

> „Der [Ältere, Anm. M. J.-T.] hat auch eine andere Einstellung, (...) der kommt auch mal mit einem kleinen Schnupfen (...) weil er einfach von Anfang an so erzogen worden ist (...)." (VO4, 47)

Der befragte Mitarbeiter weist ferner daraufhin, dass Ältere eher den Ernst der Lage erkennen und aus Sorge vor beruflichen Sanktionen krankheitsbedingtes Fehlen vermeiden.

> „Man traut sich eigentlich gar nicht krank zu feiern. (...) Die [Jüngeren, Anm. M. J.-T.] machen sich vielleicht noch nicht so einen Kopf, weil sie auch vielleicht keine Familie haben, wo sie sagen müssen: Mensch, wenn ich hier mal nicht mehr bei der Telekom bin oder ich verliere meinen Beruf, dann geht man doch so manchmal arbeiten, wo die Jüngeren zu Hause bleiben." (MA3, 79; 85)

Seine positive Einstellung zur Arbeit zeigt ein älterer Mitarbeiter auch darin, dass er nicht früher als notwendig aus dem Berufsleben ausscheiden bzw. seine Arbeitszeit verkürzen möchte. Für ihn ist insbesondere das mit der Arbeit verbundene „Aktiv sein" bedeutend. Statt sich in der arbeitsfreien Zeit zu Hause zu erholen, versucht er sich dort selbst zu beschäftigen.

> „Hör mal, ich bin vielleicht so ein Typ, die [Teamleiter, Anm. M. J.-T.] beknien mich, dass ich in die Altersteilzeit gehen soll, ich will das gar nicht. (…) ich muss meine Beschäftigung haben. Wenn ich drei Wochen Urlaub habe, dann trete ich nach zwei Wochen auf der Stelle, dann fange ich an Keller aufzuräumen, Garage aufzuräumen (…)." (MA1, 186-188)

Die Arbeitseinstellung zeigt sich laut dem Vorgesetzten aus der Servicetechnik darin, ob und wie sich der Mitarbeiter um seine geistige Fitness kümmert. Diese auf Nachhaltigkeit ausgerichtete Arbeitseinstellung erwirkt nicht nur beim Vorgesetzten eine Wertschätzung, auch der Beschäftigte selbst bewertet sie positiv. Realisiert der alternde Mitarbeiter, dass er im Beruf geistig beansprucht wird und kognitiv mit dem Niveau der Kollegen mithalten kann, steigt sowohl sein Selbstbewusstsein als auch seine Arbeitsmotivation.

> „(…) der Scheideweg (…) ist für mich so 30, 40, wo die, die immer weitermachen (…). Die sich da weiterentwickeln und fit bleiben, die sind, wenn nichts dazwischen kommt, noch mit 50 fit und ohne Probleme einsetzbar. (…) Richtig, derjenige, der selbst merkt, er kommt im Kopf noch weiter und es klappt alles und er vergisst nicht so viel, der hat dann auch ein gewisses Selbstwertgefühl, was dann, wo er auch gerne arbeiten kommt." (VO1, 415- 417)

Auch das Wohlfühlen am Arbeitsplatz ist ein weiterer wichtiger Faktor, der zum Wohlbefinden des Arbeitnehmers beiträgt.

4.5.2 Wohlfühlen am Arbeitsplatz

Beim Wohlfühlen am Arbeitsplatz ist nach positiven oder negativen Einflussfaktoren zu unterscheiden. Ferner liegen Aussagen zur Verantwortung für das Wohlfühlen am Arbeitsplatz und zu dessen Steigerung vor.

Die Vorgesetzte greift den Aspekt der Arbeitsplatzgestaltung auf. Ihrer Erfahrung nach stellt ein ansprechend eingerichteter Arbeitsplatz neben der guten Gemeinschaft unter den Kollegen einen Wohlfühlfaktor dar.

> „(…) Büro, so drum rum alles so, das muss einigermaßen so sein (…) dass es ein bisschen gemütlich ist (…). Und sie müssen miteinander auskommen, das ist ganz wichtig (…)." (VO6, 433)

Um sich bei der Arbeit wohl zu fühlen, ist es ebenso wichtig, dass die Mitarbeiter von ihrer Vorgesetzten das Gefühl vermittelt bekommen, dass Fehler keine Schande sind, sondern zum Arbeiten dazugehören. Hier sieht die Vorgesetzte die älteren Mitarbeiter, die einen offenen und ironischen Umgang mit ihren Fehlern aufzeigen, in einer Vorreiterrolle.

> „(...) gerade die Älteren sagen eben gerade: Na, ich bin schon älter, das habe ich wieder mal vergessen. Was kann ich denn dafür? Meine Gehirnzellen sterben ab, oder irgendwie kommen so ein paar lockere Sprüche. (VO6, 462)

> „Und dadurch, dass die Jüngeren merken: Das sieht die ganz locker, wenn ich mal was falsch mache (...).“ (VO6, 464)

Auch für diese ältere Befragte aus der Servicetechnik trägt die Gemeinschaft unter den Kollegen maßgeblich zum Wohlfühlen bei der Arbeit bei. Das Wohlfühlen begründet sie damit, dass eine hohe Solidarität unter den Kollegen gegeben ist.

> „(...) das ist eine Arbeit, die mir gefällt und das Drumherum im Team, das stimmt eigentlich. Wie gesagt, man kann immer jemanden anrufen, man kann immer jemanden anhauen (...) das führt unwahrscheinlich dazu, dass man sich eben wohl fühlt (...).“ (MA2, 395)

Im Umkehrfall mindert ein nicht intaktes Team das Wohlfühlen bei der Arbeit. Kommunizierten die Kollegen nicht miteinander, gäbe keiner berufsbezogene Informationen untereinander weiter, fiele es der Mitarbeiterin schwer, sich zur Arbeit mit den missmutigen Kollegen zu motivieren.

> „(...) wenn ich da in einem Team bin, wo keiner miteinander redet oder keine Informationen weitergibt oder nur am Meckern ist (...). Da würde ich dann auch schon mal denken: Mein Gott, jetzt musst du wieder mit dem zusammenarbeiten.“ (MA2, 407)

Negativ auf das Wohlfühlen am Arbeitsplatz wirken sich zudem einige arbeitsorganisatorische Begebenheiten aus:

> „Wo man sich nicht bei wohl fühlt, dass ist das Drumherum (...).“ (MA2, 397)

Dass sich endpersonalisierte Arbeitsbedingungen negativ auf das Wohlfühlen auswirken, berichtet ein Mitarbeiter aus dem Call Center. Er vermisst im Vergleich zu anfänglichen Berufsjahren Ansprechpartner, an die er sich bei Fragen wenden kann.

> „(...) früher hat man sich der Firma mehr verbunden gefühlt. (...) so die ganze Betreuung war noch persönlicher. (...) Man hat noch irgendwo ein Personalbüro gehabt, man konnte hingehen (...). Heute rufst Du irgendwo eine Hotline an, irgendwo von einer Personalstelle.“ (MA8, 444- 448)

Ein befragter Mitarbeiter äußert sich ebenso zu den Arbeitsbedingungen, die für ihn in Form des allein bewältigten Arbeitsablaufs einen positiven Einfluss auf das Wohlfühlen ausüben.

> „Ja, dieses selbstständige Arbeiten, deswegen fühle ich mich eigentlich wohl (...). Wir fangen ja nun mal morgens zu Hause an und hören abends zu Hause auf.“ (MA3, 406-408)

Insgesamt wirken sich die zuverlässige Besoldung und Wertschätzung durch den Arbeitgeber positiv aus.

> „(...) die Firma hat mich bisher, die letzten Jahre eigentlich gut versorgt, und ich musste nicht am Hungertuch nagen, bin auch nicht entsorgt worden (...).“ (MA8, 444)

Dass die Mitarbeiter in ihrer körperlichen und seelischen Gesundheit einen wichtigen Einflussfaktor auf das Wohlbefinden sehen, zeigt das folgende Kapitel.

4.5.3 Gesundheitsstellenwert

Die Mitarbeiter sind in erster Linie für ihre eigene Gesundheit verantwortlich. Nur wer gesund und leistungsfähig ist, kann im Alltag dem vorgesehenen Arbeitspensum gerecht werden. Gesundheit stellt also eine wesentliche Grundlage der Arbeitsfähigkeit dar. Insofern ist es für das Unternehmen entscheidend, welchen Stellenwert die Mitarbeiter ihrer Gesundheit zuschreiben und inwiefern sie auf ihre Gesundheit achten.

Im Folgenden äußern sich die Mitarbeiter zunächst zur Höhe und Entwicklung des Gesundheitsstellenwerts. Ferner beziehen sie sich hinsichtlich des Stellenwerts der Gesundheit sowohl auf psychische als auch physische Faktoren.

Eine klare Aussage zum Stellenwert ihrer Gesundheit trifft eine Befragte aus dem Call Center. Für sie persönlich ist die Gesundheit das Bedeutungsvollste und stellt gleichzeitig die wesentliche Voraussetzung für eine erfolgreiche und erfüllte Berufstätigkeit dar.

> „Sehr wichtig, das ist doch eigentlich das A und O. Ich kann doch nur gut sein und meine Arbeit gut oder ordentlich (...) erledigen, wenn ich fit bin.“ (MA12, 283)

Im Vergleich zu früher räumt die Mitarbeiterin gesundheitlichen Aspekten einen höheren Stellenwert ein. Aus eigener Erfahrung berichtet sie, dass Menschen in früheren Lebensphasen dem Thema Gesundheit keinen zentralen Stellenwert zuschreiben. Da sie keine gesundheitliche Einbuße beklagen, richten sie in dieser Lebensphase ihren Fokus eher auf andere Themen wie ihr äußeres Erscheinungsbild oder das Gründen einer Familie.

> „I: Habe ich das richtig gedeutet, machen Sie sich da [über gesundheitliche Aspekte, Anm. M. J.-T.] heute mehr Gedanken drüber, so mit den Jahren?
>
> MA12: Ja, sicher. (...) wenn es einem gut geht und so als junger Mensch, da funktioniert ja alles noch einwandfrei, dann macht man sich vielleicht um sein Aussehen oder die Familienplanung Gedanken, aber doch nicht um die Gesundheit.“ (MA12, 278-279)

Bezüglich des Stellenwerts von gesundheitlichen Aspekten räumt die Befragte der psychischen einen anderen Stellenwert als der physischen Gesundheit ein. Im Gegensatz zu körperlichen Einschränkungen sind seelische nicht direkt ersichtlich und nur indirekt erschließbar. Ihrer Erfahrung nach besteht unter den Kollegen eher die Bereitschaft, körperliche als seelische Beschwerden zu thematisieren. Psychische Probleme sehen die Mitarbeiter eher als Bestandteil des Privatlebens und halten sich mit diesbezüglichen Äußerungen zurück.

> „Es ist doch eher so, dass man mal sagt: Oh, der Rücken tut weh, bevor man sagt, mir geht es aber seelisch nicht so gut. (...) das geht dann schon mehr ins Private und ich denke, da ist eher eine Schwelle, gerade so im Beruf.“ (MA12, 289)

Indem die Mitarbeiter ihre Gesundheit aktiv schützen oder vorhandene gesundheitliche Defizite abbauen, zeigt sich der hohe Stellenwert der Gesundheit letztlich auch in der Gesundheitsprävention.

4.5.4 Gesundheitsprävention

Sich aktiv für seine Gesundheit einzusetzen, wirkt sich positiv auf das Wohlbefinden aus und zeigt zudem die Eigeninitiative der Mitarbeiter hinsichtlich des Erhalts ihrer Arbeitsfähigkeit.

Im Folgenden nennen die Befragten verschiedene Präventionsmaßnahmen, um Stress abzubauen und ihrem arbeitsbedingten Bewegungsmangel entgegen zu wirken. Hierbei handelt es sich zumeist um eine langfristige gesundheitsförderliche Maßnahmen. Den Mitarbeiteraussagen lässt sich entnehmen, dass die Gesundheitsprävention bei Älteren eine andere Rolle als bei Jüngeren spielt.

Infolge einer beruflichen Stresssituation sah sich der Befragte sowohl in körperlicher als auch geistiger Hinsicht überfordert. Er weiß aus eigener Erfahrung, dass eine solche Überforderung nicht zum Dauerzustand ausufern darf, da sie sonst ernsthafte Gesundheitsschäden verursachen kann.

> „Körperlich doch schon, das war doch schon recht aggressiv, das war nicht nur psychisch, seelisch. (…) Und dann kommt dann irgendwann das Warnsignal und sagt: Äh, wenn Du jetzt hier nicht was anders machst, dann ist irgendwann Feierabend.“ (MA9, 639-641)

Als Gesundheitsprävention rät er dazu, eine wohlwollende Einstellung zum Berufs- und Privatleben einzunehmen. Eine positive Lebenseinstellung hilft im Umgang mit den Widrigkeiten des Alltags.

> „Ich würde jedem empfehlen erst mal darauf zu achten, dass man mal so ein bisschen versucht, wie man so schön sagt (...) durch das positive Denken, wie jetzt: Das ist es heiß, es ist Sommer. Nun, ja, es ist Sommer, nicht, ätsch, es ist heiß. (…) Jetzt nicht nur berufliche Dinge.“ (MA9, 851- 855)

Prävention sollte von der Person selbst ausgehen. Eine jüngere ältere Arbeitnehmerin aus dem Call Center sieht die Verantwortung für ihre Gesundheit bei sich selbst. In Gesundheitsfragen möchte sie unabhängig sein und nicht bevormundet werden. Dementsprechend trägt sie selbst die Verantwortung für den Abbruch von Präventivmaßnahmen.

> „Deswegen, das ist einfach eine Einstellungsfrage, wenn ich meine, ich muss jetzt mal ein halbes oder ein viertel Jahr mir eine Fitnesskarte holen und gehe dann doch bloß vier Mal hin, aber dann ist es von mir gewesen (…).“ (MA10, 480)

Als eine Möglichkeit zugunsten seiner Gesundheit Abstand vom Arbeitsalltag zu gewinnen, sieht der Befragte einen Kurzurlaub.

> „Das hilft auch oder mal eben Wochenende, (…) das ist auch wie Urlaub. Da ist man auch, als wenn man Ewigkeiten schon nicht mehr arbeiten gewesen wäre. Schöne Sache, das hilft.“ (MA5, 356)

Auch die Vorgesetzten begrüßen das Abschalten nach Feierabend zum Abbau von berufsbedingtem Stress als gesundheitspräventive Maßnahme.

> „(…) weil, wenn sie das noch mit nach Hause nehmen, was wir ja teilweise auch schon erlebt haben. (…) die haben da von irgendwas schon geträumt und das ist auch nicht gut.“ (VO4, 359)

> „(...) die jetzt nicht in irgendeiner Form psychisch angekratzt sind durch die Arbeit, die haben gelernt nach Hause zu gehen und nicht mehr an die Arbeit zu denken." (VO4, 641)

> „Ja, Kollegen, die für Ausgleich sorgen nach der Arbeit sind besser drauf. (...) Weil sie auch das, was das Tagesgeschäft manchmal an Unannehmlichkeiten bringt, einfach besser kompensieren." (VO5, 418; 446)

Ein weiterer wichtiger Aspekt der physischen und psychischen Gesundheitsprävention ist die Bewegung. Dabei nehmen die Befragten in erster Linie auf die eigene sportliche Aktivität Bezug.

Körperlichen Einschränkungen wirkt der Befragte entgegen, indem er sich häufig sportlich betätigt. Draußen ist er entweder zu Fuß oder per Rad unterwegs.

> „Ja, ich gehe sehr viel spazieren (...) und fahre sehr viel Fahrrad." (MA1, 240)

Auch früher übte der Befragte Sport aus. Er fuhr damals schon Rad, aber betrieb diesen Sport mit einer anderen Ernsthaftigkeit. Während er einst im Rad-Leistungssport aktiv war, radelt er heute gelegentlich im Freien. Da er früher seine Gesundheit mit dem Radfahren belastete, betreibt er den Sport heute aus gesundheitsförderlichen Gründen, indem er sich eher bedürfnis- und weniger leistungsbezogen bewegt.

> „Ja, ich bin Radrennen gefahren. (...) bis zu meinem 24. oder 25. Lebensjahr, da musste ich aufhören, weil ich einen Rundrücken, den Ansatz zu einem Rundrücken gekriegt habe und da habe ich mit dem Radrennen fahren aufgehört." (MA1, 266-268)

> „Zwar nicht regelmäßig, das muss sich so ergeben, aber ich sage nicht so: Am Mittwoch gehe ich Fahrrad fahren, am Samstag gehe ich Fahrrad fahren, oder so, das kommt so ganz automatisch." (MA1, 261-263)

Die Befragte bedauert, dass sie bei der Arbeit keine Möglichkeiten findet, etwas für ihre Gesundheit zu tun.

> „Ja, während der Arbeitszeit kann man das ja nicht unbedingt machen." (MA2, 365)

Hinsichtlich der Themas „Gesundheitsprävention während der Arbeitszeit" ist ein Kollege anderer Meinung. Er deklariert die Abarbeitung der Kundenaufträge als Fitnesstraining und freut sich über seine immer noch gute Kondition.

> „Oh, der wohnt da oben in der vierten Etage (...), dann freut man sich immer, dass man nicht den Fahrstuhl dann nehmen muss." (MA4, 456)

Eine Vorgesetzte aus dem Call Center bedauert, dass die Thematisierung von Präventionsmaßnahmen während der Arbeit zu kurz kommt. Zwar sollten Präventionsthemen Gegenstand der Teammeetings sein, jedoch widmet sie sich dort hauptsächlich tagesgeschäftlichen Inhalten.

> „(...) gesundheitsrelevante Themen angehen, die man besprechen könnte oder auch gymnastische Übungen. (...) Die man vielleicht machen könnte (...) im Tagesgeschäft. Da muss ich sagen, das kommt deutlich zu kurz. (...) Wir sollten es im Dienstunterricht tun, aber die Stunde Dienstunterricht ist mit fachlichen Dingen so voll (...).“ (VO5, 396-400)

Das abschließende Kapitel zur arbeitsübergreifenden Kompetenz „Wohlbefinden“ fasst die wichtigsten Erkenntnisse zusammen und zeigt verschiedene altersbezogene Schwerpunkte im Umgang mit Gesundheit im Kontext der Arbeit auf.

4.5.5 Zusammenfassung

Den Aussagen zufolge fühlen sich die älteren Mitarbeiter an ihrem Arbeitsplatz wohl. Dazu trägt bei, dass sie aktiv im Berufsleben stehen und das Gefühl haben, zum Unternehmenserfolg beizutragen. Wohlbefinden im Arbeitskontext schafft allerdings weniger die Ausstattung des Arbeitsplatzes, sondern vielmehr die Möglichkeit die eigenen Kompetenzen durch eigenständiges und -verantwortliches Arbeiten einzubringen und somit an der kollegialen Gemeinschaft teilzuhaben.

Zum Wohlbefinden trägt ferner die positive Arbeitseinstellung Älterer bei. Im Gegensatz zu jüngeren Kollegen vertreten Ältere aufgrund ihrer langjährigen Berufs- und Lebenserfahrung eher die Einstellung, dass Fehler zum Arbeitsleben dazu gehören und damit offen umgegangen werden sollte. Ältere haben mit der Zeit eine gewisse Gelassenheit und Routine im Beruf entwickelt und Möglichkeiten gefunden, im Rahmen ihres Privatlebens den beruflichen Stress zu kompensieren.

Psychische und physische Gesundheit als Teil des Wohlbefindens haben bei Älteren einen höheren Stellenwert als bei Jüngeren. Ältere zeigen gesundheitsbezogene Kompetenz, indem sie mehr auf gesundheitspräventive Aspekte achten, um weiterhin arbeitsfähig und auch für die nachberufliche Phase noch aktiv zu bleiben.

Darüber hinaus bestätigen sowohl ältere Mitarbeiter als auch Vorgesetzte, dass Ältere weniger kurzfristig erkranken. Dies schreiben beide Parteien in erster Linie der Gewissenhaftigkeit der älteren Arbeitnehmer zu, die bei nicht zu all zu heftiger Erkrankung eher arbeiten gehen als die Krankheit zu Hause auszukurieren.

Schließlich fühlen sich Ältere bei ihrer Arbeit dann wohl und bringen ihre über Jahrzehnte hinweg entwickelten Kompetenzen gewinnbringend ein, wenn sie sich mit ihrer Tätigkeit auch identifizieren können.

4.6 Individuelles Veränderungsmanagement

Veränderung gilt als das Gegenteil von Stabilität (vgl. Osterhold 2002, S. 11). Veränderung als Verlust von Stabilität und Suche nach einem neuen Stabilitätszustand läuft selten emotionslos ab. Vorab stehen Unbehagen und Sorge vor dem Unbekannten im Mittelpunkt; ist die Veränderung jedoch erfolgreich vollzogen, überwiegen Erleichterung und Stolz:

> „Wie wollen wir wissen, was am Ende sein wird, bevor wir bereit sind zu starten? Die Anderen mögen sich bitte verändern. Es soll aber nach Möglichkeit die eigene Person unbeschadet und unangetastet gelassen werden. Haben wir jedoch Abenteuer und Herausforderungen gewagt und haben sie dann bestanden, sind wir die stolzen Helden, und die Veränderung kann nicht groß genug gewesen sein" (Osterhold 2002, S. 11).

Im Folgenden soll der Umgang mit arbeitsbedingten Veränderungen aufgezeigt werden. Da die Arbeit für die Mitarbeiter einerseits einen großen Beitrag zur Identitätsbildung liefert und andererseits Lebensgrundlage bildet (vgl. Kap. 2.3), lösen gerade Veränderungen im Arbeitsumfeld intensive Beklemmungsgefühle bei den Betroffenen aus.

Wie gestalten sich Veränderungen im Unternehmen? Mitarbeiter müssen sich von routinierten Tätigkeiten verabschieden, vertraute Kollegen verlassen, Abteilungen werden neu strukturiert; es scheint nur wenig so zu bleiben wie es einmal war (vgl. Engelhardt-Schagen 2005, S. 17). Nicht selten arten Veränderungen in einem „emotionalen Pulverfass" aus. Häufig fordert der Veränderungsprozess die erneute Beschäftigung mit unbeliebten Themen oder die Abschaffung tief verwurzelter Gewohnheiten und langjährig gewachsener Organisationsformen (vgl. Senge 2000, S. 17). Veränderungen gehen teilweise bis an die Substanz eines Unternehmens. Daher bestreitet kaum noch ein Unternehmen intensive

Veränderungen zufällig, sondern plant deren Bewältigung in einem separaten Management-Prozess.

Doch was ist Veränderungsmanagement? Betriebswirtschaftliche Fachlexika fassen unter Veränderungsmanagement sämtliche Aufgaben, Maßnahmen und Tätigkeiten zusammen, die eine inhaltlich umfassende, bereichsübergreifende Veränderung zur Umsetzung von neuen Strategien, Strukturen, Systemen oder Prozessen in einem Unternehmen bewirken. Veränderungsmanagement oder auch Change Management bezieht sich demnach auf die geplante und gesteuerte Abfolge von Schritten, die darauf zielen, ein Unternehmen zukunfts- und konkurrenzfähig zu erhalten und betriebliche Ziele anzustreben, die unter den vorherigen Bedingungen nicht erreichbar waren.
Die wichtigsten Entwicklungspotenziale des Veränderungsmanagements liegen in seinem ganzheitlichen Ansatz. Schließlich werden langfristig nicht nur neue Arbeitssysteme implementiert, sondern unter den Mitarbeitern eine Aufbruchstimmung erzeugt. Will ein Unternehmen in Zeiten der Globalisierung und der immerwährenden technischen Neuerungen Umsatz und Ertrag generieren, muss es sich ständig verändern. Somit stellt das Veränderungsmanagement keine zeitlich limitierte Phase dar, sondern ist zu einem festen Bestandteil der Personal- und Organisationsentwicklung geworden (vgl. Universität Potsdam 2006, S. 1).

Im Diskurs um den Begriff „Change Management“ werden in erster Linie durch das Management für den einzelnen Mitarbeiter initiierte Wandlungsprozesse diskutiert (vgl. Online-Verwaltungslexikon 2007, S. 1). Osterhold betont jedoch, dass Veränderungsmanagement nicht nur die Wandlungen umfasst, die dem Mitarbeiter zugeteilt werden, und die er als unerwartet und beliebig erfährt, sondern auch diejenigen, die er bewusst eingeht, um sich beruflich zu entwickeln (vgl. Osterhold 2002, S. 13).

Mit dem Begriff „Individuelles Veränderungsmanagement“ möchte ich im Folgenden das vom Mitarbeiter selbst gestaltete Management von Veränderungen näher beschreiben. Das individuelle Veränderungsmanagement zeichnet sich durch seine Komplexität aus. Zum einen bestimmt die Einstellung des Arbeitnehmers wesentlich, ob und wie sich Veränderungen organisieren lassen. Zum anderen brauchen Arbeitnehmer bestimmte Voraussetzungen, um Veränderungen überhaupt bewältigen zu können. Ein weiterer interessanter Aspekt des individuellen Veränderungsmanagements ist der Veränderungsumgang, wobei der Arbeitnehmer schildert, wie er mit berufsbedingten Veränderungen umgeht. Arbeitnehmer planen und bestreiten Veränderungen in ihrem Berufsleben nicht allein, sondern beziehen andere Personen mit ein. Neben dem sozialen Bezug von Veränderung zählt aber auch die Veränderungskritik zum individuellen Veränderungsmanagement, da die Arbeitnehmer nicht vorbehaltlos jede Veränderung mittragen. Neben der Veränderungskritik äußern sich die älteren Mitarbeiter auch zur Veränderungsoptimierung. Doch nicht nur die Veränderungen haben sich gewandelt, sondern auch die persönliche Entwicklung der Befragten im Zuge der wachsenden Veränderungen.

Im Laufe ihres Berufslebens haben die Mitarbeiter eine eigene Umgangsweise mit Veränderungen entwickelt. Wie der Einzelne gelernt hat mit Veränderungen umzugehen und diese zu bewerten, möchte ich nun anhand des empirischen Materials aufzeigen.

4.6.1 Veränderungswandel

Unternehmerische Veränderungsprozesse laufen nicht konstant gleich ab, sondern unterliegen selbst Veränderungen. Diesbezüglich schildern die Mitarbeiter, welche Unterschiede sie im Früher-Heute-Vergleich hinsichtlich der Intensität der Veränderungen feststellen.

Im Gegensatz zur jetzigen Berufssituation wurde der ältere Mitarbeiter zu Beginn seines Berufslebens nur sehr selten mit Veränderungen konfrontiert. Der damalige Berufsalltag zeichnete sich durch die stetige Wiederholung ähnlicher Tätigkeiten aus.

> „Früher, da war das ganze Geschäft so monoton, da war alles immer das Gleiche, (...) von morgens bis abends die gleiche Arbeit gemacht. Da gab es kaum Veränderungen." (MA1, 214)

Seiner Ansicht nach verursachte der technologische Wandel, auch im Unternehmen, eine Zunahme von Veränderungen. Dieser Wandel stellte ihn vor neue Herausforderungen, denen er nicht immer gleich zu Beginn gerecht werden konnte.

> „I: Und wodurch sind die Veränderungen dann mehr geworden (...)?
>
> MA1: Durch Veränderungen der Technik, durch die Deutsche Telekom. (...) Ich glaube, das ist für jeden erst mal schwierig, wenn man was Neues machen muss. (...) Wenn einer den ganzen Tag immer nur Schrauben aufdrehen muss, immer rechts herum und auf einmal muss er den nächsten Tag alles links herum aufdrehen, dann dreht der auch verkehrt." (MA1, 216-220)

Infolge des Unternehmenswandels von einer staatlichen Behörde zu einer Aktiengesellschaft nahmen die vom Unternehmen initiierten Veränderungen deutlich zu und damit auch die Bildungsansprüche an die Mitarbeiter.

> „(...) durch die Privatisierung oder durch die Aktiengesellschaft, da wurde dann (...) so viel umstrukturiert, dass man nachher eigentlich gar nicht mehr wusste: Heiße ich heute so oder morgen anders?" (MA7, 184)

> „(...) seit 1990 dann, plus-minus, so um den Dreh. (...) Eigentlich, richtig dann Schulungen und immer mehr Wissen (...)." (MA10, 131- 133)

Im Hinblick auf Veränderungen sieht die Befragte zwischen heute und ihrem Berufsbeginn einen großen Unterschied. Früher besaß sie ein eher planbares, aber auch monotones Arbeitsleben. Wohingegen sie heute die Herausforderung und Abwechslung, die Veränderungen mit sich bringen, schätzt.

> „(...) nach der Lehre (...) war irgendwie so einen bisschen Gleichklang, also Du bist zur Arbeit gekommen, bist wieder gegangen, hast deine Freizeit gehabt. (...) da gab es irgendwie nie so ein Hoch oder ein Tief (...)." (MA10, 135-141)

Die umfassenden technischen Veränderungen können dem Kunden auch Vorteile verschaffen.

> „(...) heute kann der Kunde schon mal selbst programmieren (...)." (MA4, 317)

Gerade die Einstellung, die der Mitarbeiter gegenüber Veränderungen einnimmt, bedingt das individuelle Veränderungsmanagement maßgeblich.

4.6.2 Veränderungseinstellung

Im Interview gaben die meisten Befragten an, über eine positive Veränderungseinstellung zu verfügen. Diese positive Einstellung begründeten die Befragten auch zum Teil mit ihrem fortgeschrittenen Alter und ihren zahlreichen Erfahrungen mit Veränderungen.

Für die Mitarbeiterin ist die positive Einstellung gegenüber Veränderungen das entscheidende Erfolgskriterium. Daher kritisiert sie die Einstellung einiger Kollegen, die sie im Laufe ihrer Berufsbiographie bemerkt hat. Diese Kollegen verhalten sich passiv und vertreten die Meinung, dass das Management als Auslöser für die Veränderung auch die Veränderungsdurchführung zu gestalten hat.

> „(…) diese Einstellungsfrage, die ich mitgekriegt habe. Ja, dass andere verantwortlich sind, wenn sie eben eine Veränderung wollen, dass für mich dann zu erledigen." (MA10, 478)

Sie selbst ist Veränderungen gegenüber positiv eingestellt. Die Befragte übt Kritik an Kollegen aus unterschiedlichen Bereichen, die bei Veränderungen eine schlechte Stimmung verbreiten, da dieses Verhalten auch auf die Stimmung der übrigen Kollegen drückt.

> „Also, ich persönlich immer positiv. (…) Mitarbeiter kennen gelernt, (…) die richtig negativ drauf waren. Und das zieht richtig runter." (MA10, 360- 362)

Ihr Blick ist bei Veränderungen stets zukunftsgerichtet. Da sie keinen Einfluss auf die Veränderung ausüben kann, trägt die Call Center Mitarbeiterin die Änderungen mit und revoltiert nicht dagegen.

> „(…) Es bringt doch nichts sich dagegen zu stellen, das haben schon viele gemacht und die haben sich doch nur die Nerven kaputt gemacht, sonst nichts. Die Veränderungen kommen doch, ob man will oder nicht." (MA12, 201)

Der Mitarbeiter nimmt eine positive Einstellung gegenüber Veränderungen ein. Veränderungen stellen nicht nur einen wichtigen Wettbewerbsfaktor gegenüber anderen Unternehmen dar, sondern sind auch als persönliche Entwicklungschance zu bewerten.

> „Ja, ich kann mir nicht vorstellen, dass man heute noch weiter mit der Einstellung kommt, wenn man sagt: Neue Informationen, neue Technik, alles Neue brauche ich nicht (…), da stirbt man bei aus (…) abgesehen davon ist es ja auch langweilig." (MA5, 163)

Welche Veränderungsvoraussetzungen für den Mitarbeitern wichtig sind und dabei selbst geschaffen oder vom Unternehmen bereitgestellt werden können, soll im Folgenden geklärt werden.

4.6.3 Veränderungsvoraussetzung

Mitarbeiter beziehen sich im Rahmen des individuellen Veränderungsmanagements auf bestimmte Maßnahmen oder Einstellungen, die ihnen helfen, Veränderungen besser zu bewältigen.

Das Interesse des Mitarbeiters für seinen Beruf hilft ihm, Veränderungen zu bestreiten.

„I: Wie muss denn heute dann die Einstellung zu seinem Job sein?

MA5: (…) man sollte irgendetwas machen, was man gerne macht. (…) es fällt einem dann leichter (…) sich auf dem neuesten Stand zu halten (…).“ (MA5, 489-492)

Die Befragte ist überzeugt, dass ihre heutige Veränderungsfähigkeit durch die allmähliche Zunahme der Veränderungen im Laufe ihres Berufslebens bedingt ist.

„(…) Die Veränderungen sind ja nicht auf einmal so viel geworden, dann wäre ich wahrscheinlich verloren gewesen. Nee, das kam so Stück für Stück, immer ein bisschen mehr.“ (MA12, 241)

Dass die zeitliche Komponente zur Verinnerlichung der Veränderung eine wichtige Voraussetzung ist, erklären zwei Kollegen aus dem Call Center.

„(…) das kam schlagartig, die Umstrukturierung, da wusste ich auch nicht, wie ich damit umgehen soll.“ (MA11, 583)

„Es kommt aber immer darauf an, wie man zu dieser Veränderung kommt. (…) ich persönlich stehe dem positiv gegenüber, aber dann auch in einer angemessenen Phase, so, dass ich also sagen kann: Gut, jetzt kommt demnächst ein neues System. Ich kann mich drauf einrichten (…) und dann bin ich dem gegenüber natürlich viel offener, als wenn da einer sagt: Also, ab morgen machst Du aber (…).“ (MA7, 158; 176)

Dabei sieht der Vorgesetzte sich selbst in der Verantwortung, dem Mitarbeiter die entsprechenden Voraussetzungen zur Veränderung zu schaffen und ihn dabei anzuleiten.

„Es kommt ja meines Erachtens auch immer darauf an, wie man mit den Leuten dann umgeht.“ (VO4, 565)

Als Voraussetzung zur Bewältigung der Veränderung ihres Arbeitsplatzes sieht die Befragte das Vertrauen in die eigene Leistung an. Sie hatte sich früher bereits erfolgreich in komplexe Betriebssysteme eingearbeitet und traute sich eine solche Herausforderung erneut zu. Zudem traf sie im neuen Arbeitsteam auf bekannte Kollegen und wusste, dass sie sich vom Leistungsniveau her mit denen messen konnte. All diese Faktoren spornten sie beim Neuanfang an.

„(…) wenn Du das geschafft hast, weil da waren ja früher ganz viele neue Programme vom Rechner aus (…). Dann schaffst Du die Programme auch noch. Ein paar andere, die da sitzen, kannte ich dann auch noch (…). Wenn die das schaffen, dann schaffst Du das erst recht. So, man war eigentlich (…) sehr positiv motiviert.“ (MA10, 185)

Da der Befragte die Erzeugnisse bereits aus seiner Arbeit beim Kunden kannte, fiel ihm der Umgang mit der Veränderung leichter und er konnte sich zügig am neuen Arbeitsplatz eingewöhnen. Während er früher die Kunden vor Ort betreute, berät er sie nun an der Hotline.

> „War ja alles überschaubar. (…) man hat halt die Dinge verkauft, vermarktet oder die Kunden beraten, die man vorher life vor sich hatte, hatte man hier am Telefon gehabt.“ (MA9, 299)

Eine weitere Dimension des Veränderungsmanagements stellt der Veränderungsumgang dar.

4.6.4 *Veränderungsumgang*

Im Rahmen des Umgangs mit Veränderungen schildern die Mitarbeiter, wie sie diese im Laufe ihres Berufslebens erlebt und gemeistert haben.

Generell nimmt der Call Center Agent Veränderungen auf, die zu keiner völligen Neuausrichtung der Arbeit führen. Da er in einem halben Jahr das Unternehmen verlassen wird, sieht er eine völlige Neuorientierung bei der Arbeit zum jetzigen Zeitpunkt als sinnlos an. Hätte er jedoch noch einen längeren Arbeitszeitraum zu bewältigen, würde er die Veränderung ohne weiteres mittragen.

> „Wenn die Veränderung vernünftig ist (…) wenn sich an meinem eigentlichen Job nicht viel ändert, dann ist es mir auch wurscht (…). Weil dann muss ich mich da nicht total umorientieren. Müsste ich jetzt die ganze Welt neu bewegen (…) das muss ich jetzt nicht mehr haben. Wenn ich jetzt noch zehn Jahre vor mir hätte, ja, klar.“ (MA9, 349-351)

Die Call Center Mitarbeiterin initiiert lieber Veränderungen zum eigenen Vorteil anstatt sich fremd gesteuert verändern zu lassen.

> „(…) es ist doch besser, man macht was selbst, weil man das will, wie (…) wenn man da halt nicht von überzeugt ist.“ (MA12, 209)

Weil sie fürchtet, wegen ihres fortgeschrittenen Alters Veränderungen schlechter als Jüngere bewältigen zu können, reagiert die älteste Interviewte auf Veränderungen zunächst besorgt. Doch sie resigniert nicht.

> „(…) mache mir so meine Gedanken, gerade auch jetzt in meinem Alter (…). Aber, was soll man machen? Den Kopf in den Sand stecken?“ (MA12, 213)

Im Rahmen des individuellen Veränderungsmanagements ist weiterhin interessant, dass sowohl bei selbst initiierten als auch vom Unternehmen vorgeschriebenen Veränderungen der soziale Rückhalt bei Familie und Kollegen eine entscheidende Rolle spielt.

4.6.5 Sozialer Bezug bei Veränderung

Um Veränderungen bestreiten zu können, nehmen die Arbeitnehmer Unterstützung bei Vertrauten aus dem Arbeitsumfeld und dem privaten Bereich wahr. Doch der enge Bezug zu anderen Personen kann sich auch veränderungshemmend auswirken und für den Mitarbeiter aus Sorge vor dem Verlust der kollegialen Gemeinschaft zu einer Veränderungsbarriere werden.

Grundsätzlich verfolgt die Interviewte keine konkrete Strategie im Umgang mit Veränderungen. Bezogen auf den Kollegenkreis bemüht sich die Befragte um die Aufrechterhaltung der Stimmung. In der Gemeinschaft lässt sich ihrer Ansicht nach eine Veränderung eher ertragen, denn im Kollegenkreis haben die Mitarbeiter die Möglichkeit, darüber zu sprechen und ihren Unmut frei zu äußern.

> „Das passiert ja einfach so und oft müssen es die Anderen ja auch schaffen. Ich stelle mich doch jetzt nicht dahin, vor meine Kollegen und mache alles nieder. (…) Und, wenn das eben eine Sache ist, die alle betrifft, dann schweißt das ja auch zusammen (…) man spricht ja darüber, tauscht sich aus, schimpft auch mal zusammen (…).“ (MA12, 221-223)

Insbesondere beim Wechsel in ein neues Aufgabengebiet geben die Kollegen hilfreiche Instruktionen und nehmen somit eine unterstützende Rolle im Veränderungsprozess ein.

> „Und das hat immer ganz gut geklappt (…) mit den Kollegen, weil ich wurde letztendlich auch immer dabei unterstützt.“ (MA8, 402)

Als weiteren wichtigen Wegbereiter für den Stellenwechsel nennt die jüngste befragte Mitarbeiterin Personen aus ihrem privaten Umfeld, die sie als Vorbilder in Sachen Veränderungsfähigkeit betrachtet. Insbesondere in ihrem Partner sieht sie ein Vorbild.

> „(…) wenn man so Freunde und Bekannte hat, die selbst eben motiviert sind (…).“ (MA10, 451)

> „(…) durch meinen Mann noch motiviert, der ist nicht so träge, der kümmert sich auch mal um einen neuen Job oder eine nächst höhere Abteilung (…).“ (MA10, 187)

Personen wirken sich nicht nur unterstützend auf berufliche Veränderungen aus, sie können auch eine Barriere darstellen.

Der Mitarbeiter schildert, dass er seine Kollegen bereits seit langem kennt und sie schätzen gelernt hat. In der jetzigen Kollegenkonstellation fühlt er sich gut integriert und ist besorgt, dass er sich bei einer anderen Arbeitsstelle mit den neuen Kollegen nicht wieder so gut verstehen würde. Veränderungen bereiten ihm Unbehagen, wenn er den Kollegenkreis wechseln muss.

> „(…) jahrelang mit Kollegen zusammen gearbeitet (…) und soll jetzt auf einmal (…) mit anderen Kollegen zusammenarbeiten, dann weiß ich immer nie, was erwartet mich dann, was ich hier hatte, weiß ich.“ (MA1, 172)

Eine Veränderung kann nicht nur durch die kollegiale Gemeinschaft behindert werden. Weitere wesentliche Veränderungswiderstände enthält das folgende Kapitel.

4.6.6 *Veränderungswiderstände*

Erfolgreich bestandene Veränderungen tragen maßgeblich zur Innovation und Effizienz des Unternehmens und somit zur Wettbewerbsfähigkeit bei. Daher ist es für das Unternehmen erfolgskritisch, Veränderungswiderstände ihrer Mitarbeiter aufzudecken, diese bei zukünftigen Veränderungen stärker zu beachten bzw. entsprechend darauf zu reagieren.

Der Befragte gibt an, dass er sich im Allgemeinen als veränderungsbereit betrachtet, jedoch ein größerer Ortswechsel für ihn ein Veränderungswiderstand darstellt. Eine weite Entfernung zwischen Arbeitsplatz und zu Hause als Folge einer beruflichen Veränderung würde er nur ungern auf sich nehmen.

> „Und Veränderungen, gut, wenn ich nicht gerade vierhundert Kilometer weiter weg arbeiten müsste (…).“ (MA1, 174)

Ein weiterer Veränderungswiderstand ist die fehlende Investition in die berufliche Weiterentwicklung. Der Vorgesetzte ist über die Ignoranz der Mitarbeiter hinsichtlich des technologischen Wandels beunruhigt. Derzeit führt ein Großteil der Mitarbeitenden im Technikbereich einfache Tätigkeiten aus. Im Zuge des technischen Wandels wird sich jedoch das Aufgabenspektrum hin zu stärker computergestützten und komplexeren Tätigkeiten verändern. Fallen die Schaltaufgaben im Unternehmen weg, trauen sich diejenigen Mitarbeiter keine neuen Tätigkeiten zu, die ihre Weiterbildung jahrzehntelang vernachlässigt haben.

> „(…) ich hatte eben schon mal gesagt, ein ganz großer Aufgabenbereich bei der Telekom ist auch blöde Arbeit. (…) Ja, schalten von A nach B. (…) in anderen Bereichen wird der [Mitarbeiter, Anm. M. J.-T.] unbeweglich und bleibt auch da und wenn er dann alt wird und ich nehme ihm noch das Schalten, (…) weiß der ganz genau: Was anderes kann ich ja nicht mehr. (…) Ich habe ja schon vor 20 Jahren aufgehört, mich mit neuen Dingen zu befassen." (VO1, 441- 447)

Ein anderer Vorgesetzter beschreibt einen weiteren Veränderungswiderstand. Er ist der Überzeugung, dass seine Mitarbeiter altersunabhängig eine Veränderung des Arbeitsschwerpunkts ablehnen. Sie lehnen einen Wechsel von ihrer ortsunabhängigen Tätigkeit zu einer örtlich gebundenen Bürotätigkeit ab.

> „Fragen Sie einen Außendienstler, egal in welchem Alter, bin ich überzeugt von, also in unserem Bereich: Könntest Du Dir vorstellen auch in den Innendienst zu wechseln? Oh, um Gottes Willen, bloß nicht." (VO2, 593)

Den Veränderungswiderstand erklärt der Vorgesetzte damit, dass seine Mitarbeiter unabhängig vom Alter die Art des Arbeitens schätzen gelernt haben. Im Gegensatz zur Bürotätigkeit kann der Außendienstmitarbeiter seinen Berufsalltag relativ flexibel und eigenverantwortlich gestalten. Daher schätzt der Vorgesetzte die Veränderung von einem ortsunabhängigen Tätigkeitsbereich in eine Bürotätigkeit, bei der sie sich seine Mitarbeiter unbeweglich und eingeschlossen vorkommen würden, als nicht in deren Sinne ein.

> „Der [Außendienstler, Anm. M. J.-T.] will in seinem Außendienst bleiben (…), diese Freiheit genießen (…) Ach, ich gehe mal eben beim Real Markt rein oder esse mir eine Bratwurst. (…) der Innendienstler in den Augen des Außendienstlers: (…) Der ist ja eingesperrt, nein, igitt. Das ist Innendienst-Außendienst, unabhängig vom Alter." (VO2, 595)

Die älteste befragte Arbeitnehmerin sieht in der stetigen Wiederholung der Veränderungsinhalte, jedoch in einer anderen Sprache, einen Veränderungswiderstand.

> „(…) es ist schon hart an der Grenze. (…) Viele Dinge, die einem bekannt vorkommen, nur mit englischen Namen." (MA12, 245)

Viele Veränderungen laufen nicht ohne Reibungen ab und führen zu gewissen Einwänden bei den Mitarbeitern. Negative Veränderungserfahrungen veranlassen den Mitarbeiter zur Äußerung von Kritik und können letztlich zu einer Widerstandshaltung gegenüber erneuten Veränderungen führen.

Die Befragte beurteilt die stetig stattfindenden und nunmehr zahlreichen Veränderungen als eher negativ.

> „Die [Veränderungen, Anm. M. J.-T.] sind ja andauernd da. (…) Also, wir haben zurzeit schon sehr viele Veränderungen mitgemacht und die Veränderungen, die wir mitgemacht haben, die waren alle nicht so ganz so gut." (MA2, 283-285)

Auch auf den Konsumenten wirken sich die häufigen Veränderungen des Unternehmens negativ aus, da sie zu einer gewissen Orientierungslosigkeit führen.

> „Das ist nicht nur für uns Stress, sondern auch für die Kunden, die wissen dann nachher gar nicht mehr: Wo soll ich den jetzt hin? Erst wurde T-Online ausgegliedert, jetzt ist T-Online wieder drin. (…) durch diese ewigen Umstrukturierungen." (MA7, 194-197)

Die Servicetechnikerin begründet im Folgenden, warum sie die Arbeit mit dem Computer kritisiert. Durch die Einführung des Computers ist die Arbeit nicht leichter, sondern eher anstrengender geworden. Aufgrund der fehlenden Hardware beim Kunden vor Ort vermehrten sich die Arbeitsschritte. Doch nach der Pilotphase des neuen Systems zeigte sie mehr Zuversicht bezüglich der technischen Neuerung, denn einerseits wurden die Schwachstellen behoben und andererseits arrangierte sie sich immer mehr mit der Handhabung.

Doch als das neue System dann in der Praxis funktionierte, wurden bei den Mitarbeitern erneut Veränderungswiderstände dadurch erzeugt, dass abermals eine Veränderung anstand und das System abgelöst werden sollte. Die Mitarbeiterin kann diese erneute Veränderung nicht nachvollziehen, da sie wieder zeitraubend ist. Weil sie aber an der Situation nichts ändern kann, trägt sie die erneute Veränderung resigniert mit.

> „Ja, und jetzt mit dem Rechner (…) wir haben noch nicht mal einen Drucker dabei. (…) teilweise drucken wir uns das aus, hier im Büro, müssen aber hier rein fahren oder ich muss das alles aufschreiben. (…) irgendwann mal läuft das System (…), die Fehler sind ausgemerzt. (…) und dann kommt das nächste System (…). Ein System, was mal gelaufen hat, was gut gelaufen hat, (…) das wird kaputt gemacht (…) und dann kommt das nächste, das ist dann wieder umständlicher und mittlerweile (…) man macht das mit, (…) da geht so viel Zeit drauf (…)." (MA2, 289- 293)

Weiterführend begründet sie noch detaillierter ihre Ablehnung gegenüber der neuen Betriebssoftware. Im Gegensatz zu früher sind die Arbeitsschritte heute auseinander dividiert. Sie kritisiert, dass das System im Unterschied zur vorherigen Software nicht mehr der örtlich sinnvollen Abfolge der Aufträge gerecht wird. Daher bewertet sie das jetzige System als arbeitsintensiver und weniger servicefreundlich.

> „Jetzt muss man ein Auftrag nach dem anderen ausführen und wenn die [Disponenten, Anm. M. J.-T.] dann teilweise nicht für einen Kunden bündeln (…) macht man den einen Auftrag und dann schreibt man dem erst mal zurück (…) zieht sich den anderen. (…) dann muss man, wenn man schalten muss, dann wieder in den anderen HVT fahren oder da zum Kunden fahren (…).“ (MA2, 303)

Ein Vorgesetzter, der selbst schon viele Jahre im Unternehmen tätig ist, kann sich mit der Kritik seiner älteren Mitarbeiter an den neuen Betriebssystemen identifizieren.

> „Vielleicht ist das auch so, dass ich innerlich auch so denke. Deshalb habe ich das, (…) das verschwimmt: Sind das seine [des Mitarbeiters, Anm. M. J.-T.] Argumente oder bin ich das?“ (VO1, 379)

Eine weitere Vorgesetzte aus dem Call Center thematisiert den Aspekt, dass in der Vergangenheit vom Unternehmen umfassend proklamierte Veränderungen kaum durchgeführt wurden. Diese Erfahrung hat von einer anfänglichen emotionalen Aufgewühltheit zu einem Widerstand bezüglich Veränderungen geführt.

> „Und die ersten (…) großen Änderungen, die angesprochen wurden, haben also, da war es wie im Hühnerstall (…). Und dann wartet man erst mal ab, (…) wenn das erste Mal nichts passiert ist, das zweite Mal nichts passiert ist, das dritte Mal nichts passiert ist, bewegt sich jetzt keiner.“ (VO6, 388)

Doch die Befragten kritisieren nicht nur Veränderungsprozesse, sondern zeigen auch Verbesserungspotenziale auf.

4.6.7 Veränderungsoptimierung

Alle Interviewten haben schon mehrere Veränderungen im Laufe ihrer Berufsbiographie bewältigt und viele sind dabei auf Schwachstellen im unternehmensinternen Veränderungsmanagement gestoßen, die sie im Folgenden aufzeigen. Diese Aussagen stellen sicherlich wichtige Anregungen für das Unternehmen dar, um Veränderungen in Zukunft optimaler gestalten zu können.

So schlägt die Call Center Agentin vor, dass die Beschäftigten im Hinblick auf ihre berufliche Entwicklung besser begleitet werden sollten. Sie ist der Meinung, dass der plötzliche Wegfall des Arbeitsplatzes die Beschäftigten stark überfordert.

> „(...) in Zukunft müssen die Leute doch mal wieder eine Perspektive haben. Und, wenn die Telekom dazu nicht in der Lage ist, dann muss man die Leute eben besser beraten oder betreuen (...) aber so werden die ja von einem auf den andern Tag im Stich gelassen. Das packt, das kann doch keiner packen." (MA12, 341)

Sie kritisiert, dass sich die ständigen Veränderungen, insbesondere bei den weniger erfahrenen Arbeitnehmern, belastend auf die Tätigkeitsausführung auswirken. Die Ungewissheit bei Veränderungen sollte kein Dauerzustand darstellen. Für sie wären stattdessen ein offener Umgang mit Veränderungen und eine Aufklärung hinsichtlich der beruflichen Zukunft geeignete Möglichkeiten zur Veränderungsoptimierung.

> „(...) wenn das [unsicherer Arbeitsplatz, Anm. M. J.-T.] ein junger Mensch immer wieder mitmachen muss (...) das geht doch auf keine Kuhhaut mehr. (...) Ich denke da einfach, wenn die Telekom ihre Leute vor so was nicht bewahren kann und ihnen keine Zukunft bieten kann, dann müssen Sie (...) offen mit ihnen sein, dass man sich auch keine falschen Hoffnungen macht (...)." (MA12, 343-345)

Jedoch sieht sie die Verwirklichung ihres Ansatzes als schwierig an. Sie schlägt vor, dass das Unternehmen zur Betreuung in Veränderungssituationen personelle Ressourcen zur Verfügung stellen und die Vorgesetzten mit einbinden sollte. Sie hält auch eine Miteinbeziehung des Mitarbeiters in den Veränderungsprozess für unumgänglich, damit vor allem engagierte Arbeitnehmer nicht plötzlich von einer Freisetzung im Rahmen eines Veränderungsprogramms überrascht werden.

> „Das ist schwierig, (...) mehr Leute, auch der Chef, der Teamleiter sollten da mitmischen, den Leuten immer offen gegenüber sein und die über ihren Berufsweg mehr begleiten, damit es nicht passieren kann, dass einer, der auch gut und gerne arbeitet, von heute auf morgen auf einmal weg ist." (MA12, 349)

Wandel kann im Hinblick auf das individuelle Veränderungsmanagement in mehrfacher Hinsicht ausgelegt werden. Zum einen stellen Veränderungen an sich einen Wandel dar, zum anderen konnte in diesem Kapitel aufgezeigt werden, dass sich auch Veränderungen durch Zunahme ihrer Intensität und Häufigkeit ihrer Durchführung wandeln. Im folgenden Kapitel soll schließlich der Wandel des Individuums im Zuge der Veränderungen näher beschrieben werden.

4.6.8 *Selbstentwicklung*

Die Selbstentwicklung stellt den persönlichsten Teil des Veränderungsmanagements dar. Hierbei beschreiben die befragten Mitarbeiter ihre eigene Rolle im Veränderungsprozess. Indem sie über ihr gesamtes Berufsleben reflektieren und dabei angeben, worauf sie bei der Bewältigung von Veränderungen persönlich Wert legen und wie sie ihre Selbstentwicklung bewerten, liefern sie wichtige Anhaltspunkte zur erfolgreichen Planung und Umsetzung eines Berufsentwicklungsprozesses.

Zum Abschluss des Interviews kam die Mitarbeiterin meiner Bitte nach, allgemein über ihre berufliche Entwicklung zu resümieren. Dabei sieht sie die wesentliche Entwicklung im Ablegen ihrer Zurückhaltung und dem Gewinn an Selbstbewusstsein. Sie ist heute offener gegenüber beruflichen Veränderungen und sieht sich selbst in der Verantwortung für die Gestaltung ihrer Berufsbiographie.

> „Ja, vieles ist passiert, auf alle Fälle positiv. Und ich sage mal, von einer ruhigen Mitarbeiterin, würde ich so sagen, schon aufgeschlossener und ja, einfach selbstverantwortlich zu sein für das, was man tut oder wo man eigentlich hin will." (MA10, 549)

Insgesamt betrachtet die Befragte ihre bewegte berufliche Entwicklung ehrwürdig. Aus ihrer Erfahrung rät sie dazu, sich für seine beruflichen Belange zu engagieren und selbst zu entscheiden, an welcher Stelle sich Eigeninitiative, auch gegen Vorgesetzte, lohnt und wo sie sinnlos ist. Weiterhin sollte der Arbeitnehmer sich selbst um seine berufliche Weiterentwicklung bemühen, sich nicht von berufsbedingten Problemen einschüchtern lassen und bei arbeitsbezogener Unzufriedenheit entweder sich selbst oder die berufliche Situation verändern.

> „Ja, trotz all der schlimmen Tage und der Verzweiflungen, der Änderungen, doch, wenn man da so überlegt, wie das alles war, da kann man ja fast ein bisschen stolz sein, so auf sich selbst." (MA12, 467)

> „Das ist ja eben auch das, was ich so über die Jahre gelernt habe, (...) dass man sich für Dinge einsetzen sollte oder sich auch gegen seinen Chef notfalls stellen sollte, wenn man unzufrieden ist, wenn einen etwas belastet, aber dann doch besser, wenn man das auch ändern kann (...) da muss man eben auch mit der Zeit ein Gespür für entwickeln, wo man kämpfen kann, wo es sich lohnen könnte (...) wenn das keinen Sinn macht, dann sollte man es annehmen und sich nicht sinnlos fertig machen." (MA12, 365; 371)

> „(...) man muss am Ball bleiben, man darf sich nicht von Dingen, die nicht so gut laufen, im Beruf nicht unterkriegen lassen: Entweder man ändert es oder man ändert sich (...)." (MA12, 465)

Das letzte Kapitel listet die wesentlichen Ergebnisse zum individuellen Veränderungsmanagement auf und enthält aus meiner Sicht wichtige Anhaltspunkte für das Unternehmen zum optimalen Umgang mit internen Veränderungen.

4.6.9 Zusammenfassung

Veränderung ist nicht gleich Veränderung. Sowohl Call Center Agents als auch Mitarbeiter aus der Servicetechnik unterscheiden im Berufskontext zwischen kleineren und größeren Veränderungen. Kleinere Veränderungen bedeuten für die Call Center Mitarbeiter häufiger stattfindende Veränderungen wie ein Produktwechsel oder die Einführung neuer Marketingaktionen. In der Servicetechnik werden mit kleineren Veränderungen Modifikationen im Betriebssystem in Verbindung gebracht. Dagegen beziehen sich die Servicetechniker und -monteure im Hinblick auf eine größere Veränderung auf den technologischen Wandel von analoger zu digitaler Datenverarbeitung. Im Call Center deklarieren die Mitarbeiter den Umzug vom Back- ins Frontoffice als größere Veränderung.

Auf seinem Weg von einem monopolistischen Staatsunternehmen zum börsennotierten Global Player (vgl. Kap. 3.2.1.2) musste das Unternehmen zahlreiche Veränderungen durchführen. Alle befragten Mitarbeiter haben diesen Weg des Unternehmens begleitet, im Laufe ihrer Berufsbiographie ihre Kompetenz im Umgang mit Veränderungen weiterentwickelt und sich dabei ein eigenes Veränderungsmanagement aufgebaut, das ihnen, nach Aussage einer Mitarbeiterin, den Wechsel von einem planbaren, aber monotonen Arbeitsablauf, zu einem heute eher fordernden, aber abwechslungsreichen Arbeiten ermöglichte. Im Folgenden sollen wesentliche Faktoren des vom Mitarbeiter entwickelten Veränderungsmanagements aufgezeigt werden.

Als grundlegende Voraussetzung, um den Unternehmenswandel erfolgreich zu gestalten, geben die Befragten eine positive Einstellung gegenüber Veränderungen an. Die Mitarbeiter zeigen sich veränderungskompetent, indem sie das Bewusstsein entwickelt haben, dass Veränderungen zum Beruf dazugehören und für die Wettbewerbsfähigkeit des Unternehmens unerlässlich sind. Dabei fällt den Mitarbeitern der Umgang mit größeren Veränderungen leichter, wenn sie frühzeitig informiert werden, sich auf die Veränderung einstellen können und ihnen Zeit gelassen wird, auch eigene Optionen im Umgang mit und für die Zeit nach der Veränderung zu entwickeln. Veränderungen sind dann einfacher zu meistern, wenn Mitarbeiter Interesse und Freude für ihre Tätigkeit aufbringen und diese nicht nur aus Absicherungsgründen gewählt haben. Zudem hilft es den Mitarbeitern, wenn sie den Sinn und das Ziel der Veränderung kennen und verstehen. Eine weitere wesentliche Veränderungsvoraussetzung besteht darin, dass sich die Mitarbeiter eine gewisse geistige Flexibilität erhalten, interessiert und offen für Neues bleiben und sich nicht auf einmal erworbenen Kenntnissen ausruhen.

Der Umgang mit größeren Veränderungen fällt den Mitarbeitern dann leichter, wenn ihr neues Aufgabengebiet gewisse Parallelen zum alten aufweist. Bei Veränderungen spielen für die Mitarbeiter ihre Kollegen eine tragende Rolle. Eine intakte kollegiale Gemeinschaft kann einerseits veränderungsförderlich sein, da sich Veränderungen mit anderen zusammen besser bewältigen lassen, aber andererseits auch hinderlich, da Mitarbeiter aus Furcht vor der Auflösung des Kollegenkreises sich gegen Veränderungen sträuben. Wenn jemand in eine neue Abteilung wechselt, spielen auch hier die neuen Kollegen eine wichtige Rolle, da sie wesentlich zur Integration in den neuen Tätigkeitsbereich beitragen.

Generell wirken sich positive Veränderungserfahrungen, bei denen sich die Mitarbeiter auch persönlich weiterentwickeln konnten, auch positiv auf die Selbst- und Veränderungskompetenz aus. Negative Veränderungserfahrungen, wie angekündigte und nicht durchgeführte oder gar nicht angekündigte Veränderungen, führen zum Nachlassen der Veränderungsbereitschaft.

Die Befragten zeigen sich zudem kompetent, indem sie selbstständig Schwachstellen im allgemeinen Veränderungsmanagement ausfindig machen und Möglichkeiten zur Veränderungsoptimierung nennen. Veränderungen könnten dadurch optimaler gestaltet werden, wenn die Mitarbeiter mehr in die Veränderungsplanung und den -prozess eingebunden, Veränderungen möglichst frühzeitig, offen und ehrlich angekündigt und mehr personelle Ressourcen zur Veränderungsbegleitung eingesetzt würden.

Trotz der vielen Veränderungen in den letzten Jahren konnte keine generelle Resignation gegenüber Veränderungen festgestellt werden. Im Zuge der Veränderungen haben die Mitarbeiter vermehrt die Haltung eingenommen, dass es besser ist, selbst Veränderungen zu initiieren oder zu gestalten, bevor das Unternehmen dies für einen übernimmt. Insgesamt kommt es den Mitarbeitern bei Veränderungen weniger auf das „Das“ als viel mehr auf das „Wie“ an.

Welches betriebliche Potenzial im Einzelnen in den arbeitsübergreifenden Kompetenzen Älterer steckt und in welchen Tätigkeiten und Bereichen ältere Mitarbeiter als Inhaber dieser Kompetenzen dem Unternehmen nutzen können, möchte ich im anschließenden Kapitel diskutieren.

5 Betriebliche Potentiale älterer Mitarbeiter

5.1 Potenzialdiskussion

In diesem Kapitel soll nun die Forschungsfrage, worin betriebliche Potenziale arbeitsübergreifender Kompetenzen älterer Arbeitnehmer liegen (vgl. Kap. 1), explizit aufgenommen und mit Hilfe der Untersuchungsergebnisse beantwortet werden. Dafür führe ich die in Kapitel 4 ausführlich dargestellten arbeitsübergreifenden Kompetenzen älterer Arbeitnehmer anhand wesentlicher Aspekte auf und diskutiere diese im Hinblick auf ihr betriebliches Potenzial. Wie bereits in Kapitel 2.1.3.2 erwähnt, bezeichnet der Begriff „Potenzial" eine noch nicht wahrgenommene Möglichkeit. Es gilt also im Folgenden zu klären, welche betrieblichen Potenziale vorhanden sind und wo Möglichkeiten und Grenzen ihres Einsatzes im Unternehmen liegen.

> „Die Kraft, Reichtümer zu schaffen, ist (...) unendlich wichtiger als der Reichtum selbst" (List 1930, S. 173)

Ohne Zweifel stellen Mitarbeiterpotenziale in Zeiten von Kosten- und Zeitdruck immens wichtige betriebliche Ressourcen dar (vgl. Sporket 2007); bei Unternehmen, die vorwiegend im Dienstleistungsbereich tätig sind und deren maßgebliches Kapital das Humankapital ausmacht, trifft dies vor allem zu. Dass arbeitsübergreifende Kompetenzen solche bislang nicht oder nur kaum, schon gar nicht strategisch, genutzten Potenziale sind, zeigt die folgende Potenzialdiskussion.

Um eine möglichst vielseitige Diskussion zu ermöglichen, beziehe ich einerseits eine praxisrelevante Sichtweise in Form von Expertenaussagen aus Personalentwicklung und -strategie (vgl. Kap. 3.3.3.5 und 3.3.3.6) sowie Erfahrungsberichte aus anderen Unternehmen (vgl. u.a. Erfahrung ist Zukunft 2007a) mit ein, andererseits nehme ich Bezug auf den aktuellen wissenschaftlichen Diskurs um „Betriebliches Alter(n)".

Laut Expertenmeinung stellen arbeitsübergreifende Kompetenzen im Vergleich zu fachbezogenen bereits heute, aber besonders im Hinblick auf die Unternehmenszukunft, eine sehr bedeutende Mitarbeiterressource dar (vgl. u.a. EX1, 100-108; EX3, 31-33).

Auch im wissenschaftlichen Diskurs um arbeitsbezogene Kompetenzen konnte bereits die hohe Relevanz arbeitsübergreifender Kompetenzen aufgezeigt werden (vgl. Kap. 2.3), denn

> „wenn Wissen einerseits zum Produkt und andererseits zur Hauptkomponente des Wertschöpfungsprozesses wird und andererseits immer schneller veraltet, dann erfordert dies (…) Kompetenzen, die heute noch weit unterschätzt werden" (Laske 2005, S. 10).

Wie erwartet zeigte sich bei den Interviews, oft schon zu Beginn, dass sowohl ältere Mitarbeiter und deren Vorgesetzte als auch die Experten das größte Potenzial Älterer in deren Erfahrung erkennen. Auf Fragen, wie beispielsweise:

- Was zeichnet Ältere aus?
- Worin sehen Sie ungenutzte Möglichkeiten beim Einsatz von älteren Mitarbeitern?
- Wie können Ältere zum Unternehmenserfolg beitragen?
- Welche Vorteile haben Ältere im Vergleich zu Jüngeren?

nahmen die Befragten in erster Linie auf deren reichhaltigen Erfahrungsschatz Bezug.

Die Erfahrungen Älterer unterteilten die Befragten im Wesentlichen nach unternehmensspezifischen über die Unternehmenshistorie und einzelne Betriebsabläufe (vgl. hierzu auch Ilmarinen/Tempel 2002, S. 221) sowie menschenbezogene über Kunden und Kollegen. Viele sahen jedoch auch das besondere Potenzial Älterer in Kombination von beidem. Als eine im Unternehmen vorhandene, aber noch stärker zu beanspruchende Möglichkeit, sowohl die unternehmens- als auch menschenbezogene Erfahrung älterer Mitarbeiter stärker zu nutzen, erwähnten etliche Mitarbeiter und deren Vorgesetzte den intergenerationalen Austausch.

Sowohl aus wissenschaftlicher Perspektive (vgl. u.a. Kruse/Rudinger 1997, S. 75; Kade 2004, S. 67; Lohse et al. 2005, S. 78) als auch seitens der im Unternehmen befragten Experten (vgl. u.a. EX1, 152-154) stellt der intergenerationale Austausch eine hervorragende Möglichkeit zur Transformation impliziter Wissensbestände (vgl. hierzu auch Frerichs 2007, S. 49ff.) innerhalb verschiedener (Unternehmens-) Generationen dar und trägt in Form von mehrgenerational besetzten Teams bedeutend zum Erfolg von Projekten bei.

Erfahrung spielt im Hinblick auf die ermittelten arbeitsübergreifenden Kompetenzen eine grundlegende Rolle. Analog dem Slogan der bildungspolitischen Erklärung der Katholischen Bundesarbeitsgemeinschaft für Erwachsenenbildung (KBE) „Kompetenz braucht Erfahrung“ (KBE 2007, S. 1) konnte im Rahmen der Studie ermittelt werden, dass die arbeitsübergreifenden Kompetenzen in enger Wechselwirkung mit den in Leben und Beruf gesammelten Erfahrungen der älteren Mitarbeiter stehen. Dabei stellen Erfahrungen einerseits die Voraussetzung für kompetentes Handeln und Kompetenzentwicklung dar und andererseits resultieren sie aus der Anwendung von Kompetenzen. Weiterführend bieten sie Reflexionsmöglichkeiten hinsichtlich der gezeigten Handlung. Gnahs spricht in diesem Zusammenhang davon, dass Handlungskompetenz durch Erfahrungen generiert wird (vgl. Gnahs 2007, S. 40).

Die spezifische Potenzialdiskussion erfolgt nun anhand der sechs erhobenen arbeitsübergreifenden Kompetenzen älterer Mitarbeiter, die in Zusammenhang mit den jeweiligen theoretischen Annahmen der Abbildung 6 entnommen werden können.

Abb. 6: Arbeitsübergreifende Kompetenzen – Zusammenhang zwischen theoretischer Annahme und Ergebnis

Theoretische Annahme	Ergebnis
Methodenkompetenz →	Informationshandhabung
Sozialkompetenz →	Kundenbetreuung Kollegialität Vorgesetztenbindung
Gesundheitskompetenz →	Wohlbefinden
Selbst- und Veränderungskompetenz →	Individuelles Veränderungsmanagement

Die Informationshandhabung stellt die wesentliche Voraussetzung dar, um informationsbasierte Arbeitsabläufe aufnehmen und erfolgreich ausführen zu können. Laut Expertenmeinung sind die Potenziale älterer Mitarbeiter hinsichtlich der Informationsaneignung als eher gering zu bezeichnen, da zur Informationsgewinnung heutzutage weniger herkömmliche Aneignungsformen geeignet sind und stattdessen neue Medien beherrscht werden müssen. Hingegen im Umgang mit bereits gewonnen Informationen spricht der Experte aus der Personalentwicklung den älteren Mitarbeitern Kompetenz zu (vgl. EX1, 163-169).

Unternehmensorientiert betrachtet sind ältere Erwerbstätige echte Profis, da sie über ein Jahrzehnte lang gereiftes Expertenwissen über Strategien und Methoden verfügen (vgl. Bertelsmann Stiftung/Bundesvereinigung Deutscher Arbeitgeberverbände 2005b, S. 106). Auch im Rahmen der Befragung sagen die Mitarbeiter und deren Vorgesetzten aus, dass Ältere sich bei der Aneignung und im Umgang mit Informationen mit der im Laufe ihrer Berufsbiographie stetigen Zunahme der Informationen arrangiert haben und dadurch in der Lage sind, sich die Informationen, die sie zur Ausführung ihrer Tätigkeiten benötigen, anzueignen. Dabei präferieren sie Aneignungsformen, die sie oftmals schon seit Beginn ihrer Berufstätigkeit als zuverlässig und erfolgsversprechend bewerten.

Beim Lernen im Prozess der Arbeit zeigten Ältere Eigeninitiative. Vor allem ältere ältere Mitarbeiter eignen sich im direkten Kontakt mit Kollegen durch Beobachtung und Nachahmung oder durch eigenständige Komplexitätsverminderung und Aufbereitung neue arbeitsrelevante Informationen an. Dass informelles Lernen einen immensen Stellenwert bei der Aneignung beruflichen Handlungswissens (Älterer) einnimmt und somit maßgeblich zum Kompetenzerwerb beiträgt, bestätigen auch weitere Wissenschaftler (vgl. u.a. Hübner et al. 2003, S. 88; Lohse et al. 2005, S. 63; Gnahs 2007, S. 31, 38; Roßnagel 2007, S. 82). Im Rahmen der INQA-Studie „Was ist gute Arbeit?" konnte ermittelt werden, dass die Weiterbildungsbeteiligung von Mitarbeitern zwischen 55 und 64 Jahren in informellen Lernarrangements sehr hoch war (vgl. INQA 2006). Gerade im Hinblick auf Erfahrungen spielte beim Kompetenzerwerb sicherlich auch das Lernen „en passant" als ganzheitliches und verzweigtes Lernen eine bedeutende Rolle. Hierbei nimmt der Mitarbeiter im Arbeitsprozess Kenntnisse auf und entwickelt Fähigkeiten weiter, ohne sich dessen bewusst sein zu müssen (vgl. Gnahs 2007, S. 32, 39f.). Bei älteren Mitarbeitern ist die Selbstorganisation bzw. die Fähigkeit, aus eigener Kraft die Herausforderung der Informationsaneignung zu bestehen, eine wesentliche Voraussetzung zum Erhalt ihrer Kompetenzen (vgl. Lehr 2005, S. 23). Wenn der Vorgang der Informationsaneignung in ein nachhaltiges Handlungswissen münden soll, benötigen Mitarbeiter allerdings Zeit (vgl. Lohse et al. 2005, S. 83).

Laut zuletzt genannter Expertenaussage (vgl. nochmals EX1, 163-169) können ältere Mitarbeiter noch nicht selbstverständlich mit neuen Medien zur Informationsaneignung und -aufbereitung umgehen. Diese Annahme konnte auch im Rahmen der Studie bei älteren älteren Mitarbeitern festgestellt werden, denn diese gaben oftmals Schwierigkeiten im Umgang mit neuen Medien an. Jedoch versuchten sie eigenständig ihre Wissenslücken hinsichtlich IT-basierter Betriebssysteme, vor allem durch intergenerationalen Austausch, in dem sie quasi Unternehmenserfahrung gegen IT-Wissen tauschten, zu schließen. Dass vor allem ältere ältere Mitarbeiter Probleme im Umgang mit neuen Medien haben, zeigen auch verschiedene Wissenschaftler auf (vgl. Arnds/Bonin 2003, S. 151; Lohse et al. 2005). Diese Schwierigkeiten sind jedoch keineswegs einer verminderten Leistungsfähigkeit Älterer zuzuschreiben, sondern gelten stattdessen als weit verbreitetes Problem einer Kohorte, die erst relativ spät in ihrem Leben mit Computern in Berührung gekommen ist, deren Relevanz sie für das Arbeitsleben lange Zeit verkannt hat und dadurch heute deutlich schwerer als jüngere Kohorten einen Zugang zu computergestützten Arbeitssystemen findet (vgl. Barkholdt 1997)[69]. Allgemein betrachtet kann auch die geringe Partizipation an der Bildungsexpansion der 1960er und vor allem 1970er Jahre derjenigen Arbeitnehmer, die sich heute kurz vor dem Renteneintritt befinden, und die damit einhergehende innovationsferne schulische und berufliche Grundausbildung deren geringere Investition in den Umgang mit neuen Medien erklären (vgl. Naegele 1992, S. 22; Siebert 2001; Clemens et al. 2003, S. 59). In verschiedenen Studien konnte jedoch keine allgemein negative Einstellung Älterer gegenüber neuen Medien belegt werden (vgl. u.a. Rott 1988; Sterns/Sterns 1996).

Kundenbetreuung ist die nächste Kompetenz, die im Hinblick auf ihr betriebliches Potenzial erörtert werden soll. Der Experte aus der Personalstrategie hat in diesem Punkt Vorbehalte gegenüber der Serviceorientierung älterer Mitarbeiter, die oftmals ihre gesamte berufliche Laufbahn im Unternehmen absolviert haben und mit der Öffnung des Telekommunikationsmarktes in Deutschland nur schwer ein kundenorientiertes Verhalten entwickelt haben (vgl. EX4, 179-181).

69 In Kap. 5.3 wird dieses vermeintliche Defizit älterer älterer Mitarbeiter nochmals aufgenommen und entsprechende Maßnahmen zum Umgang mit dieser kohortenspezifischen Problematik aufgezeigt.

Im Rahmen der Studie konnten allerdings keinerlei Hinweise auf ein mangelndes Engagement Älterer beim Kunden ermittelt werden. Ganz im Gegenteil ist die Kundenorientierung als ein weiteres bedeutsames Potenzial der älteren Belegschaft zu benennen, bei der die langjährige Erfahrung mit Menschen sowohl im privaten als auch beruflichen Bereich dem Unternehmen zugute kommt. Sowohl ältere Mitarbeiter selbst als auch deren Vorgesetzte bewerten den Umgang mit dem Kunden als besondere Stärke erfahrener Arbeitnehmer und beschreiben den Kontakt zum Kunden als routiniert, empathisch, freundlich und verbindlich, respektvoll und vom selbstbewussten Auftreten der Mitarbeiter geprägt. In der Studie konnte festgestellt werden, dass Ältere im Gegensatz zu Jüngeren darauf bedacht sind, eher dem Kunden und dessen Anspruch an Dienstleistungen und Produkte als den angestrebten Verkaufszahlen gerecht zu werden. Sowohl aus anderer Unternehmenspraxis (vgl. Erfahrung ist Zukunft 2007a) als auch aus wissenschaftlicher Perspektive (vgl. u.a. Koller/Plath 2001; Leber 2001, S. 6f.) kann der stark sozial versiertere Umgang Älterer mit der Kundschaft bestätigt werden.

Aufgrund der oben genannten positiven Eigenschaften Älterer im Umgang mit Kunden setzen die Vorgesetzten sowohl bei der telefonischen Beratung als auch bei der Kundenbetreuung vor Ort bewusst ältere Mitarbeiter in problematischen Kundensituationen ein, da diese einem unzufriedenen Kunden gegenüber eher Ruhe bewahren und in ihrer Kommunikation sachlich bleiben. Dabei sind sie aber auch in der Lage, Grenzen der Gesprächsführung aufzuzeigen und den Kunden, wenn es notwendig ist, auch freundlich und bestimmt in seine Schranken zu weisen. Darüber hinaus haben ältere Mitarbeiter aus ihrer langjährigen Erfahrung mit schwierigen Kunden gelernt, Coping[70] zu betreiben, um solche stressbeladenen Arbeitssituationen zu verarbeiten und sich davon zu distanzieren (vgl. Jansen/Müller 2000, S. 256ff.).

Auch Lehr sieht aufgrund ihrer minimierten Eigenbetroffenheit bei Älteren ein entsprechendes Potenzial in belastenden Situationen (vgl. Lehr 2005, S. 22). Im Vergleich zu Jüngeren können Ältere eher zeitgleich Möglichkeiten und Grenzen einer bestimmten Aufgabenstellung betrachten und abschätzen, was davon letztlich realisierbar ist (vgl. Lehr 2005, S. 23).

70 „Coping“ wird im Rahmen der Arbeit als das „Bewältigen von Konflikt oder Fertigwerden mit Schwierigkeiten [verstanden und, Anm. M. J.-T.] dient in der Hauptsache zwei Zielen. Einmal geht es darum, Person-Umwelt-Bezüge, die Stress erzeugen, zu beherrschen oder zu ändern. Das ist ein problemorientiertes Bewältigen. Zum anderen sind stressgeladene Emotionen unter Kontrolle zu bringen. Dies ist ein emotionsorientiertes Bewältigen“ (Heckhausen 1989, S. 119).

Das Potenzial zum bedachten Umgang mit schwierigen Kunden traut auch ein Experte aus der Personalentwicklung eher den älteren als den jüngeren Mitarbeitern zu (vgl. EX1, 169-176).

Im Hinblick auf den allgemeinen demographischen Wandel sieht er in der alternden Belegschaft sogar ein wesentliches zukunftsrelevantes Potenzial, da ältere Mitarbeiter den Bedürfnissen einer älteren Kundschaft eher gerecht werden können (vgl. EX1, 46).

Auf dieses Potenzial einer alternden Belegschaft im Hinblick auf die Kundenorientierung von Unternehmen weist auch die Initiative Neue Qualität der Arbeit (INQA) hin (vgl. INQA 2005b, S. 16).

Als weitere arbeitsübergreifende Kompetenz gilt die Kollegialität. Auch hier konnte ein sehr sozial orientiertes Verhalten älterer Mitarbeiter bei der Untersuchung festgestellt werden. Kollegialität besitzt für ältere Mitarbeiter einen sehr hohen Stellenwert im Berufsleben und ist bei weitem höher als andere arbeitsbezogene Faktoren wie Karriere oder monetärer Nutzen einzuordnen. Dementsprechend geben die Mitarbeiter als wesentlichen Faktor, der das Wohlfühlen bei der Arbeit bestimmt, die kollegiale Gemeinschaft an. Den Befragten ist bewusst, dass Kollegialität für das Arbeitsleben grundlegend ist, denn Kollegen gelten vor allem als wichtige Informationslieferanten, um Arbeitsabläufe effektiver zu gestalten, und als Vertraute im Hinblick auf unternehmensbezogene und teilweise auch private Problemstellungen. Jedoch lässt die direkte Kommunikation in Zeiten der Kommunikation über Mobiltelefone oder E-Mails und der Arbeitsorganisation in Form von Schichtarbeit unter den Kollegen nach. Ältere Mitarbeiter bedauern diese Entwicklung und erweisen Eigeninitiative, um einen direkten kollegialen Austausch zu ermöglichen bzw. zu erhalten. Um Austauschmöglichkeiten zu schaffen, suchen sie den Kollegen möglichst persönlich auf oder verlagern Treffen im Kollegenkreis in ihre arbeitsfreie Zeit.

Auch von Seiten der Politik und Wissenschaft wird betont, dass sich besonders ältere Arbeitnehmer der hohen Relevanz kollegialer Beziehungen zur Bewältigung des Arbeitsalltags bewusst sind und wesentlich zum intergenerationalen Austausch unter Kollegen beitragen (vgl. u.a. BMFSFJ 2004; FFG 2007). Ferner weist die demographiebezogene Initiative der Bundesregierung „Erfahrung ist Zukunft“ darauf hin, dass gerade der rege und persönliche Austausch mit den Kollegen zum Wohlbefinden des Arbeitnehmers nachträglich beiträgt und ihn physisch wie psychisch beweglich hält (vgl. Erfahrung ist Zukunft 2007b).

Im Hinblick auf die nächste arbeitsübergreifende Kompetenz der Vorgesetztenbindung zeigt sich das Potenzial älterer Mitarbeiter vor allem in deren Loyalität und Verlässlichkeit gegenüber ihrem Vorgesetzten und dadurch auch letztlich gegenüber dem Unternehmen. Im Vergleich zu jüngeren Mitarbeitern beschreiben die Vorgesetzten das Verhältnis der älteren zu ihnen eher als respekt- und verständnisvoll bezüglich ihrer beruflichen Position als Vermittler zwischen Niederlassungsmanagement und Mitarbeitern. Besonders Vorgesetzte aus dem Servicetechnik-Bereich können aus arbeitsorganisatorischen Aspekten nur sporadisch Einblick in den Arbeitsalltag ihrer Mitarbeiter nehmen. Aufgrund eines oft über Jahre gewachsenen Vertrauensverhältnisses und der langjährigen beruflichen Sozialisation trauen sie Älteren im Vergleich zu Jüngeren einen reibungsloseren Arbeitsablauf sowie mehr Offenheit im Umgang mit eigenen Fehlern und persönlichen Grenzen zu.

Auf dieses Potenzial Älterer, das sich durch ein hohes Maß an Sorgfalt und Verlässlichkeit beim sozial kompetenten Umgang mit Kollegen und vor allem Vorgesetzten zeigt, beziehen sich auch die Bertelsmann Stiftung und die Bundesvereinigung Deutscher Arbeitgeberverbände (2005b). Auch Kayser und Uepping sehen hier ein wichtiges Potenzial älterer Erwerbstätiger. Im Zuge des Vergleichs von älteren und jüngeren Arbeitnehmern berichten die Autoren von einem umsichtigeren arbeitsbezogenen Vorgehen älterer, da diese stärker auf die Sicherheit am Arbeitsplatz achten und eher vermittelnde Fähigkeiten aufweisen (vgl. Kayser/Uepping 1997). Kompetenzen Älterer im Arbeitsleben haben sich oftmals von einer ehemals dynamischen zu einer eher beständigen Dimension gewandelt (vgl. Bellmann/Leber 2005; INQA 2005b, S. 10), wobei die Bedürfnisse Älterer weniger auf Karriere ausgelegt sind, sondern vielmehr auf dem Wunsch nach sozialer Anerkennung, betriebsinternen Kontakten sowie Selbstverwirklichung basieren (vgl. Lohse et al. 2005, S. 66).

Im Rahmen des IAB-Betriebspanels (2002) wurden Arbeitgeber und Personalverantwortliche nach den wichtigsten arbeitsplatzbezogenen Eigenschaften bzw. Leistungsparametern gefragt. Dabei schätzten die Befragten die Bedeutung von altersbezogenen Eigenschaften wie Loyalität und Qualitätsbewusstsein deutlich höher ein als Kreativität und Lernfähigkeit, die vorwiegend Jüngeren zugewiesen wurden (vgl. IAB 2003). Weiterführend erklärt Laske, dass die Fähigkeit zur Kooperation mit Kollegen und Vorgesetzen eine wesentliche Voraussetzung für ein effizientes Arbeiten in vernetzten Arbeits- und Organisationsstrukturen ist (vgl. Laske 2005, S. 8).

Als weitere arbeitsübergreifende Kompetenz soll nun das Wohlbefinden älterer Arbeitnehmer auf ihr betriebliches Potenzial hin diskutiert werden. Die befragten Mitarbeiter geben an, sich im Großen und Ganzen bei ihrer Arbeit wohl zu fühlen, wobei der Wohlfühlaspekt bei der Arbeit in erster Linie von einer intakten kollegialen Gemeinschaft, der Möglichkeit zur selbstständigen Arbeit sowie der Identifikation mit der eigenen Arbeit abhängt. Betriebliche Potenziale zeigen sich hier in der Teamorientierung, der Eigenständigkeit und dem hohen Anspruch Älterer an ihre Tätigkeit.

Wurm bestätigt, dass die Arbeitszufriedenheit Älterer durchaus hoch ist, wobei der überwiegende Teil mit der Art der Tätigkeit und dem Betriebsklima und weniger mit den beruflichen Entwicklungschancen zufrieden ist (vgl. Wurm 2006, S. 44f.). Bei einer internetbasierten Befragung von Arbeitnehmern jeglichen Alters konnte Hertel feststellen, dass die Arbeitszufriedenheit und Arbeitsmotivation der über 50-jährigen Mitarbeitern von dem Grad ihrer arbeitsbezogenen Autonomie, der Verwirklichung ihrer persönlichen Ziele und im Besonderen von der Qualität ihrer sozialen Kontakte sowie von kollegialer Hilfeleistung abhängt (vgl. Hertel 2007, S. 33).

Zum Wohlbefinden trägt maßgeblich die psychische und physische Gesundheit bei. Im Hinblick auf die Gesundheit konnten im Rahmen der Studie insbesondere zwei Potenziale älterer Mitarbeiter festgestellt werden: Zum einen sind Ältere weniger kurzfristig krank und verhalten sich im Alltag gesundheitsbewusster als Jüngere. Sowohl Vorgesetzte als auch Mitarbeiter begründen die relativ wenigen kurzfristigen Fehlzeiten Älterer mit deren Gewissenhaftigkeit. Ältere Mitarbeiter investieren stärker in ihre Gesundheitsprävention, da sie sich vor allem deren positiven Wirkung auf ihre Arbeitsfähigkeit bewusst sind. Bei älteren älteren Mitarbeitern scheint zudem der Aspekt wesentlich, dass sie bei sich selbst oder Gleichaltrigen erste gesundheitliche Defizite feststellen und auch im Hinblick auf ihren baldigen Renteneintritt ihre Gesundheit erhalten möchten. Bei gesundheitspräventiven Maßnahmen handelnden die Befragten im Sinne eines ganzheitlichen Gesundheitsverständnisses und bevorzugen Maßnahmen, die sowohl für ihre körperliche Fitness als auch für ihre Psyche förderlich sind.

Auch INQA sieht in der Gesundheit im Sinne eines körperlichen, geistigen und sozialen Leistungsvermögens die wesentliche Grundlage zur Arbeitsfähigkeit (vgl. 2005b, S. 19). Ilmarinen fügt hinzu:

> „Damit die Arbeitsfähigkeit gesichert ist, müssen vor allem die individuellen Ressourcen wie Kompetenzen, Gesundheit, Motivation gesichert sein und sich mit der Arbeit in einem Gleichgewicht befinden“ (Ilmarinen 2007, S. 15).

Von Seiten des Experten wurde erwartet, dass sich die Mitarbeiter in erster Linie eigenständig um den Erhalt ihrer Gesundheit kümmern (vgl. EX4, 9; 83). Diesen Ansprüchen an die Gesundheitskompetenz konnten die befragten Mitarbeiter durchaus gerecht werden.

Die vergleichsmäßig geringe Anzahl krankheitsbedingter Fehltage können Ilmarinen und Tempel, Bezug nehmend auf Ergebnisse des EURO-Baromters (1996), bestätigen. Zwar fehlten die älteren Arbeitnehmer insgesamt länger als die jüngeren, dafür war bei der älteren Generation die Häufigkeit der Kurzarbeitsunfähigkeit deutlich geringer ausgeprägt (vgl. u.a. Eurostat/Europäische Kommission 2001; Illarinen/Tempel 2002, S. 41; Vetter 2003). Daher zählt Ilmarinen die vergleichsmäßig geringe Abwesenheitsrate Älterer zu deren Stärken (vgl. Ilmarinen 2007, S. 13).

Wurm greift des Weiteren auf, dass ältere Arbeitnehmer ihren Gesundheitszustand selbst als gut oder sogar sehr gut einstufen (vgl. Wurm 2006, S. 32). Objektiv betrachtet nimmt ab dem mittleren Erwachsenenalter die Anzahl der Personen jedoch deutlich zu, deren körperliche Gesundheit sich verschlechtert. Insbesondere bei jüngeren älteren Mitarbeitern können im Vergleich zu Berufsanfängern in stärkerem Maße Muskel- und Gelenkerkrankungen, häufig infolge jahrelanger Fehlbelastungen am Arbeitsplatz diagnostiziert werden (vgl. Ilmarinen 1999, S. 64), bei älteren älteren Mitarbeitern nehmen hingegen Erkrankungen des Herz-Kreislaufsystems zu (vgl. Alterssurvey 2002, in: Wurm 2006, S. 24ff.). Bei verschiedenen Befragungen wurde erhoben, dass die meisten Unternehmen die Gesundheit ihrer Mitarbeiter und somit deren Arbeitsfähigkeit durch Maßnahmen zur Steigerung der körperlichen Fitness fördern oder fördern möchten (vgl. u.a. INQA 2005b, S. 69ff.; Capgemini 2007a, S. 16).

Etwa gleich verbreitet wie körperliche sind psychische Erkrankungen bei Arbeitnehmern. Hier nehmen vor allem psychische Belastungen infolge anstrengender Aktivitäten oder neuer Anforderungen am Arbeitsplatz eine Vorreiterrolle ein (vgl. Wurm 2006, S. 50). Diesen Aspekt aufnehmend möchte ich nun als letzte arbeitsübergreifende Kompetenz das individuelle Veränderungsmanagement näher erörtern, dem insbesondere in einem von stetigem Wandel geprägten Unternehmen eine essentielle Bedeutung zukommt.

„(...) wo jeder mitgeht in diesem Prozess der permanenten Veränderung. Das ist überlebenswichtig, wenn das nicht geschafft wird sowohl von der Führungsebene her als von der Mitarbeiterebene her, dann wird man in einem schnellen Markt, der sich dauernd so tiefgreifend verändert, nicht überleben können.“ (EX4, 259)

Im Umgang mit Veränderungen sind sicherlich sämtliche befragten Mitarbeiter als Potenzialträger zu bezeichnen, denn sie alle haben den Wandel von einem vormals planbaren, routinierten und verlässlichen Arbeitsablauf in einem staatlich geführten Unternehmen in ein veränderungsgeprägtes Unternehmen mit einer vergleichsweise kurzlebigen Arbeits- und Organisationsstruktur aufgenommen und bisher gemeistert. Im Laufe der zahlreichen unternehmensinternen Veränderungen entwickelten die Befragten ein individuelles Veränderungsmanagement. Dieses stellt vor allem dahingehend ein betriebliches Potenzial dar, da hieraus das Unternehmen wichtige Anregungen für den optimalen Umgang mit Veränderungen entnehmen kann. So weisen Ilmarinen und Tempel daraufhin, dass Mitarbeiter, die im Zuge von Veränderungen im Unternehmen Arbeitsplatzunsicherheiten ausgehalten und aus eigenem Antrieb bewältigt haben, oftmals Potenziale entwickeln, die im Sinne eines integrierten Change Managements vom Unternehmen berücksichtigt und gefördert werden sollten (vgl. Ilmarinen/ Tempel 2002, S. 57).

Eine gängige Expertenmeinung ist, dass Mitarbeitenden im Laufe ihrer Erwerbsbiographie die Bewältigung von Veränderungen zunehmend schwer fällt (vgl. EX4, 123).

Entgegen dieser Expertenmeinung konnten bei den befragten Mitarbeitern im Rahmen der Studie keine Hinweise für eine explizite „Veränderungsmüdigkeit“[71] älterer Arbeitnehmer festgestellt werden. Im Umgang mit Veränderungen kommt es den Befragten in erster Linie auf den angemessenen Ablauf von Veränderungen und weniger auf die Veränderungstatsache an, denn das Bewusstsein für die Notwendigkeit von Veränderungen, um am Markt erfolgreich agieren zu können, ist durchaus vorhanden. Veränderungsfördernd wirkt sich der soziale Bezug durch Vorbilder im privaten Bereich oder Kollegen in der Funktion von „Leidensgenossen“ aus. Des Weiteren sind größere Veränderungen eher zu bewältigen, wenn das neue Tätigkeitsumfeld gewisse Parallelen zum alten aufzeigt. Aufgrund ihrer langjährigen Berufsbiographie können Ältere Unternehmenslagen kritisch miteinander vergleichen und sind eher dazu bereit,

71 Nur bei den Mitarbeitern, deren Renteneintritt unmittelbar bevorstand, konnte eine gewisse Veränderungsimmanenz festgestellt werden.

eine Veränderung mit zu tragen, wenn sie deren Sinn für das Unternehmen und Vorteile für den Kunden erfassen können.

Dass ältere Mitarbeiter eher eine gewisse Skepsis gegenüber Veränderungen aufweisen und dadurch als wichtige Kontrollinstanz für das Unternehmen fungieren können, bewertet ein Experte aus der Personalstrategie als wichtiges, aber bisher kaum beanspruchtes Potenzial (vgl. EX4, 245-249).

Außerdem konnte in der Studie ermittelt werden, dass positive Veränderungserfahrungen und die dadurch gewonnene Zuversicht hinsichtlich der eigenen Veränderungsfähigkeit den Mitarbeiter bei der Aufnahme von neuen Veränderungen bestärken. Dass die Art und Weise, wie Veränderungen im bisherigen Berufsleben erlebt worden sind, die Einstellung gegenüber Veränderungen prägt, dessen war sich der Experte aus der Personalstrategie bewusst (vgl. EX4, 131).

Im Umgang mit Veränderungen wünschen sich die Befragten vom Unternehmen eine höhere Transparenz, eine stärkere Integration in den Veränderungsprozess, eine bessere Unterstützung bei der Bewältigung von Veränderungen und letztlich mehr Zeit bei der Durchführung der Veränderung.

Im wissenschaftlichen Diskurs wird ebenfalls die hohe Relevanz von Einflussmöglichkeiten auf Veränderungsprozesse betont, denn im Gegensatz zu anderen Stressoren am Arbeitsplatz wie mangelnde Beleuchtung oder Pausen, gelten Veränderungen im Sinne von unvorhersehbaren und unbeeinflussbaren Situationen als ein besonders hohes Risiko für schwere Stressreaktionen (vgl. Harych 1995, S. 107; Illarinen 1995, S. 28f.; Hasselhorn 2007, S. 61). Angst vor Arbeitsplatzverlust und Neustrukturierungen von Arbeitsabläufen bewirken die höchste Intensität von Ängsten im Arbeitsleben (vgl. Stegmann 1999, S. 132). Im Hinblick auf den Zeitfaktor von Veränderungen zeigt sich, dass sich das Zeitempfinden Älterer von dem Jüngerer deutlich unterscheidet. Während jüngere Menschen Veränderungen in dem Tempo wahrnehmen, das der gewünschten Veränderungsgeschwindigkeit entspricht, zeigt sich ab dem mittleren Lebensalter eine auffällige Diskrepanz zwischen erlebtem und gewünschtem Tempo. Veränderungen vollziehen sich für Ältere also häufig deutlich schneller als gewünscht (vgl. Volkholz 2000, S. 22).

Zum Abschluss der Potenzialdiskussion sei auf folgende Expertenaussage verwiesen, die besagt, dass ein betrieblicher Potenzialträger alle arbeitsübergreifenden Kompetenzen in sich vereinigen sollte.

> „(...) man muss alle diese Kompetenzen haben. (...) Wenn ich keine Methodenkompetenz habe, dann werde ich (...) auf einem fachlichen Abstellgleis landen. Wenn ich keine Sozialkompetenz habe, dann werde ich (...) von den Gruppen, mit denen ich arbeite, irgendwie abgestoßen werden. Wenn ich keine Veränderungskompetenz habe, werde ich irgendwann in (...) einer Ecke landen, (...) wo (...) ich deswegen auch keine Perspektive für mich mehr habe. Und wenn ich mal keine Gesundheitskompetenz mehr habe, werde ich vielleicht mal irgendwann krank sein. (...) in der heutigen Berufswelt sind alle diese Kompetenzen unverzichtbar und jeder sollte daran arbeiten, dass er die Kompetenzen hat." (EX4, 103)

Im nächsten Kapitel möchte ich vorwiegend diskutieren, welche der aufgezeigten Potenziale Älterer an welcher Stelle im Unternehmen optimal eingesetzt sind, um zum Unternehmenserfolg beitragen zu können.

5.2 Betrieblicher Einsatz

Bei der Erörterung der betrieblichen Einsatzmöglichkeiten Kompetenzen Älterer beziehe ich mich vor allem auf Mitarbeiter und Vorgesetzte, die auf Basis ihrer betrieblichen Erfahrung, verschiedene Optionen nennen. Des Weiteren ordne ich die Ergebnisse der Studie in den entsprechenden praktischen und wissenschaftlichen Diskurs ein.

Vorab sei auf eine Expertenaussage verwiesen, dass der gezielte Einsatz der Potenziale Älterer von Seiten der Personalentwicklung und -strategie sorgsam geprüft und vor verschiedenen unternehmensbezogenen Interessen gerechtfertigt werden sollte. Zu den Personengruppen, die von einem optimalen Einsatz überzeugt sein sollten und letztlich davon profitieren, zählt der Experte aus der Personalentwicklung vor allem Aktionäre, Kunden und Mitarbeiter (vgl. EX1, 12-20).

Im Rahmen der Befragung äußerten einige Mitarbeiter und deren Vorgesetzte Vorschläge zum optimalen Einsatz Älterer im Unternehmen, andere Befragte konnten im Unternehmen keine altersspezifischen Einsatzmöglichkeiten ausfindig machen. Bei welchen Tätigkeiten und in welchen Bereichen die Kompetenzen älterer Mitarbeiter jedoch am ehesten zum Tragen kommen, wird nachfolgend aufgezeigt.

5.2.1 Einsatzmöglichkeiten

Viele der Befragten sahen zunächst keine Notwendigkeit, älteren Mitarbeitern spezifische Aufgabenfelder und -bereiche zuzuordnen und gaben an, dass ältere Beschäftigte genau wie jüngere universell einsetzbar seien (vgl. u.a. MA12, 419). Nach intensiveren Überlegungen zählten die Befragten jedoch einige unterschiedliche, überwiegend erfahrungsbezogene Einsatzoptionen auf.

5.2.1.1 Kollegiale Beratung

Als ideales Einsatzgebiet gilt die kollegiale Beratung, da sich ältere Mitarbeiter durch ihre langjährige berufliche Sozialisation im Unternehmen sehr gut auskennen und somit die entsprechende Voraussetzung zur umfassenden Beratung von Kollegen besitzen (vgl. u.a. VO6, 514-518).

Auch Tikkanen sieht den Einsatz unternehmens- und arbeitsbezogener Erfahrungen als wertvoll an, denn durch systematisch genutztes Erfahrungswissen kann die Position älterer Arbeitnehmer sowohl im Unternehmen als auch auf dem Arbeitsmarkt deutlich gestärkt werden. Doch die Verwandlung von Erfahrungen in Informationen und Know-how, von denen das Unternehmen profitieren kann, verlangt noch deutlich mehr Kenntnisse des Entwicklungsprozesses, wodurch implizites Wissen erfasst und genutzt werden kann (vgl. Tikkanen 1998, S. 222).

Der intergenerationale Austausch stellt eine wichtige Option zur Förderung einer konstruktiven Zusammenarbeit von Älteren und Jüngeren dar und bewahrt dadurch eine intergenerationale Solidarität im Unternehmen (vgl. Buck 2001, S. 24). Dabei könnte das Unternehmen unternehmens- aber auch menschenbezogene Erfahrungen Älterer stärker nutzen, indem Ältere jüngere Kollegen unterrichten oder beraten (vgl. u.a. VO4, 735; 771).

Seitens der Mitarbeiter rät ein jüngerer älterer Mitarbeiter aufgrund seiner eigenen positiven Erfahrung mit intergenerationalen Teamzusammensetzungen auch heute wieder stärker zur Berücksichtigung des Alters bei der Zusammenstellung von Arbeitsgruppen, um somit wertvolle unternehmensbezogene Wissensbestände durch den Wissenstransfer von erfahrenen Mitarbeitern an unerfahrene zu sichern (vgl. MA6, 589-591).

Auch andere Unternehmen nennen als Möglichkeit, Ältere stärker in einer aktiven Rolle an Weiterbildungsteilnahmen partizipieren zu lassen und dadurch ihr Potenzial einzusetzen, deren Einsatz als Trainer oder Mentor (vgl. Capgemini 2007a, S. 15). Als bestes alternatives Karrieremodell für ältere Mitarbeiter wurde auf das Coaching von Nachwuchskräften verwiesen (vgl. Capgemini 2007a, S. 18). Doch im Gegensatz zum intergenerationalen Austausch, bei dem es um voneinander Lernen im Arbeitsvollzug geht, wird das Lernen Älterer im Rahmen von Paten- oder Mentorenprogrammen kaum beachtet (vgl. Frerichs 2007, S. 55).

Doch kollegiale Beratung ist nicht nur für andere Generationen oder Berufsanfänger interessant. Aus Perspektive der befragten Mitarbeiter könnte eine Beratung durch erfahrene, meist ältere Mitarbeiter für sämtliche Alters- und Hierarchiestufen bedeutsam sein (vgl. MA12, 437).

Die Vorgesetzte greift zudem den Gedanken auf, dass ältere Mitarbeiter in einer beratenden und unterstützenden Funktion aus ihrer Linienposition herausgenommen und arbeitsplatzübergreifend eingesetzt werden könnten (vgl. VO5, 572-578).

Kollegiale Beratung könnte darüber hinaus als Einsatzmöglichkeit für die Kompetenzen Älterer durch die Betreuung und Leitung von Kleingruppen oder Teampatenschaften während der Arbeit umgesetzt werden (vgl. u.a. MA6, 652-661; VO5, 564-590).

Dass die Kompetenzen älterer Arbeitnehmer nicht nur in der Interaktion mit Kollegen, sondern auch im Kontakt mit Kunden sozial vielseitig nutzbar sind, zeigt das folgende Kapitel.

5.2.1.2 Kundenkontakt

Die befragten Mitarbeiter plädieren dafür, Ältere durch ihre reichhaltige Erfahrung im Umgang mit Menschen planvoller im Kundenkontakt einzusetzen (vgl. u.a. MA8, 528).

So konnte auch bereits in Kapitel 4.2 aufgezeigt werden, dass sich Ältere besonders kompetent im Umgang mit Kunden zeigen, indem sie den Kunden und dessen Bedürfnisse oftmals direkt einschätzen, auf den Kunden individuell eingehen und sich selbst in Situationen mit schwierigen Kunden routiniert verhalten und freundlich und verbindlich gegenüber dem Gesprächspartner auftreten.

Insbesondere an der Kunden-Hotline, aber auch im direkten Kontakt mit dem Kunden, könnten somit Ältere ihre Potenziale einbringen (vgl. u.a. MA5, 508; MA7, 295-297).

Damit das Unternehmen durchgängig einwandfreie Produkte und Dienstleistungen anbieten kann und sich somit beim Kunden ein positives Image bewahrt, muss es unentwegt Qualitätssicherung betreiben.

5.2.1.3 Qualitätssicherung

Infolge ihrer langjährigen Erfahrung auf dem Gebiet der Technik und der damit verbundenen Kenntnisse über Verhaltensregeln bei der Arbeit und vor allem beim Kunden könnten ältere Mitarbeiter im Rahmen der Qualitätssicherung als Vermittler zwischen dem Unternehmen und diversen Subunternehmern im Technikbereich fungieren (vgl. u.a. MA6, 612; 622- 624).

Der Vorgesetzte würde den Älteren aufgrund seiner berufsbezogenen Erfahrung und der dadurch gewonnenen Autorität weniger in der Rolle des Ansprechpartners für Subunternehmer und eher in der als Kontrolleur sehen (vgl. VO2, 721).

Ein zusätzliches Einsatzgebiet für ältere Mitarbeiter aus dem Bereich der Servicetechnik könnte die Organisation der Materialverwahrung und -logistik darstellen. Auch hier vermutete der Vorgesetzte wichtige Vorteile für den Arbeitsablauf in seinem Bereich, da durch die ausgewiesene Verwaltung von Materialbeständen logistikbezogene Aufgaben zentralisiert und somit Arbeitsabläufe effizienter gestaltet würden (vgl. VO2, 701-703; 707-709).

Als betriebsnotwendiges, übergeordnetes Tätigkeitsgebiet stellt die Verwaltung ein weiteres Einsatzgebiet für ältere Mitarbeiter dar.

5.2.1.4 Verwaltung

Anhand den Mitarbeiter- und Vorgesetztenaussagen wären Ältere durch ihre umfangreiche unternehmensbezogene Expertise besonders für verwaltende Tätigkeiten geeignet, bei denen sie routiniert arbeiten und ihre Kenntnisse über Prozessabläufe und Organisationspläne für das Unternehmen gewinnbringend einsetzen könnten (vgl. u.a. MA2, 458- 460; VO3, 590; 606; 612; 620-642).

Dass arbeitsübergreifende Kompetenzen Älterer auch gewissen Grenzen unterliegen und nicht universell einsetzbar sind, wird im folgenden Kapitel von den Mitarbeitern und ihren Vorgesetzten diskutiert.

5.2.2 Einsatzbarrieren

Die Befragten zählen nicht nur Möglichkeiten des Kompetenzeinsatzes auf, sondern weisen auch auf Grenzen der Beschäftigung Älterer hin. Zu den Einsatzbarrieren im späteren Erwerbsleben zählen sie sowohl physische als auch psychisch bedingte.

5.2.2.1 Körperlich intensive Tätigkeiten

Die Befragten sehen bei körperlich stark beanspruchenden Tätigkeiten, bei denen der Arbeitnehmer stetig den Wettereinflüssen ausgesetzt ist, Einsatzeinschränkungen für Ältere. Einige Mitarbeiter haben aus diesem Grund aus ihrem früheren Arbeitsgebiet im Kabelbau in die Servicetechnik gewechselt (vgl. u.a. MA5, 527-529; MA12, 419).

Dass solche Tätigkeiten im Ausmaß von körperlichen Fehl- oder Überbeanspruchungen als alterskritische Arbeitsfaktoren gelten und häufig ein frühzeitiges Altern bedingen können, wurde bereits in Kapitel 2.1.3.1 aufgezeigt.

Weitere Einsatzbarrieren für ältere Mitarbeiter vermuten die Befragten bei Tätigkeiten, die leicht stressanfällig sind.

5.2.2.2 Stressanfällige Tätigkeiten

Bei zu stressigen Arbeitsabläufen für ältere Arbeitnehmer empfehlen die Mitarbeiter nicht etwa einem Wechsel des Arbeitsschwerpunkts, sondern eine Verminderung der Stressbelastung am jeweiligen Arbeitsplatz (vgl. u.a. MA4, 607; MA12, 423).

Aufgrund der hohen Stressanfälligkeit bewertet der Vorgesetzte die Tätigkeit als Call Center Agent im Frontoffice für ältere ältere Mitarbeiter als wenig geeignet, jedoch will er ungern auf die Erfahrung der dort langjährig Arbeitenden verzichten (vgl. VO4, 717-719).

Um die Expertise älterer Mitarbeiter im Bereich der telefonischen Kundenbetreuung dennoch weiterhin nutzen zu können, schlägt eine Vorgesetzte aus dem Call Center deshalb den nur noch eingeschränkt möglichen Wechsel in den Bereich der indirekten Kundenbetreuung vor (vgl. VO5, 590).
Darüber hinaus ordnen die Befragten diejenigen Tätigkeiten als stressanfällig ein, die für den Arbeitnehmer noch in den letzten Berufsjahren zu einer völligen Umstellung seiner Arbeitsorganisation führen (vgl. u.a. MA4, 615; MA5, 531).

So konnte auch im Rahmen des IAB-Betriebspanels (2004) ermittelt werden, dass Unternehmen keine Bewerbungsaktivitäten für ältere Arbeitnehmer veranlassen, da sie vor allem befürchten, dass Ältere im Beruf weniger belastungsresistent sind (vgl. Bellmann et al. 2006, S. 77).

Lassen sich aus den bisherigen Einsatzmöglichkeiten und -barrieren Regeln für den Einsatz älterer Mitarbeiter ableiten? Diese Frage ist im anschließenden Kapitel zu klären.

5.2.3 Einsatzregularien

Sowohl Mitarbeiter und Vorgesetzte als auch die Experten sind sich überwiegend einig, dass das Unternehmen Mitarbeitern nicht aufgrund ihres Alters pauschal Tätigkeiten zuweisen sollte. Stattdessen sollten die Kompetenzen Älterer in deren jeweiligen Aufgabengebieten stärker betrieblich gefördert und genutzt werden. Jeder Mitarbeiter, der vornehmlich aus Altersgründen seinen bisherigen Aufgaben nicht mehr nachkommen kann, sollte im Hinblick auf seinen weiteren Einsatz im Unternehmen individuell betrachtet werden (vgl. u.a. MA5, 538-541).

Vor allem die Expertenseite lehnt eine Bindung der Tätigkeiten an Altersgrenzen ab, da ihrer Meinung nach, kein Zusammenhang zwischen Alter und Leistung besteht (vgl. u.a. EX1, 212; 224; 232-236)[72].

Insbesondere der Experte, der die Personalentwicklung des Konzerns vertritt, warnt im Umgang mit älteren Arbeitnehmern dringlich vor altersspezifischen Vorurteilen und betont, dass das Alter der Mitarbeiter eine Facette neben vielen anderen sei (vgl. EX1, 180; 189-191).

Auch Praxiserfahrungen aus der finnischen Wirtschaft belegen, dass Erfolge bei der Gestaltung der späten Erwerbstätigkeit nur durch Individualmaßnahmen erzielt werden konnten. Erst durch zahlreiche alterssensible Einzelmaßnahmen bzw. eine auf den jeweiligen Arbeitnehmer abgestimmte Kombination von Maßnahmen konnten die letzten Berufsjahre für Arbeitnehmer und Unternehmen zufriedenstellend gestaltet werden (vgl. Clemens et al. 2003, S. 198).

Ebenso die Wissenschaft bewertet Beschäftigungsvarianten eher negativ, bei denen Ältere auf eigens eingerichteten so genannten Schonarbeitsplätzen arbeiten. Dabei sind die älteren Beschäftigten oftmals genötigt, gering qualifizierte und im Unternehmen kaum angesehene Tätigkeiten wie Lagerverwaltung oder Reinigungsdienst zu übernehmen. Im Vergleich zu ihrer früheren Berufslaufbahn bewerten Ältere diese Form der Beschäftigung zumeist als Degradierung und Dequalifizierung (vgl. Kruse/Rudinger 1997, S. 74f.; Marstedt/Müller 1998, S. 159). Zudem sollte von Unternehmensseite beachtet werden, dass auf Schonarbeitsplätzen kaum Möglichkeiten zum intergenerationalen Austausch gegeben sind (vgl. Capgemini 2007a, S. 16). Unternehmen, die dagegen eine alterns- und personengerechte Laufbahngestaltung (vgl. Morschhäuser 1999, S. 151f.; INQA 2005b, S. 11) verfolgen, sollten längerfristig angelegte individuelle Entwicklungswege nach einer Analyse der Fähigkeiten und Interessen der Arbeitnehmer aufnehmen und konsequent fördern (vgl. Morschhäuser 1999, S. 157ff.).

Aus Mitarbeiter- und Vorgesetztensicht ist die wesentliche Voraussetzung zur Verwirklichung einer alternsgerechten Laufbahn die vertrauensvolle Kommunikation zwischen Mitarbeiter und Vorgesetztem. Altersspezifische Maßnahmen sollten nicht aufgedrängt, sondern nur mit Einverständnis des älteren Mitarbeiters durchgeführt werden (vgl. u.a. MA7, 329-331).

---

72 Dass auch wissenschaftlich keine Zusammenhänge zwischen Alter und Leistungsfähigkeit im beruflichen Kontext festgestellt werden konnten, wurde bereits in Kapitel 2.1.3.1 angemerkt.

Eine Möglichkeit zur Thematisierung der Laufbahngestaltung im späteren Erwerbsleben stellen die regelmäßig stattfindenden und fest institutionalisierten Mitarbeiterjahresgespräche zwischen Vorgesetztem und Mitarbeiter dar. Dabei könnte der Vorgesetzte im Rahmen eines Vier-Augen-Gesprächs seinen Mitarbeiter beraten und ihm individuelle Entwicklungspfade aufzeigen (vgl. u.a. MA7, 249; MA10, 531-533).

Insofern käme dem Vorgesetzten als direkter Ansprechpartner und Kenner des Arbeitsbereichs bei der Planung und Gestaltung einer alternsgerechten Laufbahn eine echte Schlüsselposition zu.

Um dem älteren Mitarbeiter jedoch Entwicklungspfade aufzeigen zu können, wünschen sich sowohl die Vorgesetzten aus dem Call Center als auch aus der Servicetechnik entsprechende Handlungsmöglichkeiten vom Unternehmen. Diese Handlungsoptionen sollten den jeweiligen Vorgesetzten dazu befähigen, die zu erledigenden Tätigkeiten mehr an den jeweiligen Kompetenzen seiner Mitarbeiter auszurichten (vgl. u.a. VO2, 641; 657-661; VO4, 687-689)

Als Ergebnis der Diskussion um Einsatzmöglichkeiten arbeitsübergreifender Kompetenzen älterer Mitarbeiter bleibt festzuhalten, dass von betrieblicher Seite her keine allgemeingültigen Einsatzregularien in Form von Schonarbeitsplätzen für ältere Arbeitnehmer erlassen werden sollten. Einsatzregularien sind vielmehr so zu verstehen, dass vom Unternehmen grundsätzlich eine individuelle Handhabung bei der Gestaltung der späten Erwerbstätigkeit angestrebt werden sollte. Altersspezifische Tätigkeiten in Form von Schonarbeitsplätzen werden den Kompetenzen des älteren Mitarbeiters wahrscheinlich nicht gerecht werden und stellen somit weder für das Unternehmen noch für den Arbeitnehmer eine anzustrebende Lösung dar. Zu einer auf das jeweilige Individuum bezogenen Vorgehensweise gehört ferner, dass die Vorgesetzten, die in engem Kontakt mit dem Betroffenen stehen und einen umfassenden Einblick in das Tätigkeitsfeld haben, entsprechende Handlungsmöglichkeiten erhalten.

Im einleitenden Kapitel der Arbeit stellte ich die Frage „Alter(n) als betriebliches Problem?“. Im abschließenden Kapitel möchte ich darauf zurückkommen und die wesentlichen Ergebnisse der Studie in Form von Handlungsempfehlungen für Unternehmen und Arbeitnehmer zusammenfassen, die sicherlich auch als Herausforderungen zu verstehen sind. Dadurch möchte ich dazu beitragen, dass Alter(n) im Betrieb nicht zum Problem, sondern zur Bereicherung wird.

5.3 Herausforderungen für Unternehmen und Mitarbeiter

Die nachstehenden Ausführungen zeigen, dass ein alterndes Unternehmen in einer alternden Gesellschaft wettbewerbsfähig gehalten werden kann; auch und vor allem durch den Einsatz arbeitsübergreifender Kompetenzen Älterer als betriebliche Potenziale. Doch für diese Aufgabe sind einige Herausforderungen seitens des Arbeitgebers und des Arbeitnehmers zu bewältigen, die im Folgenden benannt werden.

Eine wesentliche Voraussetzung hinsichtlich der Gestaltung einer späten Erwerbstätigkeit ist die Verwirklichung einer individuumsspezifischen Vorgehensweise seitens des Unternehmens. Aus 5.2.3 ging hervor, dass Planung und Realisierung einer alternsgerechten Laufbahn stets in Abstimmung mit dem jeweiligen Arbeitnehmer getroffen und keinesfalls Mitarbeiter, die nicht mehr in vollem Maße ihrer Tätigkeit nachgehen können, aus dem Regelbetrieb entlassen und auf einen Schonarbeitsplatz verwiesen werden sollten. Um entsprechende Möglichkeiten der Weiterbeschäftigung zu planen und zu organisieren, sind Vorgesetzte mit gewissen personellen Handlungsoptionen durch das Unternehmensmanagement auszustatten.

Eine weitere wichtige Herausforderung für das Unternehmen stellt die systematische Förderung arbeitsübergreifender Kompetenzen dar. Bereits an verschiedenen Stellen dieser Arbeit wurde ihre hohe betriebliche Relevanz betont (vgl. hierzu insbesondere Kap. 2.3 und 5.1), doch letztlich sind arbeitsübergreifende Kompetenzen für sämtliche Lebenslagen relevant (vgl. Gnahs 2007, S. 27f.). Daher sollte eine systematische Förderung dieser Kompetenzen bereits vor dem Berufseinstieg ansetzen und dauerhaft fortgesetzt werden. Eine frühzeitige Förderung befürworten auch das Europäische Parlament und der Rat in ihrer Empfehlung zu Schlüsselkompetenzen für lebensbegleitendes Lernen:

> „(…) indem die Maßnahmen der Mitgliedstaaten unterstützt und ergänzt werden, damit deren Bildungs- und Berufsbildungssysteme allen jungen Menschen die Möglichkeit bieten, angemessene Schlüsselkompetenzen zu entwickeln, die sie für das Erwachsenenleben rüsten und eine Grundlage für das weitere Lernen sowie das Arbeitsleben bilden, und es Erwachsenen ermöglichen, ihre Schlüsselkompetenzen im Rahmen eines kohärenten und umfassenden lebensbegleitenden Lernangebots weiterzuentwickeln und zu aktualisieren“ (EU 2006, S. 11).

Aus Expertenperspektive sollte das Unternehmen eine solch systematische Förderung arbeitsübergreifender Kompetenzen im Arbeitsprozess fest verankern, ohne dabei zu pauschal zu werden und vordefinierte Maßnahmen festzulegen (vgl. EX4, 97-101).

Am Beispiel der Sozialkompetenz diskutiert der Experte aus der Personalstrategie Möglichkeiten, Schwerpunkte und Probleme einer unternehmensinternen Kompetenzförderung (vgl. EX4, 45-51). Zur Weiterentwicklung der Sozialkompetenz hält der Experte nicht nur ein Feedback durch den Vorgesetzten, sondern vor allem durch die Kollegen für erstrebenswert, um Arbeitsprozesse effizienter zu gestalten und gleichzeitig das Arbeitsklima nachträglich zu verbessern (vgl. EX4, 53; 59-63).

Im Hinblick auf eine alternsgerechte Laufbahngestaltung besteht von Unternehmensseite die Herausforderung darin, arbeitsübergreifende Kompetenzen gezielt zu fördern. Aber auch der Mitarbeiter ist gefordert, diese Förderung anzunehmen und seine Kompetenzen eigenständig und permanent weiterzuentwickeln (vgl. hierzu Kap. 2.2.2.1).

Damit sowohl das Unternehmen die Kompetenzen seiner Mitarbeiter als auch die Mitarbeiter ihre Kompetenzen selbst besser kennen und dadurch planvoller mit deren Einsatz und Entwicklung verfahren können, raten die befragten Unternehmensvertreter aus Personalentwicklung und -strategie zur Durchführung flächendeckender Kompetenzbestimmungsmaßnahmen. Solche Maßnahmen zur Abbildung von Kompetenzen sind im institutionellen Umgang mit Kompetenzen als weitgehend populär einzuordnen (vgl. Gnahs 2006, S. 166).

Ziel der unternehmensinternen Kompetenzbestimmung ist die Erarbeitung grundlegender Vorlagen für ein qualitatives Personalmanagement, um den Mitarbeitern ihre Kompetenzen aufzeigen und mit ihnen auf Basis dieser Ergebnisse die weitere Arbeitsgestaltung besprechen zu können.

Von Seiten der Personalentwicklung wird in diesem Zusammenhang ein unternehmensweites „Competency Management“ in Bezug auf das in Kapitel 3.4.3.1 aufgeführte unternehmensinterne Kompetenzmodell angestrebt (vgl. u.a. EX1, 266-270).

Seitens der Personalstrategie wird eine Standortbestimmung für Mitarbeiter in der zweiten Berufshälfte vorgeschlagen. Dabei sollte der ältere Mitarbeiter mit Hilfe eines Online-Tools seine eigenen Kompetenzen besser einschätzen und unter Einbezug des Ergebnisses seine letzten Berufsjahre bewusster gestalten können (vgl. EX4, 183-203).

Als weitere wichtige Herausforderung für Mitarbeiter und Unternehmen gilt auch die erfolgreiche Bewältigung von immerwährenden Veränderungen (vgl. Wilke 1996; Zech 2001, S. 197ff.), denn, wie Laske betont: „Eins scheint sicher: Ständiger Wandel ist ein Kennzeichen unserer gegenwärtigen Arbeitswelt" (Laske 2005, S. 6).

Im Rahmen der Untersuchung konnte ermittelt werden, dass bei den Befragten dieses Bewusstsein vorlag, jedoch fehlte es bisher an einem differenziellen Veränderungsmanagement[73]. Dabei sollten Mitarbeiter stärker in die Veränderungsplanung einbezogen und im Prozess intensiver begleitet werden.

Dass sich im Zuge von Veränderungen fachliche Schwerpunkte, Arbeitsabläufe und Organisationsstrukturen ändern, ist unumgänglich (vgl. Buck/Weidenhöfer 2006, S. 114). Doch wie Mitarbeiter diese Veränderungen bewältigen, hängt maßgeblich von deren geistiger Flexibilität und Innovationsbereitschaft ab. Daher wird seitens der Experten gefordert, dass der Mitarbeiter im Hinblick auf seine berufliche Entwicklung Eigeninitiative beweisen und sich immer wieder an die stetig ändernden Bedingungen im Unternehmen anpassen sollte (vgl. u.a. EX4, 225-227).

Im Rahmen eines differenziellen Veränderungsmanagements betrachtet der Experte ältere Mitarbeiter und deren umfangreiche Erfahrungen mit unternehmensinternen Veränderungen als wichtige betriebliche Potenziale, um zukünftige Veränderungen zu optimieren.

> „Warum muss in jedem T-Punkt alles gleich organisiert sein? Warum muss jedes Call Center nach gleichen Vorgaben arbeiten? Vielleicht wäre es ein wichtiger Teil einer Innovationskultur mit Älteren, wenn man (...) mehr Offenheit zuließe, dass an verschiedenen Stellen des Unternehmens sich auch Veränderungsgeschwindigkeiten (...) unterscheiden und auch Veränderungsrichtungen (...)? Um so das (...) Potenzial, was da an Erfahrung da ist, auch wirklich mitzunehmen." (EX4, 251-253)

Doch nicht nur im Hinblick auf Veränderungen, sondern generell sollte von Unternehmensseite mehr darauf geachtet werden, dass ein gezielter Einsatz der Erfahrungen Älterer stattfindet. So schreibt Sonntag:

73 Detaillierte Anregungen bezüglich eines differenziellen Veränderungsmanagements können dem Kap. 4.6 „Individuelles Veränderungsmanagement" entnommen werden.

> „Die einzelnen Mitarbeiter und ihre Lernprozesse rücken in den Mittelpunkt, wenn es für das Unternehmen darum geht, wettbewerbsfähig und zukunftsfähig als Unternehmen zu agieren. Die Mitarbeiter werden als Experten für ihre Arbeitsabläufe und als Sachverständige für Optimierungen verstanden“ (Sonntag 1996, S. 34).

Im Sinne des finnischen Nationalprogramms „Älter werdende Arbeitnehmer“ und dem damit im skandinavischen Raum populär gewordenen Slogan „Kokemus on kansallista pääomaa – Erfahrungen sind ein nationales Wirtschaftsgut“ (vgl. INQA 2005b, S. 23) sollten Erfahrungen Älterer stärker beachtet, bewusster genutzt und nicht unachtsam infolge von großflächig durchgeführten Vorruhestandsmaßnahmen verschwendet werden. Ein intergenerationales Personalmanagement erstreckt sich auf alle Generationen und ihre Beziehungen untereinander. Es beginnt nicht erst kurz vor dem Renteneintritt, sondern setzt am besten schon beim Berufseinstieg ein. Innovative und gleichzeitig präventive Konzepte zur Gestaltung der Erwerbsbiographie berücksichtigen bereits junge Mitarbeiter, indem diese die Möglichkeit erhalten, mit und von Älteren zu lernen (vgl. Bertelsmann Stiftung/Bundesvereinigung Deutscher Arbeitgeberverbände 2005 b, S. 18).

Sowohl seitens der Unternehmenspraxis als auch von wissenschaftlicher Seite konnte bereits illustriert werden, dass der intergenerationale Austausch eine herausragende Möglichkeit zur sinnvollen Nutzung der Erfahrungen Älterer darstellt (vgl. u.a. Kap. 5.2.1.1). Doch was nützt dieses Potenzial, wenn kaum jemand da ist, der es nutzt? An dieser Stelle sei auf die Gefahr hingewiesen, dass durch die derzeit restriktive Einstellungspolitik Jüngerer nicht nur kaum personengebundenes aktuelles Wissen ins Unternehmen kommt, sondern auch die Weitergabe wichtiger traditioneller Wissensbestände verhindert wird. Daher sollte das Unternehmen stärker auf eine möglichst ausgewogene Teamzusammenstellung achten, bei der Alter einen wichtigen Faktor neben anderen ausmacht.

Im Hinblick auf eine alternsgerechte Laufbahngestaltung wurde bisher für ein individuelles Vorgehen und gegen altersspezifische Tätigkeiten oder Maßnahmen plädiert (vgl. Kap. 5.2.3). Auch bei der Einführung des Alter(n)sbegriffs wurde hinlänglich auf interindividuelle Unterschiede im Alter verwiesen (vgl. Kap. 2.1.2). Dies trifft grundsätzlich auch auf die Weiterbildung älterer Arbeitnehmer zu (vgl. Puhlmann 1999, S. 26). Eine Ausnahme bildet jedoch die Weiterbildung bezüglich neuer Medien (vgl. u.a. Buck/Schletz 2001, S. 22; Bertelsmann Stiftung/Bundesvereinigung Deutscher Arbeitgeberverbände 2005b, S. 59). Wie vor allem in den Kapiteln 4.1 und 5.1 thematisiert, haben insbesondere ältere ältere Mitarbeiter häufig Probleme im Umgang mit technologiebasierten Wissens- und Kommunikationssystemen, die aber grundlegend für ein effizientes Arbeiten sind. Mitarbeiter, denen wichtige Grundlagen im Umgang mit Computern und Mobiltelefonen fehlen, sind gegenüber Kollegen mit entsprechendem Know-how im Arbeitsalltag deutlich benachteiligt.

Daher sei im Umgang mit dieser Herausforderung auf alterspezifische Fort- und Weiterbildungen bezüglich moderner Medien verwiesen (vgl. u.a. Tikkanen 1998; Frerichs 2002), die allerdings so angelegt sein sollten, dass sie die Bedürfnisse und den Kenntnisstand Älterer individuell berücksichtigen (vgl. Marstedt/ Müller 1998, S. 138ff.)[74]. Dass zur Behebung dieses Defizits aber auch die Selbstinitiative des Mitarbeiters unerlässlich ist, betonen die befragten Vorgesetzten in Kapitel 4.1.

> „Mit einer Verknappung der gesamtwirtschaftlich verfügbaren Qualifikationen werden Humankapitalinvestitionen lohnend, die derzeit bei kürzerem Erwerbshorizont nicht rentabel sind" (Arnds/Bonin 2003, S. 155)

Um letztlich all diese Maßnahmen zu einer alternsgerechten Laufbahngestaltung miteinander in Einklang zu bringen und darüber hinaus fest zu institutionalisieren, sollte der Wechsel von einer kurzfristigen zu einer langfristigen Personalplanung als entscheidende Herausforderung von Unternehmensseite aufgenommen werden (vgl. u.a. Kröll/Brinkmann 1999; Köchling 2000, Köchling 2001). Dafür müssen einerseits noch mehr Anstrengungen zur Bestimmung zukünftiger Qualifikations- und Kompetenzbedarfe vom Unternehmen unternommen werden (vgl. EX4, 205) und anderseits eine engere Kooperation und damit verbunden eine kontinuierliche Absprache zwischen Personal- und Geschäftsstrategie stattfinden (vgl. EX4, 211; 215).

In Zeiten von Globalisierung und stetigem Innovationsdruck fällt es Unternehmen jedoch sehr schwer, verlässliche Arbeitsanforderungen (vgl. u.a. Sarges 2000, S. 107ff.; Rürup/Sesselmeier 2001; Kienbaum 2006, S. 31) zu prognostizieren. Hoffmann und Nuissl halten eine konkrete Festlegung auf zukunftsrelevante Qualifikations- und Kompetenzanforderungen sogar für unmöglich (vgl. Hoffmann/Nuissl 2003, S. 102).

---

74 Weiterführende Informationen und Anregungen zur altersspezifischen Formen der Lernorganisation können u.a. den Ausführungen von Kruse/Rudinger (1997), Marstedt/Müller (1998), Faulstich/Tymister (2002), Weinmann (2003) und Lehr (2005) entnommen werden.

Die schwierige Festlegung auf konkrete Zukunftsanforderungen bestätigt aber auch, dass sowohl Arbeitnehmer selbst als auch Unternehmen arbeitsübergreifende Kompetenzen stärker berücksichtigen und mehr denn je in deren Entwicklung und Förderung investieren sollten.

Neben der Darstellung von Herausforderungen für Unternehmen und Mitarbeiter halte ich an dieser Stelle auch eine Reflexion über Nutzen und Grenzen der vorliegenden Ergebnisse für sinnvoll. Einerseits bieten die Ergebnisse wichtige und interessante Anregungen für Unternehmen, insbesondere für die Personalentwicklung, zum bewussten Einsatz der Kompetenzen älterer Mitarbeiter und zur möglichst frühzeitigen Gestaltung einer alternsgerechten Laufbahn. Des Weiteren leistet die Studie auch einen wichtigen Beitrag zur Altenbildungs- und Berufsbildungsforschung, indem sie arbeitsübergreifende Kompetenzen älterer Arbeitnehmer sichtbar macht und aufzeigt, wie sie sich im Laufe des Berufslebens entwickelt haben. Insgesamt beinhalten die Studienergebnisse diverse Anregungen für weiterführende Untersuchungen. So könnte beispielsweise untersucht werden, wie die kollegiale Gemeinschaft durch den Kohortenwechsel beeinflusst wird. Zudem wäre es interessant zu erforschen, ob ein bzw. welcher Zusammenhang zwischen dem Gesundheitsstellenwert und der jeweiligen Alterskohorte bzw. der regionalen Herkunft aus Ost- oder Westdeutschland besteht.

Davon abgesehen ergaben sich bei der Datenauswertung zwei spezifische Fragen, die im Rahmen der Studie nicht geklärt werden konnten, aber deren empirische Prüfung sicherlich sehr interessant wäre.

So konnte hinsichtlich der Kommunikation während der Arbeit festgestellt werden, dass ältere Mitarbeiter eher eine direkte Kommunikation mit Kollegen und Vorgesetzten wählen, während jüngere tendenziell per E-Mail oder SMS indirekt kommunizieren. In diesem Zusammenhang stellt sich folgende Frage:

Angenommen, dass sich die indirekte Kommunikation durchsetzt, wie wird sich dies langfristig auf die Beziehung zu Kollegen und das Verhältnis zum Vorgesetzten auswirken?

Im Hinblick auf die Stressbelastung älterer Arbeitnehmer liegen zwei vermeintlich gegensätzliche Aussagen vor. Einerseits werden Ältere bewusst in stressigen Kundensituationen eingesetzt (vgl. Kap. 5.2.4), andererseits geben die Befragten als Einsatzbarriere für Ältere stressanfällige Tätigkeiten (vgl. Kap. 5.2.2.2) an. Daher stellt sich die Frage:

Welcher arbeitsbezogene Stress ist für ältere Arbeitnehmer eher zu bewältigen und welcher eher nicht?

Da die Untersuchung in einem großen Dienstleistungsunternehmen stattfand, das einen relativ rasanten Wandel in der Arbeitsorganisation durch die Entwicklung vom Staatsunternehmen zum Global Player vollzogen hat, sind die Ergebnisse auch vor diesem unternehmensspezifischen Hintergrund zu betrachten. Dementsprechend bewerte ich eine Übertragbarkeit der Ergebnisse auf alternde Belegschaften aus dem produzierenden Gewerbe als eher begrenzt, während Unternehmen des Dienstleistungssektors sicherlich mehrere Parallelen hinsichtlich der Gestaltung des Arbeitsplatzes und der Art und Weise des Kundenkontakts feststellen können.

Insgesamt ist der praktische Nutzen der Ergebnisse sicherlich am meisten dadurch begrenzt, dass derzeit gesamtgesellschaftlich, aber besonders in den Unternehmen, nach wie vor viele Vorurteile gegenüber älteren Mitarbeitern vorherrschen und die Beschäftigung mit den Belangen einer zukünftig immer älter werdenden Belegschaft noch immer ausgeblendet wird (vgl. Kap. 2.1.1 und 2.1.3.1).

Aufgrund dessen, dass sich derzeit ein Paradigmenwechsel vollzieht und das Thema „Demographischer Wandel" noch nie zuvor einen so großen Zulauf in der Öffentlichkeit erfahren hat, können die Ergebnisse aber gerade jetzt einen wichtigen Beitrag zur Gestaltung einer demographiesensiblen Personalentwicklung leisten. So wurden in den letzten Jahren zahlreiche Initiativen von Wissenschaft, Wirtschaft und Politik zum adäquaten Umgang mit dem betrieblichen Altern gestartet (vgl. u.a. Kap. 3.2.3). Auch der Bundespräsident verwies in seiner Weihnachtsansprache 2007 auf die hohe Aktualität des Themas und plädierte für mehr Bereitschaft zum intergenerationalen Austausch:

> „Ich möchte, dass die Erfahrung und die Gelassenheit der Älteren eine Verbindung eingeht mit dem Ungestüm und der Neugier der Jugend. Und ich bin sicher: wo das gelingt, da kommt Gutes heraus" (Köhler 2007, S. 1).

Abschließend möchte ich anmerken, dass die sicherlich etwas provokante Einstellung „Alles bleibt beim Alten" und ein Glauben an den zunehmenden Leistungsrückgang älterer Arbeitnehmer bequemer wäre, da vermutlich viele Personalverantwortliche das gewohnte Handlungsterrain nicht verlassen müssten und ältere Arbeitnehmer frühzeitig ihren Vorruhestand planen könnten. Von Mitarbeitern und Personalverantwortlichen, die innovativ handeln und aktiv die Weiterentwicklung im späteren Erwerbsalter unterstützen, Qualifikationsbedarfe bei sich selbst erkennen und im Unternehmen analysieren, Arbeitsplatzbelastungen entgegenwirken oder abbauen und dadurch einen Arbeitsplatzlatz sichern, der den bestmöglichen Potenzialeinsatz Älterer ermöglicht, wird hingegen Einsatz verlangt (vgl. u.a. Grauer 1998; Ilmarinen 2000, S. 90ff.; Clemens 2003a/b; Bertelsmann Stiftung/Bundesvereinigung Deutscher Arbeitgeberverbände 2005b).

Wie bereits im einleitenden Kapitel beschrieben, gibt es kein Zurück mehr, teure Frühruhestands- und Abfindungsmodelle werden langfristig nicht mehr möglich sein (vgl. u.a. Bräuninger 2005). Nur Unternehmen, welche die Gesundheit und Leistungsfähigkeit ihrer Mitarbeiter fördern und bewahren (vgl. u.a. Behrens et al. 2002; Behrens 2003; IG Metall 2004; Bertelsmann Stiftung/ Bundesvereinigung Deutscher Arbeitgeberverbände 2005b, S. 130ff.), die nicht nur Mindeststandards verfolgen (vgl. Köchling /Deimel 2006, S. 146), die ihren Mitarbeitern ein hohes Niveau an Entwicklungs-, Einfluss- und Lernmöglichkeiten bieten sowie Wert auf kollegiale Sozialgefüge legen (vgl. INQA 2006), haben auf einem wissensbasierten Zukunftsmarkt die Aussicht auf eine langfristige Bindung ihres Humankapitals (vgl. Widuckel 2006).

Innovationen sind in diesem Zusammenhang nicht bloße Fortführungen gewohnter Praktiken mit besseren Mitteln. Erst durch die Öffnung für Neues ergibt sich auch die Chance zur Neuprofilierung (vgl. Kade 2004, S. 69).

Literatur

AAMEDA (2003): Eradicating Low Health Literacy. The first Public Health Movement of the 21st Century, in: http://www.aameda.org/ MemberServices/Exec/Articles/sum03/ EradicatingLowHealthcareLiteracy.pdf, Zugriff: 11.11.2007.

Adam, K. (2003): Die neue Utopie der Alternsforschung – Debatte, in: Die Welt. de, http://www.welt.de/data/2003/06/03/106211.html., Zugriff: 19.07. 2006.

Age Powerment (2006): Alter(n)svielfalt im Betrieb. Strategien und Maßnahmen für eine nachhaltige Unternehmenspolitik in kleinen und mittleren Unternehmen, hrsg. vom Arbeitsbereich Gender and Diversity in Organizations der Wirtschaftsuniversität Wien, Wien.

Altern.de (2007): Die Alten sind der Markt der Zukunft, aber Alte wollen nicht „alt" genannt werden, in: http://www.altern.de/archives/53, Zugriff: 23.07. 2007.

Alternsforschung (2003): Das hohe Alter- mehr Bürde als Würde, hrsg. von der Max-Planck-Forschung, in: http://www.mpg.de/pdf/mpf03_2/2_03MPF _14_19.pdf, Zugriff: 11.12.2007.

Arnds, P./Bonin, H. (2003): Gesamtwirtschaftliche Folgen demographischer Alterungsprozesse, in: Arbeit in einer alternden Gesellschaft - Problembereiche und Entwicklungstendenzen der Erwerbsbeteiligung Älterer, hrsg. von Herfurth, M./Kohli, M./Zimmermann, K. F., Opladen, S. 131 -178.

Arnold, R. (1997): Von der Weiterbildung zur Kompetenzentwicklung. Neue Denkmodelle und Gestaltungsansätze in einem sich verändernden Handlungsfeld, in: Kompetenzentwicklung '97. Berufliche Weiterbildung in der Transformation – Fakten und Visionen, hrsg. von der Arbeitsgemeinschaft Qualifikations-Entwicklungs-Management, Münster, S. 253-307.

Arnold, R. (2001): Veränderungskompetenz – Wandel gestalten und Krisen überwinden, in: Berufsbildung, Zeitschrift für Praxis und Theorie in Betrieb und Schule, 72, S. 2.

Arnold, R. (2002): Von der Bildung zur Kompetententwicklung, in: Literatur- und Forschungsreport Weiterbildung. Kompetenzentwicklung statt Bildungsziele?, hrsg. von Nuissl, E./ Schiersmann, C./Siebert, H., 49, Bielefeld, S. 26-38.

Artelt, C./Stanat, P./Schneider, W./Schiefele, U. (2001): Lesekompetenz: Testkonzeption und Ergebnisse, in: PISA 2000 – Basiskompetenzen von Schülerinnen und Schülern im intenationalen Vergleich, hrsg. von Baumert, J./Klieme, E./Neubrand, M./Prenzel, M./Schiefele, U./Schneider, W./Stanat, P./Tillmann, K.-J./Weiß, M., Opladen, S. 69-137.

Backes, G. M. (1997): Alter(n) als gesellschaftliches Problem? Zur Vergesellschaftung des Alter(n)s im Kontext der Modernisierung, Opladen.

Backes, G. M. (1998): Lebensphase Alter: Eine Einführung in die sozialwissenschaftliche Alternsforschung, Weinheim/München.

Backes, G. M./Clemens, W. (2003): Lebensphase Alter. Eine Einführung in die sozialwissenschaftliche Alternsforschung, 2. Aufl., Weinheim/München.

Baitsch, C. (1996): Lernen im Prozess der Arbeit - ein psychologischer Blick auf den Kompetenzbegriff., in: QUEM-Bulletin, 1, S. 6-8.

Baltes, M. M./Maas, I./Wilms, H.-U./Borchelt, M. (1996): Alltagskompetenz im Alter: Theoretische Überlegungen und empirische Befunde, in: Die Berliner Altersstudie, hrsg. von Mayer, K. U./Baltes, P. B., Berlin, S. 525-542.

Baltes, P. B. (1984): Intelligenz im Alter, in: Spektrum der Wissenschaft, H. 5, S. 46-61.

Baltes, P. B. (1993): The Aging Mind: Potential and Limits, in: The Gerontologist, 33, S. 580-594.

Baltes, P. B. (1997): Die unvollendete Architektur der menschlichen Ontogenese. Implikation für die Zukunft des vierten Lebensalters, in: Psychologische Rundschau, 48, S. 191-210.
Baltes, P. B. (1999): Alter und Altern als unvollendete Architektur der Humanotogenese, in: Zeitschrift für Geronotolgie und Geriatrie, 6, S. 433-448.
Baltes, P. B. (2007): Alter(n) als Balanceakt: Im Schnittpunkt von Fortschritt und Würde, in: Die Zukunft des Alterns. Die Antwort der Wissenschaft, hrsg. von Gruss, P., München, S. 15-34.
Baltes, P. B./Baltes, M. M. (1990): Psychological Perspectives on successful Aging. The Model of selective Optimization with Compensation, in: Successful Aging: Perspectives from the Behavioural Sciences, hrsg. von Baltes, P. B./Baltes, M. M., New York, S. 1-34.
Baltes, P. B./Kunzmann, U. (2004): Two Faces of Wisdom: Wisdom as a general Theory of Knowledge and Judgment about Excellence in Mind and Virtue vs. Wisdom as everyday Realization in People and Products, Human Development, 47, S. 290-299.
Baltes, P. B./Lindenberger, U. (1988): On the Range of cognitive Plasticity in old Age as a Function of Experience: 15 years of Intervention Research, in: Behavior Therapy, 19, S. 283-300.
Baltes, P. B./Reese, H. W./Lipsitt, L. P. (1980): Life-span developmental psychology, in: Annual Review of Psychology, 31, S. 65-110.
Baltes, P. B./Smith, J. (1990): Weisheit und Weisheitsentwicklung: Prolegomena zu einer psychologischen Weisheitstheorie, in: Zeitschrift für Entwicklungspsychologie und Pädagogische Psychologie, 22, S. 95-135.
Baltes, P. B./Staudinger, U. M. (1998): Wisdom, in: Encyclopedia of mental Health, hrsg. von Friedmann, H., San Diego, S. 699-706.
Baltes, P. B./Staudinger, U. M. (2000): Wisdom: The Orchestration of Mind and Virtue towards human Excellence, in: American Psychologist, 55, S. 122-136.
Bangali, L./Fuchs, G./Hildebrand, M. (2003): Beschäftigungsfähigkeit älterer Fachkräfte in Baden-Württemberg. Zwischenergebnisse einer qualitativen Untersuchung der Qualifikations-bedarfe in Metall- und Elektroindustrie und Handwerk, Arbeitsbericht Nr. 240, Stuttgart.
Bangali, L./Schmid, J. (2006): Altersatlas für Baden-Württemberg: Das Potenzial älterer Arbeit-nehmer in Baden-Württemberg. Fakten und Empfehlungen für Unternehmen, Bildungsträger und Beschäftigte, in: http://www.wip-online.org/downloads/ Bangali_Schmid_2006_a.pdf, Zu-griff: 11.12.2007.
Barholdt, C. (1997): Qualifikationssichernde Arbeitsbedingungen – Voraussetzung für die Erwerbs-tätigkeit im Alter. Herausforderungen des technischen und demographischen Wandels, in: WSI-Mitteilungen, 1, S. 50-56.
Barton, A./Lazarsfeld, P. F. (1955): Some Functions of Qualitative Analysis in Social Research, in: Frankfurter Beiträge zur Soziologie, 1, S. 321-361.
Barton, A./Lazarsfeld, P. F. (1984): Einige Funktionen von qualitativer Analyse in der Sozial-forschung, in: Qualitative Sozialforschung, hrsg. von Hopf, C./Weingarten, E., Stuttgart, S. 41-89.
BASS (2006): Ökonomische Aspekte der Gesundheitskompetenzen. Konzeptpapier im Auftrag des Bundesamtes für Gesundheit, Bern.
BBG (1999): Abschnitt III: Rechtliche Stellung der Beamten, § 55, in: http://www.juraforum.de/ gesetze/BBG/55/, Zugriff: 11.12.2007.
Becker, M.-L./Becker, P. (2007): Vorwort, in: Vom Defizit- zum Kompetenzmodell. Stärken älterer Arbeitnehmer erkennen und fördern, Dokumentation der Tagung der Marie-Luise und Ernst Becker-Stiftung am 18. und 19. April in Bonn, Köln, S. 3.
Becker, P. (2007): Eröffnungsrede, in: Vom Defizit- zum Kompetenzmodell. Stärken älterer Arbeitnehmer erkennen und fördern, Dokumentation der Tagung der Marie-Luise und Ernst Becker-Stiftung am 18. und 19. April in Bonn, Köln, S. 9-10.

Behl, C./Hartl, F. U. (2007): Molekulare Mechanismen des Alterns in: Die Zukunft des Alterns. Die Antwort der Wissenschaft, hrsg. von Gruss, P., München, S. 101-136.

Behrend, C. (2002): Beschäftigungssituation älterer Arbeitnehmer in der Dienstleistungsgesellschaft, in: Gerontologie und Sozialpolitik, hrsg. von Tesch-Römer, C., Stuttgart, S. 61-79.

Behrens, J. (1999): Länger erwerbstätig durch Arbeits- und Laufbahngestaltung. Personal- und Organisationsentwicklung zwischen begrenzter Tätigkeitsdauer und längerfristiger Erwerbstätigkeit, in: Länger erwerbstätig – aber wie?, hrsg. von. Behrens, J./Morschhäuser, M./Viebrok, H./ Zimmermann, E., Opladen, S. 71-115.

Behrens, J. (1999): Was uns alt aussehen lässt, in: Fachkongress Altern und Arbeit, hrsg. vom BMBF/Europäische Kommission, Berlin.

Behrens, J. (2003): Fehlzeit, Frühberentung: Länger erwerbstätig durch Personal- und Organisationsentwicklung, in: Fehlzeiten-Report 2002, hrsg. von Badura, B./Schellschmidt, H./Vetter, C., Berlin, S. 115-136.

Behrens, J./Horbach, A./Solbrig, B. (2002): Wie Sie Ihre Leute vor der Zeit viel zu alt aussehen lassen können, in: Gesund bis zur Rente. Konzepte gesundheits- und alternsgerechter Arbeits- und Personalpolitik, hrsg. von Morschhäuser, M., Stuttgart, S. 20-41.

Behringer, F. (2000): Die berufliche Situation älterer Erwerbstätiger und ihre Entwicklung im vergangenen Jahrzehnt, in: Generationenaustausch in Unternehmen, hrsg. von George, R./Struck, O., München, S. 89-112.

Beller, S. (2004). Empirisch forschen lernen: Konzepte, Methoden, Fallbeispiele, Tipps, Bern.

Bellmann, L./Leber, U. (2005): Betriebliche Einstellung älterer Arbeitnehmer, Ergebnisse aus dem IAB-Betriebspanel 2004, in: Arbeit und Beruf, 6, S. 169-170.

Bellmann, L./Dietz, M./Walwei, U. (2006): Arbeitsmarktpolitik für Ältere. Handlungsbedarf – Instrumente – Perspektiven, in: Länger leben, arbeiten und sich engagieren. Chancen wertschaffender Beschäftigung bis ins Alter, hrsg. von Prager, J. U./Schleiter, A., Gütersloh, S. 69-84.

Bergmann, J. R. (1995): Konversationsanalyse, in: Handbuch Qualitative Sozialforschung, hrsg. von Flick, U./von Kardorff, E./Keupp, H./von Rosenstiel, L./Wolff, S., München, S. 213-218.

Berner, W. (2004): Kompetenzmodelle: Konzentration auf das Wesentliche statt langer "Kompetenzkataloge", in: http://www.umsetzungsberatung.de/personal/ kompetenzmodelle.php, Zugriff: 11.12.2007.

Bertelsmann Stiftung/Bundesvereinigung Deutscher Arbeitgeberverbände (2005a): Beschäftigungschancen für ältere Arbeitnehmer. Internationaler Vergleich und Handlungsempfehlungen, 2. Aufl., Gütersloh.

Bertelsmann Stiftung/Bundesvereinigung Deutscher Arbeitgeberverbände (2005b): Erfolgreich mit älteren Arbeitnehmern, 2. Aufl., Gütersloh.

BIBB (2005): Betriebliche Weiterbildung älterer Beschäftigter, in: http://www. bibb.de/dokumente/pdf/RBS-Info_28. pdf, Zugriff: 24.08.2007.

Biener, K. (1993). Stress: Epidemiologie und Prävention, Bern.

Blaxter, M. (1990): Health and Lifestyles, London.

Blin, J. (2003): Zur Bedeutung der Kompetenzen und Learning Outcomes, in: http://www4.tu-ilmenau.de/lps/aktuelles/workshop-weimar/Doku-Workshop-Weimar-Mai03.pdf, Zugriff: 11.12.2007.

BMAS (2006a): Initiative 50plus im Kabinett beschlossen, Pressemitteilung vom 13.09.2006, in: http://www.bmas.de/coremedia/generator/8980/ 2006__09__13__initiative__50plus.html, Zugriff: 11.12.2007.

BMAS (2006b): Demographie Netzwerk ddn gegründet, Pressemitteilung vom 27.03.2006, in: http://www.bmas.de/coremedia/generator/9040/2006__03__27__demographienetzwerk.html, Zugriff: 11.12.2007.

BMAS (2007): Arbeitsrecht, in: http://www.bmas.bund.de/BMAS/Navigation/arbeitsrecht,did=82406.html, Zugriff: 01.07.2007.

BMFSFJ (2001): Dritter Bericht zur Lage der älteren Generation in der Bundesrepublik Deutschland: Alter und Gesellschaft, Berlin.

BMFSFJ (2004): Dokumentation der Fachtagung „Wirtschaftliche Potenziale des Alters“, in: http://www.ffg.uni-dortmund.de/medien/wpda/wpda_doku.pdf, Zugriff: 01.12.2007.

BMFSFJ (2007a): Familien-Wegweiser-Arbeit, in: http://www.familien-wegweiser.de/, Zugriff: 11.12.2007.

BMFSFJ (2007b): Wirtschaftsmotor Alter, Kurzfassung, in: http://www.bmfsfj. de/bmfsfj/generator/RedaktionBMFSFJ/Abteilung3/PdfAnlagen/kurzfassung-studie-wirtschaftsmotor-alter,property=pdf,bereich=,sprache=de, rwb=true.pdf, Zugriff: 11.12.2007.

BMG (2007): Gesundheit, in: http://www.bmg.bund.de/cln_041/nn_599776/ sid_887C3F553DE243A43A296A04515D374F/DE/Themenschwerpunkte/Gesundheit/gesundheit-node,param=.html__nnn=true, Zugriff: 11.12. 2007.

Bödecker, W./Dragano, N. (2005): Das IGA-Barometer 2005. Einschätzungen der Erwerbsbevölkerung zum Stellenwert der Arbeit, zu beruflichen Handlungsspielräumen und zu Gratifikationskrisen, Essen.

Böhme, F. (2005): Kompetenzen als Schlüssel für Beschäftigungsfähigkeit, in: Sicherung der Beschäftigungsfähigkeit älterer Arbeitnehmer, hrsg. von der Bildungsvereinigung Arbeit und Leben Sachsen, Dresden, S. 25-51.

Böhme, G. (1997): Strukturen und Perspektiven der Wissensgesellschaft. Gutachten zum Thema Wissensgesellschaft erstellt für das Bundesministerium für Bildung, Wissenschaft, Forschung und Technologie, Darmstadt.

Bormann, I./Gregersen, J. (2007): Kompetenzentwicklung und Innovation in der Wissensgesellschaft, in: Bildung – Wissen – Kompetenz, hrsg. von Pongratz, L. A./ Reichenbach, R./ Wimmer, M., Bielefeld, S. 44-63.

Börsch-Supan, A./Düzgün, I./Weiss, M. (2006): Sinkende Produktivität alternder Belegschaften? Zum Stand der Forschung, in: Länger leben, arbeiten und sich engagieren. Chancen wertschaffender Beschäftigung bis ins Alter, hrsg. von Prager, J. U./Schleiter, A., Gütersloh, S. 85-116.

Bortz, J./Döring, N. (2006): Forschungsmethoden und Evaluation für Human- und Sozialwissenschaftler, 4.Aufl., Berlin u.a.

Bosch, G. (2003): Ältere Arbeitnehmer, Bericht Deutschland, in: Beschäftigungsobservatorium, hrsg. von der Europäischen Kommission, Luxemburg, S. 88-100.

bpb (1998): Die Arbeiterbewegung in Deutschland, in: Das 19. Jahrhundert 2, Informationen zur politischen Bildung, 164, in: http://www.bpb.de/ publikationen/J8M7A6,0,0,Die_Arbeiterbewegung_in_Deutschland.html, Zugriff: 11.12.2007.

Brauchbar, M./Heer, H. (1993): Zukunft Alter. Herausforderungen und Wagnis, München.

Bräuninger, D. (2005): Mehr Beschäftigung für ältere Arbeitskräfte – wider Arbeitslosigkeit und Frührente. Deutsche Bank Research. Aktuelle Themen 328, Frankfurt am Main.

Bredl, K. (2005): Kompetenz von Beratern. Analyse des Kompetenzerwerbs bei Unternehmensberatern im Kontext der Expertiseforschung, Dissertation an der Philosophischen Fakultät II der Universität Regensburg, in: http://www.opus-bayern.de/uni-regensburg/volltexte/2005/457/pdf/bredl _beratung.pdf, Zugriff: 11.12.2007.

Brödel, R. (2002): Relationierungen zur Kompetenzdebatte, in: DIE-Report, Literatur- und Forschungsreport, 49, S. 39-47.

Brunkhorst, H. (2003): Stufen der Solidarität – Bürgerfreundschaft, Verfassungsoptimismus, Weltbürgerschaft. Inklusionsprobleme der modernen Gesellschaft, in: Maßstäbe für Bildung. Solidarität und Mündigkeit/Forum EB, 2, S. 12-17.

Brunkhorst, H. (2004): Bürgerschaftliche Solidarität im Prozess der Globalisierung, in: Weiterbildung als Netzwerk des Lernens. Differenzierung der Erwachsenenbildung, hrsg. von Brödel, R., Bielefeld, S. 255-268.

Brüsemeister, T. (2000): Qualitative Forschung – Ein Überblick, Wiesbaden.

Buchmüller, R. (2003): Die Alterspyramide: Von der Pyramide zum Pilz, oder - warum das Alter zu einer großen Herausforderung wird, in: http://www.efg-hohenstaufenstr.de/downloads/texte/alterspyramide.html, Zugriff: 11.12.2007.

Buck, H./Kistler, E./Mendius, H.-G., (2002): Demographischer Wandel in der Arbeitswelt. Chancen für eine innovative Arbeitsgestaltung, Stuttgart.

Buck, H./Schletz, A., (2001): Wege aus dem demographischen Dilemma durch Sensibilisierung, Beratung und Gestaltung, Stuttgart.

Buck, H./Weidenhöfer, J. (2006): Betriebliche Personalpolitik. Demographische Herausforderungen bewerten und annehmen, in: Länger leben, arbeiten und sich engagieren. Chancen wertschaffender Beschäftigung bis ins Alter, hrsg. von Prager, J. U./Schleiter, A., Gütersloh, S. 103-116.

Bührer, W. (2001): Wirtschaftliche Entwicklung in der Bundesrepublik, in: http://www.bpb.de/publikationen/00512723458910463984222595608493,0,0,Wirtschaftliche_Entwicklung_in_der_Bundesrepublik.html, Zugriff: 11.12.2007.

Bullinger, M. (2000): Lebensqualität – Aktueller Stand und neuere Entwicklungen der internationalen Lebensqualitätsforschung, in: Lebensqualität und Gesundheitsökonomie in der Medizin. Konzepte – Methoden – Anwendungen, hrsg. von Ravens-Sieberer, U./Cieza, A., Landsberg, S. 13-24.

Bullinger, M./Siegrist, J./Ravens-Sieberer,U. (2000): Lebensqualitätsforschung aus medizinpsychologischer und -soziologischer Perspektive, in: Jahrbuch der Medizinischen Psychologie, 18, Göttingen.

Bundesagentur für Arbeit (2005): Arbeitsmarkt 2004. Amtliche Nachrichten der Bundesagentur für Arbeit, 53, Nürnberg.

Bundesanstalt für Arbeit (2001): Arbeitsmarkt 2001, ANBA, 49, Nürnberg.

Bundesvereinigung Deutscher Arbeitgeberverbände (2002): Ältere Mitarbeiter im Betrieb. Ein Leitfaden für Unternehmen, Berlin, S. 22-23.

Bungard, W./Fischer, L. (1983): Zur Vorurteilshaftigkeit der Leistungsbeurteilung so genannter älterer Mitarbeiter durch Vorgesetzte, in: Zeitschrift für Gerontologie, 16, S. 222-227.

Bürger, M. (1947): Altern und Krankheit, Leipzig.

BZgA (2001): Körperliche und seelische Gesundheit schon bei Kindern eine Einheit, in: http://www.bzga.de/botpresse_55.html, Zugriff: 11.12.2007.

Capgemini (2007a): Demographische Trends 2007. Analyse und Handlungsempfehlungen zum Demographischen Wandel in deutschen Unternehmen, in: www.de.capgemini.com, Zugriff: 09.06.2007.

Capgemini (2007b): HR Barometer 2007, in: http://www.de.capgemini.com/ m/de/tl/HR-Barometer_2007.pdf, Zugriff: 11.12.2007.

CareLounge (2007a): Grundlagen – was ist Gerontologie?, in: http://www.carelounge.de/altenarbeit/wissen/grundlagen_gerontologie.php, Zugriff: 11.12.2007.

CareLounge (2007b): Soziologie des Alterns, in: http://www.carelounge.de/altenarbeit/wissen/soziologie_vorindustrie.php, Zugriff: 11.12.2007.

Carsten, U. (1999): Deutungsmusteranalyse und diskursives Interview. Leitfadenkonstruktion, Interviewdurchführung und Typenbildung, Mannheim.

CDC (2007): Health-related Quality of Life, in: http://www.cdc.gov/hrqol, Zugriff: 19.04.2007.

Charitè (2005): Universitätsmedizin Berlin - Studienordnung für den Masterstudiengang Molekulare Medizin, in: http://www.molecular-medicine-berlin.com/downloads/studien.pdf, Zugriff: 23.06.2007.

Chomsky, N. (1962): Explanatory models in linguistics, in: Methodology and philosophy of science, hrsg. von Nagel, E./Suppes, P./Tarski, A., Stanford, S. 528-555.

Clemens, W. (2001): Stichwort: Alter, Zeitschrift für Erziehungswissenschaft, 4, S. 489-511.

Clemens, W. (2003a): Modelle und Maßnahmen betrieblicher Anpassung älterer Arbeitnehmer, in: Arbeit in einer alternden Gesellschaft. Problembereiche und Entwicklungstendenzen der Erwerbsbeteiligung Älterer, hrsg. von Herfurth, M./Kohli, M./Zimmermann, K. F., Opladen, S. 93-129.

Clemens, W. (2003b): Wissenschaftsentwicklung und Forschungsstand, in: Arbeit in einer alternden Gesellschaft – Problembereiche und Entwicklungstendenzen der Erwerbsbeteiligung Älterer, hrsg. von Herfurth, M./ Kohli, M./Zimmermann, K. F., Opladen, S. 179-193.

Clemens, W./Hinte, H./Künemund, H./Ohly, H. P. (2003): Renaissance der Älteren auf dem Arbeitsmarkt? Schlussfolgerungen und Ausblick zu einer multidisziplinären Forschungsübersicht, in: Arbeit in einer alternden Gesellschaft. Problembereiche und Entwicklungstendenzen der Erwerbsbeteiligung Älterer, hrsg. von Herfurth, M./Kohli, M./Zimmermann, K. F., Opladen, S. 195-202.

Clement, U. (2002): Kernkompetenzen und der Kern der Kompetenz, in: Kompetenzentwicklung in der beruflichen Bildung, hrsg. von Clement, U./ Arnold, R., Opladen, S. 7-10.

Clennell, S. (1996): Bedürfnisse älterer Menschen im Wandel. Betrachtungen über Aktivitäten und Bedürfnisse von Seniorenstudierenden in vier Ländern – Belgien, Frankreich, Deutschland und dem vereinigten Königreich – auf der Grundlage von Studien der European Older Students Research Group, in: Kompetenz und Produktivität im dritten Lebensalter. Der Beitrag der wissenschaftlichen Weiterbildung zur Vorbereitung von Menschen im dritten Lebensalter auf neue Tätigkeitsfelder und neue Rollen in Gesellschaft, Wirtschaft und Bildung: Ein europäischer Vergleich und Austausch, hrsg. von Stadelhofer, C., Bielefeld, S. 117-122.

DAK (2004): DAK-Gesundheitsreport 2004, Hamburg.

Datenreport 2006: Zahlen und Fakten über die Bundesrepublik Deutschland, Auszug aus Teil II, hrsg. von Statistischen Bundesamt in Zusammenarbeit mit dem Wissenschaftszentrum Berlin für Sozialforschung und dem Zentrum für Umfragen, Methoden und Analysen Mannheim, Wiesbaden.

Degen, U. (2006): Berufliche betriebliche Aus- und Weiterbildung und Kompetenzentwicklung. Einige Anmerkungen zum Thema und Hinweise zur möglichen Entwicklung, in: Kompetenzerfassung und Kompetenzdokumentation für Migrantinnen und Migranten, Fachtagung der Bundesgemeinschaft Arbeit e.V., Berlin 25./26. September 2006, in: http://www. bibb.de/dokumente/pdf/a24_referat_15_degen.pdf, Zugriff: 11.12.2007.

Deutsche Bahn (2006): Geschäftsbericht 2006, Berlin.

Deutsche Telekom (2005): Age Management – gut gerüstet in die Zukunft, in: Dialog Personalzeitschrift, 10, S. 4-8.

Deutsche Telekom (2006): Geschäftsbericht 2006. Service – Mehr als ein Versprechen! Das Geschäftsjahr 2006, Bonn.

Deutsche Telekom (2007): Diversity. Selbstverständlich anders, Bonn.

Deutscher Bildungsrat (1974): Empfehlungen der Bildungskommission. Zur Neuordnung der Sekundarstufe II. Konzept für eine Verbindung von allgemeinem und beruflichem Lernen, Bonn.

Deutsches Wehrrecht (2007): Informationen und Materialien zum Deutschen Wehrrecht, § 1 SG, in: www.deutsches-wehrrecht.de, Zugriff: 11.12. 2007.

Diekmann, A. (2005): Empirische Sozialforschung. Grundlagen, Methoden, Anwendungen, Reinbek.

Dittmann-Kohli, F. (1995): Das persönliche Sinnsystem: Ein Vergleich zwischen frühem und spätem Erwachsenenalter, Göttingen.

Dittmann-Kohli, F./van der Heijden, B. (1996): Leistungsfähigkeit älterer Arbeitnehmer – interne und externe Faktoren, in: Zeitschrift für Gerontologie, 29, S. 323-327.
Drescher, K.-J./Miller, M. (1995). Kompetenzen schwirren durch die Lüfte, vom Winde verweht, in: Zeitschrift für Berufs- und Wirtschaftspädagogik, 91, S. 195-204.
Dreyfus, H. L./Dreyfus, S. E. (1986): Mind over machine: The power of human intuition and expertise in the era of the computer, Oxford.
Echterhoff, V. (2005): Kompetenzentwicklung Älterer im Kontext von Region, Bedarf und Demographie. Eine explorative, empirische Untersuchung über regioanlen, prognostischen Qualifikationsbedarf und Arbeitskräftenachfrage am Beispiel der Region Duisburg, Berlin.
econsense (2006): Econsense im Dialog: Unternehmen demographischer Wandel, Beileger zur Zeitschrift „Politische Ökologie 104“, in: http://www.econsense.de/_PUBLIKATIONEN/_ECONSENSE_PUBLIK/images/Unternehmen_Demographischer_Wandel.pdf, Zugriff: 11.12. 2007.
E-Fellows.Net (2006): Die Wachstumsmärkte der Zukunft sind anderswo, in: http://www.e-fellows.net/show/detail.php/9641, Zugriff: 15.11.2006.
Eisler, R. (1922): Handwörterbuch der Philosophie, 2. Aufl., Berlin.
El-Giamal, M. (1994): Die Psychologie des Wohlbefindens, in: Universitas Friburgensis, Grenzen, 3, S. 30-32.
Elias, N. (1987): Die Gesellschaft der Individuen, Frankfurt am Main.
Ellis, S. R./Morrison, T. G. (2005): Stereotypes of Ageing: Messages promoted by agespecific paper Birthday Cards available in Canada, in: International Journal of Ageing and Human development, 61, S. 57-73.
Engelhardt-Schagen M. (2005): Betriebe im Wandel. Auswirkungen auf die Gesundheit, in: Supervision. Mensch – Arbeit – Organisation, 3, S. 14-17.
Engstler, H./Menning, S. (2003): Die Familie im Spiegel der amtlichen Statistik. Lebensformen, Familienstrukturen, wirtschaftliche Situation der Familien und familiendemographische Entwicklung in Deutschland, hrsg. vom BMFSFJ, Berlin.
Erfahrung ist Zukunft (2007a): "Ältere können besser mit Kunden umgehen" – Modedesignerin als Unternehmerin mit Weitblick ausgezeichnet, Initiative der Bundesregierung zum demographischen Wandel, in: http://www.erfahrung-ist-zukunft.de/nn_107652/Webs/EiZ/Content/DE/Artikel/Praxisbeispiele/20070129-aeltere-koennen-mit-kunden-modedesignerin.html, Zugriff: 11.12.2007.
Erfahrung ist Zukunft (2007b): Immer in Bewegung bleiben: Der alltägliche Beitrag zum Wohlbefinden, Initiative der Bundesregierung zum demographischen Wandel, in: http://www.erfahrung-ist-zukunft.de/nn_104190/Webs/EiZ/Content/DE/Artikel/Monatsthemen/20070806-monatsthema-immer-in-bewegung-bleiben.html, Zugriff: 11.12. 2007.
Erpenbeck, J. (1997): Selbstgesteuertes, selbst organisiertes Lernen, in: Kompetenzentwicklung '97: Berufliche Weiterbildung in der Transformation – Fakten und Visionen, hrsg. von QUEM, Münster, S. 309-316.
Erpenbeck, J. (2000): Zertifizierung von Kompetenzen in Analogie zu Qualifikationen, in: Personalführung, 1, S. 22-29.
Erpenbeck, J. (2002): Erfahrungslernen, Kompetenzentwicklung und Kompetenzmessung, in: Arbeitsprozessintegriertes Lernen. Neue Ansätze für die berufliche Bildung, hrsg. von Rohs, M., Münster, S. 143-163.
Erpenbeck, J. (2004): Dimensionen moderner Kompetenzmessverfahren, in: Kompetenzkapital, hrsg. von Hasebrook, J../Zawacki-Richter, O./Erpenbeck, J., Frankfurt am Main, S. 71-74.
Erpenbeck, J./Heyse, V. (1999): Die Kompetenzbiographie: Strategien der Kompetenzentwicklung durch selbstorganisiertes Lernen und multimediale Kommunikation, hrsg. von QUEM, Münster.

Erpenbeck, J./Scharnhorst, A. (2004): Models of competencies in the light of self-organization, in: Selbstorganisation in den Sozial- und Organisationswissenschaften, 12. Herbstakademie der Friedrich-Schiller-Universität in Jena, 4.-6. Oktober 2004, in: http://www.virtualknowledgestudio.nl/staff/andrea-scharnhorst/documents/models-of-competencies.pdf, Zugriff: 11.12.2007.

Erpenbeck, J./von Rosenstiel, L. (2003): Einführung, in: Handbuch Kompetenzmessung, hrsg. von Erpenbeck, J./von Rosenstiel, L., Stuttgart, S. IX-XL.

EU (2006): Amtsblatt der Europäischen Union, Empfehlung des Europäischen Parlaments und des Rates vom 18. Dezember 2006 zu Schlüsselkompetenzen für lebensbegleitendes Lernen (2006/962/EG), in: http://www.na-bibb.de/uploads/grundtvig/eu_empfehlung_schluesselkompetenzen.pdf, Zugriff: 11.12.2007.

Europäische Kommisson (2008): The European Qualifications Framework (EQF), in: http://ec.europa.eu/education/lifelong-learning-policy/doc44_en.htm#doc, Zugriff: 03.08. 2008.

Eurostat/Europäische Kommission (2001): Beschreibung der sozialen Lage in Europa - Social Report 2001, in: http://www.fb4.fh-frankfurt.de/ whoiswho/klocke/dokumente/eurostat.pdf, Zugriff: 11.12.2007.

Falkenstein, M. (2007): Stärken und Potenziale Älterer aus Sicht von Neuropsychologie und Neurophysiologie, in: Vom Defizit- zum Kompetenzmodell. Stärken älterer Arbeitnehmer erkennen und fördern, Dokumentation der Tagung der Marie-Luise und Ernst Becker-Stiftung am 18. und 19. April in Bonn, Köln, S. 35-43.

Faltermaier, T. (1994): Gesundheitsbewusstsein und Gesundheitshandeln. Über den Umgang mit Gesundheit im Alltag, Weinheim.

Faltermaier, T./Kühnlein, I./Burda-Viering, M. (1998): Gesundheit im Alltag. Laienkompetenz im Gesundheitshandeln und Gesundheitsförderung, Weinheim.

Faltermaier, T./Mayring, P./Saup, W. (2002): Entwicklungspsychologie des Erwachsenenalters, 2. Aufl., Stuttgart.

Faulstich, P./Tymister, H. J. (2002): Lernfälle Erwachsener, in: DIE-Texte. Online, in: http://www.die-bonn.de/esprid/dokumente/doc-2002/faulstich02_03.pdf., Zugriff: 11.12. 2007.

FAZ.NET (2006): Interview: „Die Alterung wird immer noch verdrängt“, in: http://www.faz.net/s/RubEC1ACFE1EE274C81BCD3621EF555C83C/Doc~EEDB57091D53F4FCC80E7E1A750E92750~ATpl~Ecommon~Scontent.html, Zugriff: 13.02.2007.

Feldmann, H.-W. (2006): Workforce Productivity. Ganzheitliche Optimierungsstrategien für Human Resources, Fürth.

FFG (2007): Wirtschaftliche und gesellschaftliche Produktivität älterer Menschen – Dokumentation, in: http://www.ffg.uni-dortmund.de/ Tagungsdokumentationen/wugpam.php, Zugriff: 11.12.2007.

Filipp, S.-H./Ferring, D. (1991): Zur inhaltlichen Bestimmung und Erfassung von Lebensqualität im Umfeld schwerer körperlicher Erkrankungen, Praxis der Klinischen Verhaltensmedizin und Rehabilitation, 4, S. 274-283.

Filipp, S.-H./Mayer, A.-K. (2002): Gesundheitsbezogene Lebensqualität alter und hochbetagter Frauen und Männer, in: Expertisen zum Vierten Altenbericht der Bundesregierung, Das hohe Alter – Konzepte, Forschungsfelder, Lebensqualität, Bd.1, hrsg. vom DZA, Hannover, S. 315-414.

Filipp, S.-H./Schmidt, K. (1998): Mittleres und höheres Erwachsenenalter, in: Entwicklungspsychologie, 4. Aufl., hrsg. von Oerter, R. /Montada, R., Weinheim, S. 439-486.

Finetti, M. (2007): Problemfall Alterspyramide. Nachsitzen für neues Wissen. Vielen Betrieben ist die Weiterbildung ihrer älteren Mitarbeiter zu teuer - doch das könnte sich bald rächen, in: http://www.sueddeutsche.de/ jobkarriere/berufstudium/artikel/844/96748/, Zugriff: 11.12. 2007.

Fitzpatrick, R. (2000): Measurement issues in health-related quality of life: Challenges for health psychology, in: Psychology and Health, 15, S. 99-108.

Flasse, M./Stieler-Lorenz, B. (2000): Berufliche Weiterbildungsstatistik im Spannungsfeld zwischen Industrie- und Wissensgesellschaft, in: Kompetenzentwicklung 2000, hrsg. von QUEM, Münster, S. 185-227.

Flick, U. (1991): Stationen des qualitativen Forschungsprozesses, in: Handbuch der qualitativen Sozialforschung. Grundlagen, Konzepte, Methoden und Anwendungen, hrsg. von Flick, U./von Kardoff, E./Keupp, H./von Rosenstiel, L./Wolff, S., München, S. 148-173.

Flick, U. (1999): Qualitative Forschung – Theorie, Methoden, Anwendung in Psychologie und Sozialwissenschaften, 4. Aufl., Reinbek.

Flick, U. (2000): Design und Prozess qualitativer Forschung, in: Qualitative Forschung – Ein Handbuch, hrsg. von Flick, U./von Kardorff, E./Steinke, I., Reinbek, S. 252-265.

Franz, W. (1993): Zur ökonomischen Bedeutung von Wanderungen und den Möglichkeiten und Grenzen einer Einwanderungspolitik, Konstanz.

Frei, F./Duell, W./Baitsch, C. (1984): Arbeit und Kompetenzentwicklung. Theoretische Konzepte zur Psychologie arbeitsimmanenter Qualifizierung, Bern.

Frerichs, F. (2002): Zur betrieblichen Beschäftigungssituation älterer Arbeitnehmer. Eine lebenslagen- und produktionsregimespezifische Problemanalyse, in: Chancen für die Erwerbsarbeit im Alter - Betriebliche Personalpolitik und ältere Erwerbstätige, hrsg. von Behrend, C., Opladen, S. 47-62.

Frerichs, F. (2007): Erfahrungswissen älterer ArbeitnehmerInnen und intergenerationeller Wissenstransfer, in: Vom Defizit- zum Kompetenzmodell. Stärken älterer Arbeitnehmer erkennen und fördern, Dokumentation der Tagung der Marie-Luise und Ernst Becker-Stiftung am 18. und 19. April in Bonn, Köln, S. 47-58.

Freude, G. (2007): Stärken und Kompetenzen älterer Führungskräfte. Untersuchungen zur Vitalität, Arbeits- und Leistungsfähigkeit in einem Unternehmen, in: Vom Defizit- zum Kompetenzmodell. Stärken älterer Arbeitnehmer erkennen und fördern, Dokumentation der Tagung der Marie-Luise und Ernst Becker-Stiftung am 18. und 19. April in Bonn, Köln, S. 21-31.

Freund, A. M./Baltes, P. B. (2000): The Orchestration of Selection, Optimization and Compensation. An action-theoretical conceptualization of a Theory of developmental Regulation, in: Control of Human behaviour, Mental processes, and Consciousness, hrsg. von Perring, W. J./Grob, A.,Walter J., Mahwah, S. 35-58.

Frey, A./Balzer, L. (2005): Der Beurteilungsbogen smk. Ein Messverfahren für die Diagnose von sozialen und methodischen Fähigkeitskonzepten [smk - a questionnaire for measuring social and cognitive competencies], in: Kompetenzdiagnostik. Theorien und Methoden zur Erfassung und Bewertung von beruflichen Kompetenzen, hrsg. von A. Frey, A./Jäger, R.S./ Renold, U., Landau, S. 31-56.

Frey, A./Jäger, R. S./Renold, U. (2003): Kompetenzmessung. Sichtweisen und Methoden zur Erfassung und Bewertung von beruflichen Kompetenzen, in: Empirische Pädagogik, 2, S. 117-122.

Friedan, B. (1993): The Fountain of age, New York.

Fuchs, J./Dörfler, K. (2005): Projektion des Arbeitsangebots bis 2050. Demografische Effekte sind nicht mehr zu bremsen, IAB-Kurzbericht 11/2005, Nürnberg.

Fünfter Altenbericht (2005): Potenziale des Alters in Wirtschaft und Gesellschaft. Der Beitrag älterer Menschen zum Zusammenhalt der Generationen, Bericht der Sachverständigenkommission an das BMFSFJ, Berlin.

Funk, L./Seyda, S. (2006): Beschäftigungschancen für ältere Arbeitnehmer – Ein Ländervergleich, in: Länger leben, arbeiten und sich engagieren. Chancen wertschaffender Beschäftigung bis ins Alter, hrsg. von Prager, J. U./Schleiter, A., Gütersloh, S. 15-50.

Geißler, K. A./Orthey, F.M. (2002): Kompetenz: Ein Begriff für das verwertbare Ungefähre, in: Literatur- und Forschungsreport Weiterbildung, 49, Bielefeld, S. 69-79.

Gergen, M. M./Gergen, K. J. (2005): Positives Altern und die Beziehungsmatrix, in: Zeitschrift für Soziale Therapie und Beratung, 4, S. 221-228.

Giger, A. (2002): Megatrend Reife. Business Chancen in der älteren Gesellschaft, Kelkheim.

Gildemeister, J. (1986): Das beneficum competentiae im klassischen römischen Recht, Göttingen.

Gnahs, D. (2006): Die Bedeutung der aktuellen Kompetenzdebatte für die politische Jugend- und Erwachsenenbildung, in: Praxis Politische Bildung, Materialien, Analysen, Diskussionen, 10, S. 165-171.

Gnahs, D. (2007): Kompetenzen – Erwerb, Erfassung, Instrumente, Studientexte für Erwachsenenbildung, Bielefeld.

Göckenjahn, G. (2000): Das Alter würdigen. Altersbilder und Bedeutungswandel des Alters, Frankfurt am Main.

Goethe, J. W. (2006): Wilhelm Meisters Wanderjahre oder die Entsagenden, 10. Aufl., Frankfurt am Main.

Goffman, E. (2000): Wir alle spielen Theater. Die Selbstdarstellung im Alltag, 8. Aufl., München.

Gomez, P./Probst, G. J. B. (2002): Vernetztes Denken. Ganzheitliches Führen in der Praxis, 2. Aufl., Wiesbaden.

Gramke, K./Heimer, A. (2006): Lernen vom Ausland. Ein Blitzlicht auf Entwicklungen in sieben Ländern, in: Länger leben, arbeiten und sich engagieren. Chancen wertschaffender Beschäftigung bis ins Alter, hrsg. von Prager, J. U./Schleiter, A., Gütersloh, S. 165-209.

Grauer, F. (1998): Personalmanagement für ältere Mitarbeiter, Wiesbaden.

Gruber, H. (1999): Erfahrung als Grundlage kompetenten Handelns, Bern.

Gruschka, A. (2005): Bildungsstandards und Kompetenzmodelle als praktischer Sieg der Bildungstheorie?, in: http://forum-kritische-paedagogik.de/ start/e107_files/downloads/ gruschkabildungsstandards.doc, Zugriff: 11.12.2007.

Gubrium, J. F./ Holstein, J. A. (2003): Ways of Aging, Boston.

Günther, U./Thunemeyer, B. (1996): Senior-Consulting – ein Projekt des „Initiativkreises Ruhrgebiet“, in: Kompetenz und Produktivität im dritten Lebensalter. Der Beitrag der wissenschaftlichen Weiterbildung zur Vorbereitung von Menschen im dritten Lebensalter auf neue Tätigkeitsfelder und neue Rollen in Gesellschaft, Wirtschaft und Bildung: ein europäischer Vergleich und Austausch, hrsg. von Stadelhofer, C., Bielefeld, S. 184-189.

Haase, K. (2005): Entwicklungen zur Bestimmung von Kompetenzen. Konzepte und Praxis, in: Internationale Trends des Erwachsenenlernens. Monitoring zum Programm „Lernkultur Kompetenzentwicklung“, hrsg. von QUEM, Münster, S. 253-297.

Hacker, W. (2004): Leistungs- und Lernfähigkeit älterer Menschen, in: Ältere Menschen im Unternehmen. Chancen, Risiken, Modelle, hrsg. von von Cranach, M./Schneider, H.-D./Ulich, E./Winkler, R., Bern u.a., S. 163-172.

Hänggi, G. (2001): Macht der Kompetenz. Ausschöpfung der Leistungspotentiale durch zukunftsgerichtete Kompetenzentwicklung, 3. Aufl., Frechen-Königsdorf.

Hardes, H.-D./Mall, J. (1993): Ältere Erwerbspersonen zwischen betrieblicher Ausgliederung und Beschäftigung: Ein internationaler Vergleich, in: Internationale Revue für Soziale Sicherheit, 4, S. 9.

Harych, H. (1995): Sorge um den Arbeitsplatz, Arbeitslosigkeit und gesundheitliches Befinden. Erste Ergebnisse einer Studie in Sachsen, in: Gesundheits-Wesen 57, S. 82-85.

Hasselhorn, H. M. (2007): Psychosoziale Ressourcen und Risiken bei der Arbeit. Ein Thema des demographischen Wandels, in: Vom Defizit- zum Kompetenzmodell. Stärken älterer Arbeitnehmer erkennen und fördern, Dokumentation der Tagung der Marie-Luise und Ernst Becker-Stiftung am 18. und 19. April in Bonn, Köln, S. 59-67.

Heaney, T. (1995): Issues in Freirean Pedagogy, in: http://www.nl.edu/ace/ Resources/Documents/ FreireIssues.html, Zugriff: 11.12.2007.

Heckhausen, H. (1989). Motivation und Handeln, München.

Hedtke, R. (1997): Informationskompetenz und Internet. Zur Didaktik der Netzarbeit im Unterricht, in: Vom Buch zum Internet und zurück. Medien und Informationskompetenz im Unterricht, hrsg. von Hedtke, R., Darmstadt, S. 7-23.

Heidemann, W. (2000): Lebenslanges lernen und Beschäftigungsfähigkeit. Das europäische Modell der Berufstätigkeit in der Krise?, hrsg. von der Hans-Böckler-Stiftung, Düsseldorf.

Heinisch, C. (2002): Inmitten der Informationsflut herrscht Informationsmangel. Über das Paradoxon der Wissensgesellschaft und seine Bewältigung, in: Zeitschrift für Automation, Bau und Technik, 22, S. 340-349.

Heller, Silke/Waldmann, W. (2001) Jung bleiben. Das Anti-Aging-Handbuch, Köln.

Hemphill, J./Coons, A. (1957): Development of the Leader Behaviour Description Questionaire, in: Leader behaviour: Its description and measurement, hrsg. von Stogdill, R./Coons, A., Columbus/Ohio, S. 3-21.

Hermanns, H. (2000): Interviewen als Tätigkeit, in: Qualitative Forschung – Ein Handbuch, hrsg. von Flick, U./von Kardorff, E./Steinke, I., Reinbek, S. 360-369.

Herschkowitz, N. (2006): Das vernetzte Gehirn. Seine lebenslange Entwicklung, Bern.

Hertel, G. (2007): Altersabhängige Veränderungen der Arbeitszufriedenheit und Arbeitsmotivation (Abstract), in: Vom Defizit- zum Kompetenzmodell. Stärken älterer Arbeitnehmer erkennen und fördern, Dokumentation der Tagung der Marie-Luise und Ernst Becker-Stiftung am 18. und 19. April in Bonn, Köln, S. 33.

Hilgers, M. (1991): Von Kopf bis Fuß auf Altern eingestellt, in: GEO Wissen. Altern + Jugendwahn, 1, S. 52-110.

Hof, C. (2002a): Von der Wissensvermittlung zur Kompetenzentwicklung in der Erwachsenenbildung, in: Literatur- und Forschungsreport Weiterbildung. Kompetenzentwicklung statt Bildungsziele?, hrsg. von Nuissl, E./Schiersmann, C./Siebert, H., 49, Bielefeld, S. 80-89.

Hof, C. (2002b): (Wie) lassen sich soziale Kompetenzen bewerten? in: Kompetenzentwicklung in der beruflichen Bildung, hrsg. von Clement, U./Arnold, R., Opladen, S. 153-166.

Hoffmann, N./Nuissl, E. (2003): Ermöglichungsdidaktik in der Weiterbildung aus der Perspektive zukünftiger Anforderungen, in: Ermöglichungsdidaktik – Erwachsenenpädagogische Grundlagen und Erfahrungen, Grundlagen der Berufs- und Erwachsenenbildung, Bd. 35, hrsg. von Arnold, R./ Schüßler, I, Baltmannsweiler, S. 100-107.

Hoffmann-Riem, C. (1980): Die Sozialforschung einer interpretativen Soziologie: Der Datengewinn, in: Kölner Zeitschrift für Soziologie und Sozialpsychologie, 32, S. 338-372.

Hoffmann-Riem, C. (1998): Das adoptierte Kind. Familienleben mit doppelter Elternschaft, 4. Aufl., München.

Höhne, T. (2007): Der Leitbegriff 'Kompetenz' als Mantra neoliberaler Bildungsreformer. Zur Kritik seiner semantischen Weitläufigkeit und inhaltlichen Kurzatmigkeit, in: Bildung – Wissen – Kompetenz, hrsg. von Pongratz, L. A./ Reichenbach, R./ Wimmer, M., Bielefeld, S. 30-43.

Hopf, C. (1978): Die Pseudo-Exploration. Überlegungen zur Technik qualitativer Interviews in der Sozialforschung, in: Zeitschrift für Soziologie, 7, S. 97-115.

Huber, A. (1997): Demographischer Wandel und betriebliche Personalpolitik, in: Arbeitskammer Beiträge, 3, S. 3-14.

Huber, H. D. (2004): Im Dschungel der Kompetenzen, in: Visuelle Netze, Wissensräume in der Kunst, hrsg. von Huber, H.-D./Lockemann, B./Scheibel, M., Ostfildern-Ruit, S. 31-38.

Hübner, W./Kühl, A./Putzing, M. (2003): Kompetenzerhalt und Kompetenzentwicklung, in: QUEM-Report , 84, Berlin.

Hülsmann, M./Dursun, M./Grapp, J./Wycisk, C. (2006): Logistische Selbststeuerung – Terminologie, Messung und Evaluierung, Sonderforschungsbereich 637, Teilprojekt A3 – Monitoring der Selbststeuerung, in: http://www.sfb637.uni-bremen.de/fileadmin/SFB_Files/PDF_Download/SFB637-BK_1-1_A1-A3.pdf, Zugriff: 11.12.2007.

Hungerland, B./Overwien, B. (2004): Kompetenzerwerb außerhalb etablierter Lernstrukturen, in: Kompetenzentwicklung im Wandel. Auf dem Weg zu einer informellen Lernkultur?, hrsg. von Hungerland, B./Overwien, B., Wiesbaden, S. 7-23.

HWK (2005): Beiträge zur Verständigung zwischen Schule und Betrieb, Fachunabhängige Kompetenzen – Grundanforderungen für eine betriebliche Ausbildung 2/2005, Hannover.

IAB (2003): IAB Betriebspanel 2002 Ostdeutschland, Berlin.

IG Metall (2004): Gesünder @rbeiten, Tipps für den Arbeitsplatz, Frankfurt.

Iller, C. (2006): Altern gestalten. Berufliche Entwicklungsprozesse und Weiterbildung im Lebenslauf, in: http://www.die-bonn.de/esprid/dokumente/doc-2005/iller05_01.pdf, Zugriff: 21.07. 2007.

Ilmarinen, J. (1995): Arbeitsfähigkeit und Alter. 10 Jahre Längsschnittstudien in verschiedenen Berufsgruppen, in: Betriebliche Gesundheitsförderung für älter werdende Arbeitnehmer, hrsg. von Karazman, R./Geißler, H./Kloimüller, I./Winkler, N., Gamburg, S. 15-33.

Ilmarinen, J. (1999): Ageing Workers in the European Union. Status and promotion of work ability, employability and employment, Finnish Institute of Occupational Health, Ministry of Social Affairs and Health, Ministry of Labour, Helsinki.

Ilmarinen, J. (2000): Die Arbeitsfähigkeit kann mit dem Alter steigern, in: Altern und Arbeit. Herausforderungen für Wirtschaft und Gesellschaft, hrsg. von von Rothkirch, C., Berlin, S. 88-96.

Ilmarinen, J. (2004): Älter werdende Arbeitnehmer und Arbeitnehmerinnen, in: Ältere Menschen im Unternehmen. Chancen, Risiken, Modelle, hrsg. von von Cranach, M./Schneider, H.-D./Ulich, E./Winkler, R., Bern u.a., S. 29-47.

Ilmarinen, J. (2007): KEYNOTE – Towards a better and longer work life for older workers, in: Vom Defizit- zum Kompetenzmodell. Stärken älterer Arbeitnehmer erkennen und fördern, Dokumentation der Tagung der Marie-Luise und Ernst Becker-Stiftung der Marie-Luise und Ernst Becker-Stiftung am 18. und 19. April in Bonn, Köln, S. 11-18.

Ilmarinen, J./Tempel, J. (2002): Arbeitsfähigkeit 2010 – Was können wir tun, damit Sie gesund bleiben?, Hamburg.

INQA (2005a): Demographischer Wandel und Beschäftigung Plädoyer für neue Unternehmensstrategien, 2. Aufl., Dortmund.

INQA (2005b): Mehr Ältere in Beschäftigung. Wie Finnland auf den demographischen Wandel reagiert. Aus dem Abschlussbericht des Finnischen Nationalprogramms „Älter werdende Arbeitnehmer“, Dortmund/Dresden.

INQA (2006): Was ist gute Arbeit?, INQA-Bericht Nr. 19, Dortmund.

INQA (2007a): Das Demographie Netzwerk, in: http://www.inqa.de/Inqa/ Navigation/ root,did=82916.html, Zugriff: 11.12.2007.

INQA (2007b): Initiative Neue Qualität der Arbeit, in: http://www. inqa.de/Inqa/Navigation/ inqa,did=179464.html, Zugriff: 11.12.2007.

Institut für Sozial- und Präventivmedizin der Universität Bern (2007): Gesundheitskompetenz (health literacy), in: http://www.ispm.ch/fileadmin/doc_download/ Gesundheitskompetenz. pdf, Zugriff: 02.07.2007.

Investorwords.com (2007): Customer, in: http://www.investorwords.com/5877/ customer.html, Zugriff: 11.12.2007.
IPN (1999): 2. Internationales IPN-Symposium Scientific Literacy - from theory to practice, in: http://www.ipn.uni-kiel.de/projekte/esera/book/s194-gra. pdf, Zugriff: 11.12.2007.
Jahoda, M. (1983): Wie viel Arbeit braucht der Mensch? Arbeit und Arbeitslosigkeit im 20. Jahrhundert, Weinheim/Basel.
Jansen, R./Müller, R. (2000): Arbeitsbelastungen und Gesundheit älterer Arbeitnehmner im Dienstleistungsbereich, in: Zeitschrift für Gerontologie und Geriatrie, 4, S. 256-261.
Jasper, G./Rohwedder, A./Schletz, A. (2001): Innovieren mit alternden Belegschaften, in: Vom alten Eisen und anderem Ballast, hrsg. von Moder, J./ Nöbauer, B./Seidl, M., München, S. 60-86.
Kade, S. (1992): Altern und Geschlecht. Über den Umgang mit kritischen Lebensereignissen, in: Perspektiven zur Bildung Älterer, hrsg. von Schlutz, E./Tews, H. P., Frankfurt am Main, S. 94-116.
Kade, S. (2004): Alternde Institutionen. Wissenstransfer im Generationenwechsel, Bad Heilbrunn.
Kade, S. (2007): Altern und Bildung. Eine Einführung, Bielefeld.
Kadishi, B. (1998): Anerkennung und Validierung (außer-)beruflich erworbener Kompetenzen am Beispiel der Familien- und Hausarbeit, in: Grundlagen der Weiterbildung, 5, S. 217-220.
Kaiser, F.-J. (2003): Grundannahmen eines Lernkonzeptes für die ökonomische Bildung unter besonderer Berücksichtigung selbstorganisierten und selbstgesteuerten Lernens, in: Wirtschaftsdidaktik, hrsg. von Kaiser, F.-J./Kaminski, H., Bad Heilbrunn, S. 125-147.
Kauffeld, S. (2006): Kompetenz-Check, der KRI, in: Projekt Kompetenzentwicklung, Institut für Arbeitswissenschaft Universität Kassel, hrsg. von Frieling, E., Kassel S. 57-60.
Kauffeld, S./Frieling, E./Grote, S. (2002): Soziale, personale, methodische oder fachliche: Welche Kompetenzen zählen bei der Bewältigung von Optimierungsaufgaben in betrieblichen Gruppen?, in: Zeitschrift für Psychologie, 4, S. 197-208.
Kauffeld, S./Grote, S./Frieling, E. (2003): Das KKR, in: Handbuch Kompetenzmessung. Erkennen, Verstehen und Bewerten von Kompetenzen in der betrieblichen, pädagogischen und psychologischen Praxis, Stuttgart, S. 261-282.
Kaufhold, M. (2006): Kompetenz und Kompetenzerfassung. Analyse und Beurteilung von Verfahren der Kompetenzerfassung, Wiesbaden.
Kaufmann, F.-X. (2005): Schrumpfende Gesellschaft. Vom Bevölkerungsrückgang und seinen Folgen, Schriftenreihe der bpb, Bd. 508, Frankfurt am Main.
KBE (2007): Kompetenz braucht Erfahrung – Erwachsenenbildung braucht tragfähige Strukturen, Bildungspolitische Erklärung des KBE-Vorstandes, in: http://www.bildungswerk-wiesbaden.bistumlimburg.de/index.php?_10=46f3ce0bx3dd3117f.pdf&_0=15&sid= 67a014850d6500afb5bf1b563698f015, Zugriff: 11.12.2007.
Keith, P./Withnall, A. (1996): Good Practice bei der Weiterbildung und Schulung älterer Erwachsener, in: Kompetenz und Produktivität im dritten Lebensalter. Der Beitrag der wissenschaftlichen Weiterbildung zur Vorbereitung von Menschen im dritten Lebensalter auf neue Tätigkeitsfelder und neue Rollen in Gesellschaft, Wirtschaft und Bildung. Ein europäischer Vergleich und Austausch, hrsg. von Stadelhofer, C., Bielefeld, S. 103-116.
Kelle, U. (1995): Empirisch begründete Theorienbildung. Zur Logik und Methodologie interprettativer Sozialforschung, Weinheim.
Kelle, U./Kluge, S. (1999): Vom Einzelfall zum Typus, Fallvergleich und Fallkontrastierung in der qualitativen Sozialforschung, Opladen.
Kickbusch, I./Maag, D./Saan, H. (2005): Enabling healthy choices in modern health societies. Paper for the European Health Forum, Badgastein.
Kienbaum (2006): Kienbaum-HR-Strategie-Studie 2006. Strategie und Organisation des Human Resource Managements im deutschsprachigen Raum, in: http://www.kienbaum.de/go/HR-Strategie-Studie-2006/, Zugriff: 14.06.2007.

Kleibel, V. (2006): Die Vermittlung von Informationskompetenz als Grundlage für selbstorganisiertes Lernen, in: Selbstorganisiertes Lernen. Gelebte Konzepte zur aktiven Herstellung von Wissen, hrsg. von Mayer, H./Sittner, E., Wien, S. 36-57.

Kleining, G. (1991): Methodologie und Geschichte qualitativer Sozialforschung, in: Handbuch Qualitative Sozialforschung: Grundlagen, Konzepte, Me-thoden und Anwendungen, hrsg. von Flick, U./von Kardorff, E./Keupp, H./ von Rosenstiel, L./Wolff, S., München, S. 11-30.

Kliegl, R./Mayr, U., (1997): Kognitive Leistung und Lernpotential im höheren Erwachsenenalter, in: Psychologie der Erwachsenenbildung, hrsg. von Weinert, F. E., Mandl, H., Göttingen u.a., S. 87-114..

KMK (1999): Handreichung für die Erarbeitung von Rahmenlehrplänen der Kultusministerkonferenz für den berufsbezogenen Unterricht, Stand: 05.02.1999, Bonn.

KMK (2000): Handreichungen für die Erarbeitung von Rahmenlehrplänen der Kultusministerkonferenz für den berufsbezogenen Unterricht in der Berufsschule und ihre Abstimmung mit Ausbildungsordnungen des Bundes für anerkannte Ausbildungsberufe, in: http://www.kmk.org/doc/publ/ handreich.pdf, Zugriff: 11.12.2007.

Knight, A. J./Parr, W. V. (1999): Age as a factor in judgments of wisdom and creativity, in: New Zealand Journal of Psychology, 28, S. 37-47.

Knopf, M. (1998): Gedächtnisleistung und Gedächtnisförderung, in: Psychosoziale Gerontologie, Grundlagen, Bd. 1, hrsg. von Kruse, A., Göttingen, S. 131-146.

Knopf, M. (2001): Optimierung des Gedächtnisses älterer Menschen durch Training, in: Handbuch Kognitives Training, hrsg. von Klauer, K. J., Göttingen, S. 491-512.

Köchling, A. (2000): Alterstrukturen als Gestaltungsfeld der Zukunft, Innovation und Leistung mit älter werdenden Belegschaften, Bundesanstalt für Arbeitsschutz- und Arbeitsmedizin, Dortmund.

Köchling, A. (2001): Früherkennung altersstruktureller Probleme im Betrieb. Ein Zwischenergebnis aus dem Gesellschaft für Arbeitsschutz und Humanisierungsforschung-Teilprojekt „Intergenerative Personalpolitik", Dortmund.

Köchling, A./Deimel, M. (2006): Ältere Beschäftigte und altersausgewogene Personalpolitik, in: Förderung der Beschäftigung älterer Arbeitnehmer, Voraussetzungen und Möglichkeiten, Bd. 2, hrsg. vom DZA, Berlin, S. 99-168.

Köckeis-Stangl, E. (1980): Methoden der Sozialisationsforschung, in: Handbuch der Sozialisationsforschung, hrsg. von Hurrelmann, K./Ulrich, D., Weinheim, S. 321-370.

Köhler, H. (2007): Weihnachtsansprache von Bundespräsident Horst Köhler vom 25.12.2007, in: http://www.bundespraesident.de/Reden-und-Interviews-,11057.642777/ Weihnachtsansprache-von-Bundes.htm, Zugriff: 02.01.2008.

Kohli, M. (1981): Arbeit und Persönlichkeit im mittleren Erwachsenenalter, in: Alternsforschung. Berichte zu einem Förderschwerpunkt, hrsg. von der Stiftung Volkswagenwerk, Göttingen, S. 139-152.

Kohli, M. (1982): Antizipation, Bilanzierung, Irreversibilität. Dimensionen der Auseinandersetzung mit beruflichen Problemen im mittleren Erwachsenenalter, Zeitschrift für Sozialisationsforschung und Erziehungssoziologie, 2, S. 39-52.

Koller, B./Gruber, H. (2001): Ältere Arbeitnehmer im Betrieb und als Stellenbewerber aus Sicht der Personalverantwortlichen, in: Mitteilungen aus der Arbeitsmarkt- und Berufsforschung, 4, S. 479-505.

Koller, B./Plath, H.-E. (2001): Qualifikation und Weiterbildung älterer Arbeitnehmer, in: Arbeitsmarktrelevante Aspekte der Bildungspolitik, Beiträge zur Arbeitsmarkt- und Berufsforschung Nr. 245, hrsg. von Reinberg, A., Nürnberg, S. 63-95.

Komrey, H. (1986): Empirische Sozialforschung, Modelle und Methoden der Datenerhebung und Datenauswertung, 3. Aufl., Opladen.

Krippendorff, K. (1980): Content Analysis. An Introduction to its Methodology, Beverly Hills.

Kröll, M./Brinkmann, A. (1999): Strukturwandel und Innovation als Herausforderungen für die (Weiter-)Beschäftigung von älteren Arbeitnehmern, integrierte Personal-, Organisations- und Technikentwicklung als Gestaltungsaufgabe, in: Mitteilungen des Wirtschafts- und Sozialwissenschaftlichen Instituts, 4, S. 273-285.

Krug, P. (1997): Weiterbildung als Zukunftsfaktor, in: Pluralisierung des Lehrens und Lernens, hrsg. von Nuissl, E./Schiersmann, C./Siebert, H., Bad Heilbrunn, S. 164-180.

Krup-Ebert, A. (1990): Geschichte und Perspektive der Information. Zum Stand einer Diskussion, in: Welt der Information: Wissen und Wissensvermittlung in Geschichte und Gegenwart, hrsg. von Koch, H.-A./Krup-Ebert, A., Stuttgart, S. 212-216.

Kruse, A. (1999): Psychologische Beiträge zur Leistungsfähigkeit im mittleren und höheren Erwachsenenalter. Eine ressourcenorientierte Perspektive, in: Fachkongress Altern und Arbeit, hrsg. von BMBF/Europäische Kommission, Berlin.

Kruse A. (2000): Psychologische Beiträge zur Leistungsfähigkeit im mittleren und höheren Erwachsenenalter. Eine ressourcenorientierte Perspektive, in: Altern und Arbeit. Herausforderung für Wirtschaft und Gesellschaft. Beiträge, Diskussionen und Ergebnisse eines Kongresses mit internationaler Beteiligung, hrsg. von Rothkirch, C., Berlin, S. 72-87.

Kruse, A. (2001): Differenzierung des Alters, in: Das Altern der Gesellschaft als globale Herausforderung. Deutsche Impulse, hrsg. von Pohlmann, S., Stuttgart u.a., S. 37-39.

Kruse, A. (2001): Arbeit und Aktivität im Alter und Lebenszufriedenheit, Vortrag am Zentrum für Gerontologie der Universität Zürich, in: http://www.zfg.uzh.ch/static/2001/ kruse_arbeit_aktiv_im_alter.pdf, Zugriff: 11.12. 2007.

Kruse, A. (2006a): Altern, Kultur und gesellschaftliche Entwicklung, in: Alter und Bildung, Report Zeitschrift für Weiterbildungsforschung, 3, S. 9-18.

Kruse, A. (2006b): Vorwort des Kommissionsvorsitzenden, in: Förderung der Beschäftigung älterer Arbeitnehmer. Voraussetzungen und Möglichkeiten, Bd. 2, hrsg. vom DZA, Berlin, S. 1-2.

Kruse, A./Gaber, E./Heuft, G./Oster, P./Re, S./Schulz-Nieswandt, F. (2005): Gesundheit im Alter. Gesundheitsbericht für die Bundesrepublik Deutschland, 2. Aufl., Berlin.

Kruse, A./Packebusch, R. (2006): Alter(n)sgerechte Arbeitsgestaltung, in: Enzyklopädie der Psychologie – Ingenieurspsychologie, hrsg. von Zimolong, B./Konradt, U., Göttingen, S. 425-458.

Kruse, A./Rudinger, G. (1997): Lernen und Leistung im Erwachsenenalter, in, Psychologie der Erwachsenenbildung. Enzyklopädie der Psychologie, Themenbereich D, Praxisgebiete, Serie I Pädagogische Psychologie, Bd. 4, hrsg. von Weinert, F./ Mandl, H., Göttingen, S. 45-85.

Kruse, A./Schmitt, E. (2006): A multidimensional Scale for the Measurement of Agreement with age Stereotypes and the Salience of age in social interaction, in: Ageing and Society, 26, S. 393-411.

Kvale, S. (1996): Interviews. An Introduction to Qualitative Research Interviewing, Thousand Oaks u.a.

Lamnek, S. (1993): Qualitative Sozialforschung, Methodologie, Bd. 1, 2. Aufl., Weinheim.

Lamnek, S. (1995): Qualitative Sozialforschung, Methoden und Techniken, Bd. 2, 3. Aufl., Weinheim.

Lamnek, S. (2005): Qualitative Sozialforschung, 4. Aufl., Weinheim/Basel.

Lang, E./Arnold, K. (1989): Wege in den Ruhestand, Grundlagen, Voraussetzungen - Einrichtungen, Referate der Dritten Informationstechnischen Tage in Hamburg 1987, Bd. 3, hrsg. von Lang, E./Arnold, K.., Stuttgart.

Laske, M. (2005): Arbeitsmarkt und demografischer Wandel, in: Sicherung der Beschäftigungsfähigkeit älterer Arbeitnehmer, hrsg. von der Bildungsvereinigung Arbeit und Leben Sachsen, Dresden, S. 4-24.

Leber, U. (2001): IAB-Betriebspanel. Ältere - ein Schatz muss gehoben werden, in: IAB-Materialien, 2, S. 6-7.

Lehmann, G./Nieke, W. (2000): Zum Kompetenzmodell, in: http://www.uni-rostock.de/bildung/download/fortbildungsmaterial/text-lehmann-nieke.pdf, Zugriff: 23.06.2007.

Lehr, U. (1978): Das mittlere Lebensalter. Ein vernachlässigtes Gebiet der Entwicklungspsychologie, in: Entwicklung als lebenslanger Prozess, hrsg. von Oerter, R., Hamburg, S. 147-177.

Lehr, U. (1981): Der ältere Mitarbeiter im Betrieb, in: Die Psychologie des XX. Jahrhunderts, Bd. XIII, hrsg. von Stoll, F., Zürich, S. 911-912.

Lehr, U. (2005): Heute gejagt – morgen gefragt?, in: Weiterbildung – Zeitschrift für Grundlagen, Praxis und Trends, 3, S. 22-23.

Lehr, U. (2007): Psychologie des Alterns, 11. Aufl., Wiebelsheim.

Lehr, U./Thomae, H. (1987): Formen seelischen Alterns: BOLSA, Stuttgart.

Lehr, U./Niederfranke A. (1991): Altersbilder und Altersstereotype, in: Gerontologie 2. Aufl., hrsg. von Oswald, W. D./Herrmann, W. H./Kanowski, S./ Lehr, U./Thomae, H., Stuttgart, S. 38-46.

Levy, B. R. (2003): Mind matters: Cognitive and physical effects of Ageing self-stereotypes, in: Journal of Gerontology, 58, S. 203-211.

Levy, B. R./Banaji, M. R. (2002): Implicit Ageism, in: Ageism: Stereotypes and Prejudice against older persons, hrsg. von Nelson, T., Cambridge, S. 49-75.

Levy, B. R./Slade, M. D./Kunkel, S. R./Kasl, S. V. (2002): Longevity increased by positive self-perceptions of Aging, in: Journal of Personality and Social Psychology, 83, S. 261-270.

Lichtenberger, Y. (1999): Von der Qualifikation zur Kompetenz. Die neuen Herausforderungen der Arbeitsorganisation in Frankreich, in: Kompetenzentwicklung ´99. Aspekte einer neuen Lernkultur. Argumente, Erfahrungen, Konsequenzen, hrsg. von QUEM, Münster, S. 275-307.

Linden, A. (2007): Transkriptionsregeln, in: QUASUS - Einstiegstexte in Methoden der Qualitativen Sozial-, Unterrichts- und Schulforschung / Datenauswertung / Transkriptionsregeln, in: http://www.ph-freiburg.de/en/quasus/einfuehrung-in-methoden-der-qualitativen-sozial-unterrichts-und-schulforschung-quasus/datenauswertung/transkriptionsregeln.html., Zugriff: 08.07.2007.

List, F. (1930): Das nationale System der politischen Ökonomie, 5. Aufl., Jena.

Lohse, H./Häßner, K./Tack, K. (2005): Personal- und Organisationsentwicklung, in: Sicherung der Beschäftigungsfähigkeit älterer Arbeitnehmer, hrsg. von der Bildungsvereinigung Arbeit und Leben Sachsen, Dresden, S. 52-91.

Lucia, A. D./Lepsinger, R. (1999): The art and science of competency models: pinpointing critical success in organizations, San Francisco.

Lueg, C. (2002): Knowledge Management and Information Technology, in: Relationship and Perspectives, Upgrade-Cepis, 3, S. 4-7.

Mansfield, R. S. (1996): Building Competency Models: Approaches for HR Professionals, in: Human Resource Management, 35, S. 7-18.

Marggraf, J. (1986): Weiterbildung zur Vorbereitung auf Alter und Ruhestand (VAR): Schlussbericht zum Förderungsvorhaben W 0305.00 des Bundesministeriums für Bildung und Wissenschaft, hrsg. vom Vorstand der Arbeitsgruppe für empirische Bildungsforschung e.V. Heidelberg, Heidelberg.

Marquardt, A. (1996): Gerontologie – die junge Wissenschaft von Altern (2), in: http://www.aging-alive.de/contenido-4.6.8/cms/front_content.php?idcat= 83&idcart=130, Zugriff: 31.07.2007.

Marshall, C./Rossman, G. B. (1989): Designing Qualitative Research, Newbury Park.

Marstedt, G./Müller, R. (1998): Integration älterer und gesundheitlich beeinträchtigter Arbeitnehmer/innen des Öffentlichen Dienstes in die Erwerbstätigkeit, ein Forschungs- und Dokumentationsprojekt, Bremen.

Maslow, A.H. (1977): Motivation und Persönlichkeit, Olten/ Freiburg.

Mayer, K. U./Baltes, P. B./Baltes, M. M./Borchelt, M./Delius, J./Helmchen, H./ Linden, M./Smith, J./Staudinger, U. M./Steinhagen-Thiessen, E./Wagner, M. (1996): Wissen über das Alter(n). Eine Zwischenbilanz der BASE, in: BASE, hrsg. von Mayer, K. U./Baltes, P. B., Berlin, S. 599-634.

Mayer, R./Lehner, F. (1995): Daten, Information, Wissen, in: Wirtschaftsinformatik. Theoretische Grundlagen, hrsg. von Lehner, F./Hildebrand, K./ Maier, R., München u.a., S. 165-272.

Mayring, P. (1987): Subjektives Wohlbefinden im Alter. Stand der Forschung und theoretische Weiterentwicklung, in: Zeitschrift für Gerontologie, 20, S. 367-376.

Mayring, P. (2002): Einführung in die qualitative Sozialforschung. Eine Anleitung zum qualitativen Denken, 5. Aufl., Trier.

Mayring, P. (2007): Qualitative Inhaltsanalyse, Grundlagen und Techniken, 9. Aufl., Weinheim/ Basel.

Meier, J./Empter, S. (2006): Vorwort, in: Länger leben, arbeiten und sich engagieren. Chancen wertschaffender Beschäftigung bis ins Alter, hrsg. von Prager, J. U./Schleiter, A., Gütersloh, S. 7-8.

Meinefeld, W. (2000): Hypothesen und Vorwissen in der qualitativen Sozialforschung, in: Qualitative Forschung – Ein Handbuch, hrsg. von Flick, U./ von Kardorff, E./Steinke, I., Reinbek, S. 265-275.

Mendius, H. G./Schütt, P. (2002): Handwerk vor großen Herausforderungen - Innovative Arbeitsgestaltung und umfassende Qualifizierung als Instrumente zur Bewältigung der demographischen Herausforderung. Eine Expertenbefragung im Handwerk, München

Merkens, H. (2000): Auswahlverfahren, Sampling, Fallkonstruktion, in: Qualitative Forschung. Ein Handbuch, hrsg. von Flick, U./von Kardorff, E./Steinke, I., Reinbek, S. 286-299.

Mertens, D. (1974): Schlüsselqualifikationen, Thesen zur Schulung für eine moderne Gesellschaft. Mitteilungen aus der Arbeitsmarkt- und Berufsforschung, 1, S. 36-43.

Merton, R. K./Kendall, P. L. (1979): Das fokussierte Interview, in: Qualitative Sozialforschung, hrsg. von Hopf, C., Stuttgart, S. 171-204.

Meuser, M./Nagel, U. (1991): ExpertInneninterviews – vielfach erprobt, wenig bedacht. Ein Beitrag zur qualitativen Methodendiskussion, in: Qualitativ-empirische Sozialforschung. Konzepte, Methoden, Analysen, hrsg. von Garz, D./Kraimer,K., Opladen, S. 441-471.

Meyer, B. (2004): Was ist Wissen? Zum Wissensbegriff im Wissensmanagement: Ein Definitionsversuch, in: http://amor.cms.hu-berlin.de/~h04440am/public/ Wissensbegriff%20im%20WM.pdf, Zugriff: 11.12. 2007.

Meyer, R. (2000): Qualifizierung für moderne Beruflichkeit. Soziale Organisation der Arbeit von Facharbeiterberufen bis zu Managertätigkeiten, Münster.

Michelson, M. (2002): Betriebliche Informationswissenschaft, in: Information. Wissenschaft und Praxis, 53, Wiesbaden, S. 201-210.

Miller, G. (2002): Überfachliche Kompetenzentwicklung auf dialogpädagogischer und –andragogischer Grundlage, in: http://www.ku-eichstaett.de/ Fakultaeten/PPF/fachgebiete/Paedagogik/ lehrstuehle/erwbildung/Lehre/studium/ueberfach_komp/print_html, Zugriff: 23.06.2007.

Mischel, W./Shoda, Y. (1994): Personality Psychology has two goals: Must it be two fields? in: Psychological Inquiry, 2, S.156-158.

Molinie, A. (2003): Age and working Conditions in the European Union, Luxemburg.

Morschhäuser, M. (1999): Grundzüge altersgerechter Arbeitsgestaltung, in: Ältere Arbeitnehmer. Altern und Erwerbsarbeit in rechtlicher, arbeits- und sozialwissenschaftlicher Sicht, Frankfurt am Main, S. 101-185.

Morschhäuser, M./Ochs, P./Huber, A. (2005): Erfolgreich mit älteren Arbeitnehmern. Strategien und Beispiele für die betriebliche Praxis, hrsg. von der Bertelsmannstiftung/Bundesvereinigung der Deutschen Arbeitgeberverbände, 2. Aufl., Gütersloh.

Müller-Vorbrüggen, M. (2001): Handlungsfähigkeit durch gelungene Kompetenz-Performanz-Beziehungen als Gegenstand moderner Personal- und Organisationsentwicklung, Aachen.
Müntefering, F. (2006): Die Kraft der Erfahrung nutzen. Die Perspektiven einer älter werdenden Gesellschaft, hrsg. vom BMAS, Berlin.
Naegele, G. (1992): Zwischen Arbeit und Rente. Gesellschaftliche Chancen und Risiken älterer Arbeitnehmer, Augsburg.
Naegele, G. (2002): Active strategies for older workers in Germany, in: Active strategies for older workers, hrsg. von Jespen, M./Foden, D./Hütsebaut, M., Brüssel, S. 207-244.
Naegele, G. (2004): Verrentungspolitik und Herausforderungen des demographischen Wandels in der Arbeitswelt, in: Ältere Menschen im Unternehmen. Chancen, Risiken, Modelle, hrsg. von von Cranach, M./Schneider, H.-D./Ulich, E./Winkler, R., Bern u.a., S. 189-219.
Negt, O./Kluge, A. (1972): Öffentlichkeit und Erfahrung. Zur Organisationsanalyse von bürgerlicher und proletarischer Öffentlichkeit, Frankfurt am Main.
Neumann, E.-M. (1994): Körperliche und geistige Fähigkeiten älterer Arbeitnehmer aus entwicklungspsychologischer Sicht, in: Bedeutung des demographischen Wandels. Erwerbsarbeit, berufliche Qualifizierung, Weiterbildung , Düsseldorf, S. 65-96.
Nuissl von Rein, E. (2001): Weiterbildung der Zukunft. Beitrag zum DIE-Forum Weiterbildung 2000 "Zukunftsfelder der Weiterbildung", DIE-Texte. Online, in: http://www.die-frankfurt.de/esprid/dokumente/doc-2001/ dieforum_nuissl_01.htm, Zugriff: 11.12.2007.
Nuissl, E./Schiersmann, C./Siebert, H. (2002): Literatur- und Forschungsreport Weiterbildung. Kompetenzentwicklung statt Bildungsziele?, 49, Bielefeld.
Nuissl, E./Schiersmann, C./Siebert, H. (2006): Editoral, in: Alter und Bildung, Report Zeitschrift für Weiterbildungsforschung, 3, S. 5-6.
OECD (1999): Measuring student knowledge and skills: A new framework for assessment, Paris.
OECD (2003): Definition and Selection of Competencies: Theoretical and Conceptual Foundations (DeSeCo), Summary of the final report "Key Competencies for a Successful Life and a Well-Functioning Society", in: http://www.oecd.org/dataoecd/47/61/35070367.pdf, Zugriff: 03.08.2008.
OECD (2004): Employment Outlook 2004, Paris.
OECD (2005a): Alterung und Beschäftigungspolitik – Deutschland, Paris.
OECD (2005b): Education at a Glance, Paris.
Online-Verwaltungslexikon (2007): Managementbegriffe C-D: Definition von „Change Management", in: http://www.olev.de/c.htm#cm, Zugriff: 14.09. 2007.
Opielka, M. (2006): Gemeinschaft in Gesellschaft. Soziologie nach Hegel und Parsons, 2. Aufl., Wiesbaden.
Osterhold, G. (2002): Veränderungsmanagement. Wege zum langfristigen Unternehmenserfolg, 2. Aufl., Wiesbaden.
Oswald, H. (1997): Was heißt qualitativ forschen? Eine Einführung in Zugänge und Verfahren, in: Handbuch qualitative Forschungsmethoden in der Erziehungswissenschaft, hrsg. von Friebertshäuser, B./Prengel, A., Weinheim, S. 71-87.
Oswald, W. D. (1998): Gedächtnistraining. Ein Programm für Seniorengruppen. Theoretische Grundlagen und ausgewählte praktische Übungen, Göttingen.
Oswald, W. D. (2001): Die SIMA-Studie. Training des Gedächtnisses und der Psychomotorik im Alter, in: Handbuch Kognitives Training, hrsg. von Klauer, K. J., Göttingen, S. 467-490.
Ott, T. (2004): Über die Beliebigkeit des Begriffspaares Back Office/Front Office, in: http://www. sofftwaretechnik.de/, Zugriff: 11.12.2007.
Palmore, E./Burchett, B. M./Fillenbaum, G. G./George, L. K./Wallman, L. M. (1985): Retirement. Causes and consequences, New York.

Papcke, S. (1996): Forum: Solidarität in einer entsolidarisierten Gesellschaft, in: Arbeit und Solidarität in der Globalisierungsfalle, Gewerkschaftliche Monatshefte 11-12, 47, S. 748-756.

Patrick, D. L./ Erickson, P. (1988): Assessing health-related quality of life for clinical decision making, in: Quality of life: Assessment and application, hrsg. von Walker, S./Rosser, R. M., Lancaster, S. 183-197.

Pawlowsky, P./Menzel, D./Wilkens, U. (2005): Wissens- und Kompetenzerfassung in Organisationen, in: Kompetenzmessung im Unternehmen. Lernkultur- und Kompetenzanalysen im betrieblichen Umfeld, hrg. von QUEM, Münster, S. 341–452.

Pervin, L. A. (1993): Persönlichkeitstheorien, 3. Aufl., München.

Petrenz J. (1999): Alter und berufliches Leistungsvermögen, in: Ältere Arbeitnehmer. Altern und Erwerbsarbeit in rechtlicher, arbeits- und sozialwissenschaftlicher Sicht, hrsg. von Gussone, M./Huber, A./Morschhäuser, M./Petrenz, J., Frankfurt am Main, S. 63-99.

Picardi, S./Hoffer, E. R./Allen, K. (1996): I/T Competency Model Draft, in: http://web.mit.edu/ist/competency/CDDtoc.html, Zugriff: 11.12.2007.

Pool, Ithiel de Sola (1957): A Critique of the 20th Anniversary, Princeton.

Poon, L. W./Walsh-Sweeney, L./Fozard, J. L. (1980): Memory skill training for the Elderly: Salient issues on the Use of imagery mnemonics, in: New directions in memory and aging: Proceedings of the George A Talland Memorial Conference, hrsg. von Poon, L. W./Fozard, J. L./Cermak, L. S./ Arenberg, D./Thompson, L. W., Hillsdale/New York, S. 461-484.

Priller, E. (2006): Beschäftigung und sozialer Zusammenhalt. Ältere zwischen Markt und Staat, in: Länger leben, arbeiten und sich engagieren. Chancen wertschaffender Beschäftigung bis ins Alter, hrsg. von Prager, J. U./Schleiter, A., Gütersloh, S. 51-84.

Probst, G./Raub, S./Romhardt, K. (1998): Wissen managen. Wie Unternehmen ihre wertvollste Ressource optimal nutzen, Wiesbaden.

Puhlmann, A. (1999): Weiterbildung Älterer. Ein Faktor gesellschaftlicher und betrieblicher Entwicklung, wissenschaftliche Diskussionspapiere, 46, Berlin/Bonn.

Quaas, W./ Schmicker, S. (2002): Überfachliche Kompetenzen als Voraussetzungen erfolgreicher und gesundheitsgerechter innovativer Berufsarbeit, in: Kompetenzentwicklung in Unternehmensprozessen. Beiträge zur Konferenz der Arbeitsgemeinschaft gewerblich-technische Wissenschaften und ihre Didaktiken in der Gesellschaft für Arbeitswissenschaft (ifab-Forschungsberichte aus dem Institut für Arbeitswissenschaft und Betriebsorganisation der Universität Karlsruhe), Bd. 29, hrsg. von Jenewein, K./ Knauth, P./ Zülch, G., Aachen, S. 95-102.

QUEM (2003): Lernen im Prozess der Arbeit, in: http://www.abwf.de/main/ programm/frame_html?ebene2=lipa, Zugriff: 30.06.2007.

QUEM (2006): Lernen im Prozess der Arbeit. Erforschen – Gestalten – Bewerten, in: http://www.abwf.de/main/publik/content/main/publik/bulletin/content/main/publik/bulletin/2006/B-05-06.pdf, Zugriff: 01.07. 2007.

Raabe, K. (2004): Westdeutscher Rundfunk, Quarks & Co – Wie das Gehirn altert, in: http://www.wdr.de/tv/quarks/sendungsbeitraege/2004/1026/07 _gehirn_altert.jsp, Zugriff: 11.12.2007.

Reboul, H. (1996): Kompetenz und Produktivität im dritten Lebensalter, in: Kompetenz und Produktivität im dritten Lebensalter. Der Beitrag der wissenschaftlichen Weiterbildung zur Vorbereitung von Menschen im dritten Lebensalter auf neue Tätigkeitsfelder und neue Rollen in Gesellschaft, Wirtschaft und Bildung: ein europäischer Vergleich und Austausch, hrsg. von Stadelhofer, C., Bielefeld, S. 37-46.

Regnet, E. (2005): „Karriere 40+“, in: Personal, 4, S. 42-45.

Reichertz, J. (2000): Abduktion, Deduktion und Induktion in der qualitativen Forschung, in: Qualitative Forschung – Ein Handbuch, hrsg. von Flick, U./von Kardorff, E./Steinke, I., Reinbek, S. 276-286.

Reinhardt, R. (1998): Das Management von Wissenskapital, in: Wissensmanagement. Erfahrungen und Perspektiven, hrsg. von Pawlowsky, P., Wiesbaden, S. 145-176

Reischies, F. M./Lindenberger, U. (1996): Grenzen und Potentiale kognitiver Leistungsfähigkeit im Alter, in: BASE, hrsg. von P. B. Baltes/Mayer, K. U., Berlin, S. 351-377.

Reutter, G. (2004): Diskontinuierliche Erwerbsbiographien – Realität oder Konstrukt?, in: DIE-Texte.Online, http://www.die-bonn.de/esprid/dokumente/doc-2004/reutter04_02.pdf, Zugriff: 11.12.2007.

Rosenbaum, M. (1991): Das Geschäft mit den Woopies, in: GEO Wissen. Altern + Jugendwahn, 1, S. 130-133.

Rosenmayr, L. (2000): Was Hänschen nicht lernt, kann ein alter Hans immer noch lernen, in: Handbuch Altenbildung: Theorien und Konzepte für Gegenwart und Zukunft, hrsg. von Becker, S./Veelken, L./Wallraven, K. P., Opladen, S. 445-455.

Roßnagel, C. (2007): Berufliches Lernen für ältere ArbeitnehmerInnen, in: Vom Defizit- zum Kompetenzmodell. Stärken älterer Arbeitnehmer erkennen und fördern, Dokumentation der Tagung der Marie-Luise und Ernst Becker-Stiftung am 18. und 19. April in Bonn, Köln, S. 75-84.

Roth, H. (1971): Pädagogische Anthropologie, Entwicklung und Erziehung, Bd. II, Hannover.

Rott, C. (1988): Einstellungen älterer Menschen zu technischen Innovationen, in: Zeitschrift für Gerontologie, 21, S. 225-239.

Rott, C. (1993): Ein Drei-Komponentenmodell der Intelligenzentwicklung im Alter, in: Zeitschrift für Gerontologie, 26, S. 184-190.

Rudinger, G./Rietz, C. (1995): Intelligenz. Neuere Ergebnisse aus der BOLSA, in: Psychologie der Lebensalter, hrsg. von Kruse, A./Schmitz-Scherzer, R., Darmstadt, S. 185-199.

Rürup, B./Sesselmeier, W. (2001): Wirtschafts- und Arbeitswelt in: Deutschland Trendbuch: Fakten und Orientierung, Bd. 375, hrsg. von Korte, K.-R./Weidenfeld, W., Bonn, S. 247-288.

Ryff, C. D./Essex, M. J. (1991): Psychological well-being in adulthood and old age: Descriptive markers and explanatory processes, in: Annual Review of Gerontology and Geriatrics, 11, S. 144-171.

Salthouse, T. A. (1997): Implications of adult age differencies in cognition for work performance, in: Arbeite och Hälsa, 29, S. 15-28.

Sankar, A./Gubrium, J. F. (1994): Introduction, in: Qualitative Methods in Aging Research, hrsg. von Sankar, A./Gubrium, J. F., Thousand Oaks, S. VII-XVII.

Sarges, W. (2000): Diagnose von Managementpotential für eine sich immer schneller und unvorhersehbarer ändernde Wirtschaftswelt, in: Perspektiven der Potentialbeurteilung, hrsg. von von Rosenstiel, L./Lang-von Wins, T., Göttingen, S. 107-128.

Sauer, J. (2000): Lernen im Wandel. Wandel durch Lernen, „Lernkultur Kompetenzentwicklung“, in: QUEM-Bulletin, 5, S. 1-8.

Schäfers, B. (2000): Grundbegriffe der Soziologie, 6. Aufl., Opladen.

Scheuch, E. K. (1973): Das Interview in der Sozialforschung, in: Handbuch der empirischen Sozialforschung, Grundlegende Methoden und Techniken der empirischen Sozialforschung, Bd. 2, hrsg. von König, R., Stuttgart, S. 66-190.

Schippmann, J. S. (1999): Strategic job modelling, Mahwah.

Schmiel, M. (1977): Berufspädagogik, Teil III: Berufliche Weiterbildung, Trier.

Schmitz, I. (1979): Altentourismus und Subkultur. Eine empirische Untersuchung des Altentourismus im Hinblick auf subkulturelle Tendenzen am Beispiel Mallorcas, Dissertation an der Universität Köln.

Schmitz-Scherzer, R. (1995): Aspekte der menschlichen Entwicklung in der zweiten Lebenshälfte. Entwicklungskrisen, Entwicklungsaufgaben und Entwicklungsthemen, in: Psychologie der Lebensalter, hrsg. von Kruse, A./Schmitz-Scherzer, R., Darmstadt, S. 171-179.
Schmocker, B. (2004): Soziale Arbeit. Das gemeinsame Dach der Berufsgruppen Sozialarbeit, Sozialpädagogik und Soziokulturelle Animation, Referat zum gemeinsamen Treffen der Vorstände des Schweizerischen Berufsverbands für SozialpädagogInnen (SBVS), der Fédération romande des travailleurs et travailleuses de l'éducation sociale (FERTES) und des Schweizerischen Berufsverbands Soziale Arbeit (SBS), in: http://www.avenirsocial.ch/cm_data/Referat_zur_Sozialen_Arbeit_1.pdf, Zugriff: 13.09.2007.
Schneider, S. (2002): Die demographische Herausforderung. Demografie Spezial, Deutsche Bank Research, Frankfurt am Main.
Schnell, R. (1999): Methoden der empirischen Sozialforschung, 6. Aufl., München u.a.
Scholl, A. (2003): Die Befragung. Sozialwissenschaftliche Methode und kommunikationswissenschaftliche Anwendung, Konstanz.
Schooler, C./Caplan, L./Oates, G. (1998): Aging and Work: An Overview, in: Impact of work on older adults, hrsg. von Schaie, K. W./Schooler, C., New York, S. 1-19.
Schreiber, A. (2005): Weiterbildung mit ergrauten Schläfen, Karriere-Journal monster.de, in: http://inhalt.monster.de/7451_de_p1.asp, Zugriff: 24.08. 2007.
Schreiner, F. (2001): Senioren als Marketingzielgruppe. Besonderheiten und Konsequenzen für das Marketing. Eine branchenbezogene Betrachtung, FH Bonn-Rhein-Sieg.
Schröder, S. M. (1997): Konstruktion und Diskussion zentraler Arbeitsbegriffe, in: Die kulturelle Konstruktion von Gemeinschaften im Modernisierungsprozess. Schweden und Deutschland, in: http://www2.hu-berlin.de/gemenskap/inhalt/publikationen/arbeitspapiere/ahe_02_BegriffeGemeinschaft.html, Zugriff: 01.09.2007.
Schubert, K./Klein, M. (2006): Das Politiklexikon, 4. Aufl., hrsg. von der bpb, Bonn.
Schütte, R. (2003): Arbeitsbericht Nr. 9, Wissen, Information, Daten. Grundbegriffe der Wirtschaftsinformatik -, in: http://www.pim.uni-due.de/fileadmin/Publikationen/Arbeitsbericht-Nr.9.pdf, Zugriff: 11.12.2007.
Senge P. (2000): The Dance of Change: Die 10 Herausforderungen tiefgreifender Veränderungen in Organisationen, Wien/Hamburg.
Shostrom, E. L. (1968): Time as an integrating factor, in: The course of human life. A study of goals in the humanistic perspective, hrsg. von Bühler, C. H./Massarik, F., New York, S. 167-176.
Siebert, H. (2001): Lernen Erwachsene heute anders als ihre Eltern? Neue Untersuchungen zum Lernen Erwachsener, 8, in: Grundlagen der Weiterbildung, hrsg. von Grundlagen der Weiterbildung e.V., Neuwied.
Singleton, W. T. (1981): The study of real skill, Management skills, Bd. 3, Lancaster.
Skroda, W. (2006): Weiterbildung für ältere Erwerbstätige: Konzepte und Erfahrungen in Großbritannien und Schweden, 17. Statusbericht im Rahmen des Internationalen Monitoring „Lernkultur Kompetenzentwicklung – Lernen in Weiterbildungseinrichtungen", hrsg. vom DIPF, Berlin.
Spielvogel, V. (2004): Corporate Identity ganzheitlich gestalten, Göttingen.
Spilker, B. (1996): Introduction to the Field of quality of life Trials, in: Quality of life and pharmaeconomics in clinical Trials, hrsg. von Spilker, B., Philadelphia, S. 1-10.
Sonntag, K. (1996): Lernen im Unternehmen. Effiziente Organisation durch Lernkultur, München.
Sonntag, K. (2002): Erfolgreiche Organisationen setzen Wandel und Entwicklung voraus, in: http://www.uni-heidelberg.de/presse/news 2201sonntag.html, Zugriff: 11.12.2007.
Sporket, M. (2007): Betriebliche Ansätze zur Nutzung und zum Ausbau der Leistungspotenziale älterer Mitarbeiter, in: Vom Defizit- zum Kompetenzmodell. Stärken älterer Arbeitnehmer erkennen und fördern, Dokumentation der Tagung der Marie-Luise und Ernst Becker-Stiftung am 18. und 19. April in Bonn, Köln, S. 95-103.

Stadelhofer, C. (1996): Einführung in die Tagung, in: Kompetenz und Produktivität im dritten Lebensalter. Der Beitrag der wissenschaftlichen Weiterbildung zur Vorbereitung von Menschen im dritten Lebensalter auf neue Tätigkeitsfelder und neue Rollen in Gesellschaft, Wirtschaft und Bildung. Ein europäischer Vergleich und Austausch, hrsg. von Stadelhofer, C., Bielefeld, S. 27-36.

Stainmayr, R. (2005): Kompetenz- und eigenschaftsbasierte Anforderungsanalysen an Stichproben von Führungskräften und Mitarbeitern, Dissertation an der Fakultät für Verhaltens- und Empirische Kulturwissenschaften der Ruprecht-Karls-Universität Heidelberg, in: http://deposit.ddb.de/cgi-bin/dokserv?idn=977781313&dok_var=d1&dok_ext= pdf&filename= 977781313.pdf, Zugriff: 30.06.2007.

Stange, A. (2006): Die soziale Dimension von Weisheit. Bedingungen für die Wahrnehmung von Ratgebern als weise, Dissertation im Fachbereich Erziehungswissenschaft und Psychologie, Freie Universität Berlin, in: http://www.diss.fu-berlin.de/2006/462/, Zugriff: 31.07.2007.

Statistisches Bundesamt (2001): Statistisches Jahrbuch 2001, Stuttgart, S. 64.

Staudinger, U. M. (2003): Das Alter(n). Gestalterische Verantwortung für den Einzelnen und die Gesellschaft, in: Aus Politik und Zeitgeschichte, 3, S. 35-42.

Staudinger, U. M./Werner, I. (2003): Wisdom: Its social nature and lifespan Development, in: Handbook of developmental psychology, hrsg. von Valsiner, J./Conolly, K., London, S. 584-602.

Staudt, E./Kailer, N./Kriegesmann, B./Meier, A. J./Stephan, H./Ziegler, A. (1997): Kompetenzen und Innovation. Eine Bestandsaufnahme jenseits von Personalentwicklung und Wissensmanagement, Bochum.

Staudt, E./Kriegesmann, B. (2000): Weiterbildung: Ein Mythos zerbricht, in: GdWZ: „Kompetenzentwicklung und Qualifikation", 4, S. 174-176.

Stegmann, W. (1999): Die Macht der Angst, in: Fehlzeiten Report. Psychische Belastungen am Arbeitsplatz, hrsg. von Badura, B./Litsch, M./Vetter, C., Berlin, S. 130-141.

Steinke, I. (1999): Kriterien qualitativer Forschung: Ansätze zur Bewertung qualitativ-empirischer Sozialforschung, Weinheim/München.

Sterns, A./Sterns, H. (1996): The productivity and functional limitations of older workers, in: Handbook of employment and elderly, Westport, S. 276-303.

Strauss, A. L. (1991): Grundlagen qualitativer Sozialforschung. Datenanalyse und Theoriebildung in der empirischen soziologischen Forschung, München.

Strotmann, H./Hess, W. (2003): Ältere Arbeitnehmer in Baden-Württemberg: Eigenschaften, Beschäftigungschancen, betriebliche Maßnahmen, in: IAW Kurzbericht, 7,Tübingen.

Süss-Lindert, Ulrike. (1995). WHO Projekt: Wien - Gesunde Stadt, Wien.

Swisscom (2006): Geschäftsbericht 2006, in: http://www.swisscom.com/NR/ rdonlyres/C069BE10-74FC-4812-BEC1-BC8504DE0B17/0/GB06_0_de. pdf, Zugriff: 11.12.2007.

T-Com (2006): Kurzporträt, in:http://www.tcom.de/SCMS_TCOM_de%2bDE_ ueberTCom_ kurzportrait_Kurzportrait.page;sid=Ss4yDYwxEl4yD8ofdPM4la04TEYa1WimVOvr-rukNoZJte4fPLM=, Zugriff: 18.12.2006.

Tenckhoff, J. (2006): Alter(n) in globalen Unternehmen der Telekommunikationsbranche. Lebenswirklichkeiten und Zukunftsperspektiven aus soziologischer Sicht. Gesellschaft und Kommunikation, Soziologische Studien Bd. 3, hrsg. von Gephardt, W., Hamburg.

Tesch-Römer, C./Wurm, S. (2006): Veränderung von subjektivem Wohlbefinden in der zweiten Lebenshälfte, in: Altwerden in Deutschland. Sozialer Wandel und individuelle Entwicklung in der zweiten Lebenshälfte, hrsg. von Tesch-Römer, C./ Engstler, H./Wurm, S., Wiesbaden, S. 385-446.

Tews, H. P. (1993): Neue und alte Aspekte des Strukturwandels des Alters, in: Lebenslagen und Strukturwandel des Alters, hrsg. von Naegele, G./ Tews, H. P., Opladen, S. 14-42.

Thomae, H. (1993): BOLSA, in: Zeitschrift für Gerontologie, 26, S. 58-66.

Tikkanen, T. (1998): Learning and Education of older Workers – Lifelong learning at the margin, Jyväskylä.

Trier, M. (2005): Das Programm „Lernkultur Kompetenzentwicklung" und die gegenwärtigen internationalen Trends des Erwachsenenlernens, in: Internationale Trends des Erwachsenenlernens. Monitoring zum Programm „Lernkultur Kompetenzentwicklung", hrsg. von QUEM, Münster, S. 39-68.

Universität Potsdam (2006): Kommunalwissenschaftliches Institut, Lexikon zur Verwaltungsreform - V, Definition von „Veränderungsmanagement", in: http://www.uni-potsdam.de/u/kwi/ publ/lex_v.htm, Zugriff: 15.09.2007.

Valente, G. (2003): Kollegialität ist keine Gleichschaltung, in: 30 Tage, in Kirche und Welt, internationale Monatszeitschrift, in: http://www.30giorni.it/te/ articolo.asp?id=1603, Zugriff: 11.12.2007.

Van Berk, B. (2006): Altersgerechte Arbeitsplatz- und Berufsweggestaltung: Forschungsprojekt und Langzeitstudie im VW Werk Kassel, in: Herausforderung Demografiewandel. Wie Unternehmen damit umgehen – was Coaching leisten kann, Coaching Symposium vom 09./10.11.2006, München/Ottobrunn, S. 11.

Vattenfall (2005): Corporate Social Responsibility Report 2005, in: http://www.vattenfall.com/ www/vf_com/vf_com/Gemeinsame_Inhalte/DOCUMENT/360168vatt/386288corp/P02750 63.pdf, Zugriff: 11.12.2007.

Veenhoven, R. (2001): The four qualities of life, in: Journal of Happiness Studies, 1, S. 1-39.

Vetter, C. (2003): Einfluss der Altersstruktur auf die krankheitsbedingten Fehlzeiten, in: Fehlzeiten-Report 2002. Demographischer Wandel. Herausforderungen für die betriebliche Personal- und Gesundheitspolitik, hrsg. von Badura, B./Schellschmidt, H./Vetter, C., Berlin, S. 249-264.

Vischer, C. (2007): "Veränderungskompetenz ist die Qualifikation der Zukunft", CoachAcademy, in: http://www.coachacademy.de/de;magazin;karriere; d:583.html, Zugriff: 30.03.2007.

Volkholz, V. (2000): Entwicklung und Verbreitung von Belastungen in der Arbeitswelt, in: Prävention arbeitsbedingter Erkrankungen, Bd. 1, hrsg. von Teske, U./Witte, Hamburg, S. 17-54.

Volkholz, V./Köchling, A. (2001): Lernen und Arbeiten, in: Kompetenzentwicklung 2001. Tätigsein – Lernen – Innovation, hrsg. von der ABWF, Münster, S. 375-415.

Volkswagen AG (2006): Nachhaltigkeitsbericht 2005/2006. Generationen bewegen, in: http://www.volkswagenag.com/vwag/vwcorp/info_center/de/publications/2005/12/ Volkswagen_AG__Nachhaltigkeitsbericht_2005_2006.-bin.acq/qual-BinaryStorageltem. Single.File/ nachhaltigkeitsbericht_2005_2006_german.pdf, Zugriff: 11.12.2007.

Von Kardorff, E. (1991): Qualitative Sozialforschung. Versuch einer Standortbestimmung, in: Handbuch Qualitative Sozialforschung. Grundlagen, Konzepte, Methoden und Anwendungen, hrsg. von Flick, U./von Kardorff, E./ Keupp, H./von Rosenstiel, L./Wolff, S., München, S. 3-8.

Vonken, M. (2001): Von Bildung zu Kompetenz. Die Entwicklung erwachsenenpädagogischer Begriffe oder die Rückkehr zur Bildung, in: Zeitschrift für Berufs- und Wirtschaftspädagogik, 4, S. 503-522.

Vonken, M. (2005): Handlung und Kompetenz. Grundlegende Aspekte zu einer Theorie der Kompetenz und des kompetenten Handelns in der Erwachsenen- und Berufspädagogik, Wiesbaden.

Von Rosenstiel, L. (1992). Grundlagen der Organisationspsychologie: Basiswissen und Anwendungshinweise, Stuttgart.

Von Rosenstiel, L. (2004): Rolle und Kompetenzen, in: Strategisches Kompetenzmanagement. Von der Strategie zur Kompetenzentwicklung in der Praxis, hrsg. von von Rosenstiel, L./Pieler, D./Glas, P., Wiesbaden, S. 108-145.

Weber, K. J. (1962): Demokritos oder hinterlassene Papiere eines lachenden Philosophen, Tübingen.

Weil, M. (2006): Rezension von Vonken, M.: Handlung und Kompetenz, Theoretische Perspektiven für die Erwachsenen- und Berufspädagogik, Wiesbaden 2005, in: Erziehungswissenschaftliche Revue, 6, in: http://www.klinkhardt.de/ewr/53114573.html, Zugriff: 11.12.2007.

Weimer, S./Mendius, H. G./Kistler, E. (2001): Demografischer Wandel am Standort Deutschland, in: Frankfurter Rundschau, 41, S. 7.

Weinberg, J. (1996): Kompetenzlernen, in: QUEM-Bulletin, 1, S. 3-6

Weinert, F. E. (2001): Vergleichende Leistungsmessung in Schulen – eine umstrittene Selbstverständlichkeit, in: Leistungsmessungen in Schulen, hrsg. von Weinert, F. E., Weinheim u.a., S. 17-31.

Weinmann, N. (2003): Alternsgerechtes Lernen in der beruflichen Weiterbildung. Konzeptionelle Überlegungen, Umsetzungsstrategien und -probleme, Diplomarbeit an der Wirtschafts- und Sozialwissenschaftlichen Fakultät der Friedrich-Alexander-Universität Erlangen-Nürnberg.

Wenke,J./Reglin, T./ Stahl, T. (1996): Berufliche Weiterbildung für ältere Arbeitnehmer. Ein Leitfaden für Bildungsträger. Dokumentation zum Modellversuch "Entwicklung und Erprobung von Qualifizierungskonzepten für ältere Arbeitnehmer aus der Industrie", in: Wirtschaft und Weiterbildung, Bielefeld.

Werner, C. (2005): Kompetenzentwicklung und Weiterbildung bei Mitarbeitern in der zweiten Berufshälfte, München.

Westera, W. (2001): Competencies in education: A confusion of tongues, in: Journal of Curriculum Studies, 33, S. 75-88.

White, R. W. (1959): Motivation reconsidered. The concept of competence, in: Psychological Review, 66, S. 297 - 333.

WHO (1996): Quality of Life: What quality of life? World Health Organization Quality of Life Assessment, World Health Forum, 17, S. 354-356.

WHO (2007): Frequently ask questions, in: http://www.who.int/suggestions/ faq/en/, Zugriff: 23.11.2007.

Widuckel, W. (2006): Gestaltung des demographischen Wandels als unternehmerische Aufgabe, in: Länger leben, arbeiten und sich engagieren. Chancen wertschaffender Beschäftigung bis ins Alter, hrsg. von Prager, J. U./Schleiter, A., Gütersloh, S. 117-132.

Wiendieck, G. (1993): Einführung in die Arbeits- und Organisationspsychologie, Studienbrief 4751 der Fernuniversität Hagen, Hagen.

Wiesinger, H. (2007): Qualitative Methoden nach Mayring, in: http://www.uni-koeln.de/phil-fak/fs-psych/serv_pro/mayring.html, Zugriff: 19.04.2007.

Wilke, H. (1996): Dimensionen des Wissensmanagements. Zum Zusammenhang von gesellschaftlicher und organisationaler Wissensbasierung, in: Managementforschung, hrsg. von Schreyögg, G./Conrad, P., Berlin, S. 263-304.

Wirtschaftskraft-Alter.de (2007): Marktplatz für alle Generationen, in: http://www.wirtschaftskraft-alter.de/, Zugriff: 31.07.2007.

Wiwo.de (2005): Karriere mit 45, in: http://www.wiwo.de/pswiwo/fn/ww2/sfn/ bm_artikel/bmpara/ 1012/bmpara/415254205374616e64617264/id/127/id/132282/fm/0/artprint/1/SH/0/depot/0/, Zugriff: 28.10.2007.

Wittmann, W. (1979): Wissen in der Produktion, in: Handwörterbuch der Produktionswirtschaft, hrsg. von Kern, W., Stuttgart, Sp. 2261-2272.

Wittwer, W. (2001): Berufliche Weiterbildung, in: Berufs- und wirtschafspädagogische Grundprobleme, hrsg. von Schanz, H., Baltmannsweiler, S. 229-247.

Wittwer, W./Witthaus, U. (2001): Veränderungskompetenz – Navigator in einer zunehmend vernetzten Arbeitswelt, in: Berufsbildung, Zeitschrift für Praxis und Theorie in Betrieb und Schule, 72, S. 3-9.

Witzel, A. (1982): Verfahren der qualitativen Sozialforschung. Überblick und Alternativen, Frankfurt.

Wolff, H./Spieß, K./Mohr, H. (2001): Arbeit – Altern - Innovation, Wiesbaden.

Wottawa, H. (2004): Expertise im Kompetenzmanagement, in: Strategisches Kompetenzmanagement. Von der Strategie zur Kompetenzentwicklung in der Praxis, hrsg. von von Rosenstiel, L./Pieler, D./Glas, P., Wiesbaden, S. 145-159.

Wünsche, R. (2005). Die Alten und die Alten, in: http://www.stmwfk.bayern.de/downloads/aviso/2005_2_aviso_22-29.pdf, Zugriff: 11.12.2007.

Wurm, S. (2004): Gesundheitliche Potenziale und Grenzen älterer Erwerbspersonen. Expertise im Auftrag der Sachverständigenkommission „Fünfter Altenbericht der Bundesregierung", Berlin.

Wurm, S. (2006): Gesundheitliche Potenziale und Grenzen älterer Erwerbspersonen, in: Förderung der Beschäftigung älterer Arbeitnehmer. Voraussetzungen und Möglichkeiten, Bd. 2, hrsg. vom DZA, Berlin, S. 7-98.

Zapke-Schauer, G. (2005): Vernichtet der Begriff „Humankapital" Arbeitsplätze? in: ttp://www.perspektive-blau.de/artikel/0504a/0504a.htm, Zugriff: 19.08. 2007.

Zech, R. (2001): Lernen lernen, in: Wörterbuch der Erwachsenenpädagogik, hrsg. von Arnold, R./Nolda, S./Nuissl, E., Bad Heilbrunn, S. 197-200.

Zingheim, P. K./Ledford, G. L./Schuster, J. R. (1996): Competencies and competency models: does one size fit it all?, in: Journal of American Culture, 1, S. 56-65.